U0690934

Supramolecular Gel Materials：
Preparation and Application

超分子凝胶材料：
制备与应用

焦体峰　主　编
秦志辉　张乐欣　副主编

化学工业出版社
·北 京·

内容简介

本书以凝胶为基础，基于不同的超分子作用及特性，讲解了不同类型超分子凝胶的设计方法、结构特点和应用领域。

主要内容包括：什么是超分子凝胶材料、发光超分子凝胶、自组装复合水凝胶、基于苯基三酰胺衍生物的超分子凝胶、生物聚合物基超分子凝胶、导电水凝胶、热固性分子凝胶、荧光有机凝胶和水凝胶、水凝胶光催化材料。

本书理论联系实际，适合化学工程、材料工程、生物医学工程、环境工程等相关领域的科研人员和技术人员使用，也可作为高校相关专业的教材。

图书在版编目（CIP）数据

超分子凝胶材料：制备与应用 / 焦体峰主编；秦志辉，张乐欣副主编. -- 北京 ：化学工业出版社，2025. 3. -- ISBN 978-7-122-46514-6

Ⅰ．TQ427.2

中国国家版本馆CIP数据核字第2024G40X36号

责任编辑：贾　娜
文字编辑：张瑞霞
责任校对：宋　夏
装帧设计：王晓宇

出版发行：化学工业出版社
　　　　　（北京市东城区青年湖南街 13 号　邮政编码 100011）
印　　装：河北尚唐印刷包装有限公司
787mm×1092mm　1/16　印张 12¼　字数 293 千字
2025 年 6 月北京第 1 版第 1 次印刷

购书咨询：010-64518888　　　　　售后服务：010-64518899
网　　址：http://www.cip.com.cn
凡购买本书，如有缺损质量问题，本社销售中心负责调换。

定　　价：98.00元　　　　　　　版权所有　违者必究

早在19世纪末，"水凝胶"一词就已出现在文献中，发展至今已有百年之久，在化学与材料科学领域有重要的研究意义。水凝胶是交联的三维（3D）网络，具有多种结构形式和化学成分。超分子水凝胶是一类物理水凝胶，依赖于氢键、静电相互作用、π-π键、主-客体相互作用、疏水相互作用或金属配位的超分子键充当亲水聚合物之间的动态交联，以形成水凝胶。与传统水凝胶相比，超分子水凝胶具有刺激响应性、自修复等动态特性，更能满足日益增长的生产与生活需求，在药物传输、控制释放、智能材料等未来的高新技术领域有着广阔的应用前景。

目前为止，与水凝胶相关的专著层出不穷，如《智能水凝胶功能材料》，系统地介绍了现代智能水凝胶功能材料的构建、性能与应用；《高分子水凝胶——从结构设计到功能调控》，介绍设计制备新型多功能、高性能柔性水凝胶材料等。但关于超分子凝胶，还没有专门对其制备与新型应用进行详细讲解的相关著作。为了让广大读者对超分子凝胶具有比较系统的了解，进而促进超分子水凝胶技术的发展，本书应运而生。

本书对超分子凝胶的制备及其各种应用进行了综述。全书共分为9章。第1章简单介绍了超分子凝胶材料，是全书的引言和铺垫。第2章介绍了发光超分子凝胶，属于超分子凝胶在新功能材料领域的应用。第3章介绍了各种功能化复合水凝胶的制备方法及其在污水处理和生物医药中的应用。第4章介绍了1, 3, 5-苯基三酰胺衍生物（BTAs）超分子凝胶。第5章介绍了由生物聚合物（纤维素和甲壳素）合成的两大类凝胶的最新研究进展及其在水修复中的应用。第6章介绍了用作机械传感器的导电水凝胶。第7章介绍了热固性水凝胶和热固性有机凝胶的形成机制及其可能的应用；第8章介绍了含荧光特性的π单元的低分子量有机凝胶及其在环境刺激传感领域的应用；第9章介绍了各种水凝胶光催化剂及其在能量转换和环境治理中的应用。本书理论联系实际，适合化学工程、材料工程、生物医学工程、环境工程等相关领域的科研人员和技术人员使用，也可作为高校相关专业的教材。

　　本书由燕山大学环境与化学工程学院焦体峰教授担任主编，秦志辉副教授、张乐欣副教授担任副主编。焦体峰负责全书内容的策划、统稿，并编写第1章、第3章；温馨与张乐欣编写第2章，沈兆存编写第4章，黄兴彦编写第5章，秦志辉编写第6章，李远刚编写第7章，余旭东编写第8章，雷文伟编写第9章。在本书编写过程中，燕山大学环境与化学工程学院研究生李娜、李欣昱、王冉等同学对书稿做出了辛苦整理工作，第5章内容由Xuefeng Zhang、邱翀鹏、张雪仑、冷魏祺协助编写，在此一并致谢。

　　由于作者水平所限，书中难免存在疏漏或不妥之处，敬请读者批评指正。

编者

目录
CONTENTS

第1章

什么是超分子凝胶材料

作为一种含有大量水的三维网络交联结构的"软湿"材料，水凝胶具有广泛的、可调的理化特性。通过改变原料来源、制备方法和交联方式，可以制备具有不同特性的各种类型的水凝胶，这些水凝胶被广泛应用于生物医学、柔性电子学和制动器等领域。根据水凝胶三维网络结构形成方式的不同，可将其分为化学水凝胶和物理水凝胶。化学水凝胶是指通过共价键将聚合物交联成网络的水凝胶，具有性质稳定、力学性能好等优点；而物理水凝胶则主要通过分子间的非共价相互作用形成，它依靠分子间的静电、氢键、链缠绕以及疏水等作用力形成凝胶网络结构中的物理交联点。

其中，超分子水凝胶是一类物理水凝胶，通常是由低分子量的分子、低聚物或聚合物通过非共价相互作用，自组装成有序网络或者形成超分子交联结构。用于形成超分子结构的非共价键主要包括氢键、疏水缔合作用、金属配位键、主-客体相互作用和离子键等。超分子凝胶可依据多种方式进行分类：按照所固定的溶剂不同可分为有机凝胶（organogel）、水凝胶（hydrogel）与离子液体凝胶（ionogel）；按照所含物质组分可分为单组分凝胶、双组分凝胶和多组分凝胶；按照结构单元的不同，可以分为小分子水凝胶和聚合物水凝胶。对于小分子水凝胶，低分子量的结构单元（如两亲性多肽）首先在各种非共价键的驱动下形成纤维状结构，然后得到的超分子纳米纤维之间通过非共价键交联或缠结形成超分子交联网络。这种具有有序纤维结构的小分子水凝胶可以在生理条件下发生可控的降解，并且对于外界刺激产生智能的响应，但这类超分子水凝胶具有较差的力学性能。聚合物水凝胶通常是在传统聚合物链上引入超分子作用官能团，然后通过官能团之间的非共价键交联形成。不同类型的聚合物均可用来制备超分子水凝胶，极大地扩大了超分子水凝胶的种类和应用。

超分子凝胶依靠非共价相互作用自组装成三维网络结构，成为超分子化学和材料科学领域最具有吸引力的研究课题之一。超分子凝胶的动态和可逆性质赋予了它们独特的性质，并使其表征多样化。同时，通过设计网络结构并结合活性基团，还可以将光、电、磁、热等多种功能性结构单元引入超分子凝胶中。这类材料不仅可以用作介质或中间模板，以合成用于分离或者信息存储中可能用到的功能材料，还可以作为一系列应用的介质，例如生物材料、工业、电子材料和个人护理产品。

迄今为止，人们已经开发出各种新型超分子凝胶并探索其潜在应用，发表了大量成果。

然而，关于超分子凝胶制备和新兴应用的详细描述仍然很少。因此，撰写本书的目的是对不同类型和功能的超分子凝胶的制备和新兴应用进行综述。第2章对发光超分子凝胶的应用进行了部分讨论，预示了该领域在新功能材料领域的应用潜力；第3章介绍了各种功能化复合水凝胶的制备以及在污水处理和生物医药中的应用，为新型自组装纳米材料的设计和制备提供了思路；第4章系统地介绍了近些年关于1, 3, 5-苯基三酰胺衍生物（BTAs）超分子凝胶的研究现状以及应用，拓宽了超分子凝胶的应用范围；第5章总结了由生物聚合物（纤维素和甲壳素）合成的两大类凝胶的最新研究及其在水修复中的应用；第6章综述了导电水凝胶作为机械传感器的制备、性能和应用的最新进展，总结和比较了用于应变和压力传感器的传感特性；第7章概述了通过超分子策略形成的热固性水凝胶和热固性有机凝胶的研究进展，并对这两种体系的形成机制及其可能的应用进行了简要总结；第8章讨论了用含荧光特性的π单元的低分子量有机凝胶因子来验证荧光基团对凝胶自组装的重要性，以及具有可调光学性质的凝胶在环境刺激传感领域的应用；第9章介绍了各种水凝胶光催化剂及其在能量转换和环境治理中的应用，还重点介绍了这些水凝胶光催化剂在水分解、二氧化碳转化、废水处理、空气净化等方面的应用及其在基础研究中的作用。

相信本书可以为读者基本理解超分子凝胶提供指导，并促进超分子凝胶的发展。

参考文献

[1] Burdick J A, Murphy W L. Moving from static to dynamic complexity in hydrogel design [J]. Nature Communications, 2012, 3: 1-8.

[2] Seliktar D. Designing cell-compatible hydrogels for biomedical applications [J]. Science, 2012, 336: 1124-1128.

[3] Hoffman A S. Hydrogels for biomedical applications [J]. Advanced Drug Delivery Reviews, 2012, 64: 18-23.

[4] Annabi N, Tamayol A, Uquillas J A, et al. 25th anniversary article: rational design and applications of hydrogels in regenerative medicine [J]. Advanced Materials, 2014, 26: 85-124.

[5] Tomatsu I, Peng K, Kros A. Photoresponsive hydrogels for biomedical applications [J]. Advanced Drug Delivery Reviews, 2011, 63: 1257-1266.

[6] Van Tomme S R, Storm G, Hennink W E. In situ gelling hydrogels for pharmaceutical and biomedical applications [J]. International Journal of Pharmaceutics, 2008, 355: 1-18.

[7] Keplinger C, Sun J Y, Foo C C, et al. Stretchable, transparent, ionic conductors [J]. Science, 2013, 341: 984-987.

[8] Lin S, Yuk H, Zhang T, et al. Stretchable hydrogel electronics and devices [J]. Advanced Materials, 2016, 28: 4497-4505.

[9] Kim J, Hanna J A, Byun M, et al. Designing responsive buckled surfaces by halftone gel lithography [J]. Science, 2012, 335: 1201-1205.

[10] Wang E, Desai M S, Lee S W. Light-controlled graphene-elastin composite hydrogel actuators [J]. Nano Letters, 2013, 13: 2826-2830.

[11] Ionov L. Hydrogel-based actuators: possibilities and limitations [J]. Materials Today, 2014, 17: 494-503.

[12] Zhang Y S, Khademhosseini A. Advances in engineering hydrogels [J]. Science, 2017, 356: 500-510.

[13] Kisiday J, Jin M, Kurz B, et al. Self-assembling peptide hydrogel fosters chondrocyte extracellular matrix production and cell division: implications for cartilage tissue repair [J]. Proceedings of the National Academy of Sciences, 2002, 99: 9996-10001.

[14] Schneider J P, Pochan D J, Ozbas B, et al. Responsive hydrogels from the intramolecular folding and self-assembly of a designed peptide [J]. Journal of the American Chemical Society, 2002, 124: 15030-15037.

[15] Dong R, Pang Y, Su Y, et al. Supramolecular hydrogels: synthesis, properties and their biomedical applications [J]. Biomaterials Science, 2015, 3: 937-954.

[16] Ikeda M, Tanida T, Yoshii T, et al. Installing logic-gate responses to a variety of biological substances in supramolecular hydrogel-enzyme hybrids [J]. Nature Chemistry, 2014, 6: 511-518.

[17] Zhou J, Du X, Gao Y, et al. Aromatic-aromatic interactions enhance interfiber contacts for enzymatic formation of a spontaneously aligned supramolecular hydrogel [J]. Journal of the American Chemical Society, 2014, 136: 2970-2973.

[18] Voorhaar L, Hoogenboom R. Supramolecular polymer networks: hydrogels and bulk materials [J]. Chemical Society Reviews, 2016, 45: 4013-4031.

[19] Appel E A, del Barrio J, Loh X J, et al. Supramolecular polymeric hydrogels [J]. Chemical Society Reviews, 2012, 41: 6195-6214.

第2章

发光超分子凝胶

在过去的几十年里，超分子凝胶已经发展成为超分子化学和材料科学中最具有吸引力的研究方向之一。超分子凝胶是一类由小分子胶凝剂在溶剂中通过非共价键作用力形成的宏观上具有半固态性质的软物质材料。在凝胶化过程中，非共价相互作用对组装发挥了重要的作用，如氢键、偶极-偶极相互作用、π-π相互作用、静电和范德华力、疏水和亲水效应、金属-配体协同作用等。在这些非共价相互作用的驱动下，小分子凝胶剂组装形成纳米级结构，进而形成微米级相互交织的三维网络，包围溶剂分子形成超分子凝胶。当超分子凝胶被赋予发光性质后，吸引了化学家们极大的兴趣，并且在传感器材料、数据存储、有机电致发光二极管（OLED）、防伪材料等方面的潜在应用受到了广泛的关注。

2.1 发光超分子凝胶简介

构筑发光超分子凝胶的策略通常是在超分子凝胶中引入发光团。一般来说，含有芳香共轭基团的有机分子由于其发光、载流子迁移率、电子导电性等固有的电子性质，在发光凝胶的设计中得到了广泛的应用。这些发光凝胶大致可分为两种类型：①凝胶因子包含发光团或染料基团组装成超分子凝胶；②在凝胶基质中掺杂发光基团。同样，发光超分子凝胶也可以由发光无机纳米材料共组装而成。这些有机-无机杂化的发光凝胶，包括量子点凝胶、钙钛矿纳米晶体凝胶和纳米团簇凝胶，它们展现出有趣的发光性质。

目前，具有圆偏振发光(CPL)的超分子凝胶作为发光超分子凝胶中重要的一部分，因其在光电器件、手性传感、不对称催化等领域的潜在应用而受到广泛关注。由低分子量凝胶剂（LMWG）构件自组装而形成的超分子凝胶发展迅速，并且已经出现精确控制构件的排列和增强某些特性的策略。例如，通过自组装策略可以将手性或者非手性的发光体赋予CPL性质。基于这种高效简便的策略，各种有机或者无机发光材料可以嵌入手性超分子凝胶中，从而产生多种多样的CPL活性材料。

本章将着重介绍和展望发光凝胶领域的一些最新进展。这些凝胶将依据不同类型的光致发光进行讨论：①荧光是激发单重态跃迁回到基态的发射；②磷光是三重态到单重态的发射；

③上转换发光是能量较低的光激发能量较高的发光；④圆偏振发光是手性发光体的不对称发光。2.2 ～ 2.5 节将详细介绍上述四种发光凝胶。

2.2 荧光超分子凝胶

有机π共轭分子作为荧光基团被广泛应用于软材料以及生物、光电等领域。由于大多数π共轭分子具有很强的聚集性，因此这些分子在凝胶体系中的自组装引起了化学家们的极大兴趣和广泛的关注。科学家们用合适的凝胶剂与有机染料进行共价连接，得到了大量具有优良光电性能的凝胶剂。此外，在凝胶中掺杂的发色团可以通过可调谐的组装来显著影响其光电性能。例如，超分子凝胶可以被用于避免平面芳香染料在凝聚相中的ACQ（Aggregation-Caused Quenching，聚集猝灭荧光）现象。PBI（聚苯并咪唑）是一种典型的ACQ有机染料，具有很强的荧光特性，在分子态下具有较高的量子产率。Ikeda等合成了一种有机凝胶剂 **1**，它是由三（苯基异噁唑）苯连接PBI和长烷基侧链的分子（图2-1）。PBI部分的发射特性可以通过其超分子组装来调控。利用二氧六环和十氢化萘作为溶剂促进了三（苯基异噁唑）苯基团部分的自组装，而PBI部分没有组装，从而形成具有荧光发射的凝胶。相比之下，苯作溶剂的凝胶呈深红色，导致PBI基团堆叠形成J-聚集体，没有荧光发射。PBI基团和苯基异噁唑基团不同的溶剂化行为可能驱动在凝胶状态下独特的荧光性质。

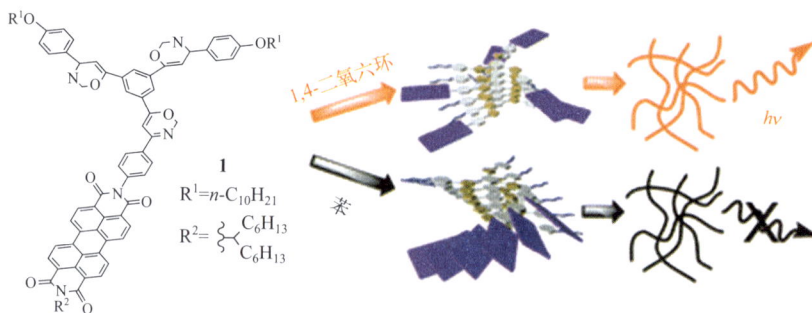

图2-1　PBI有机凝胶的溶剂诱导发射示意图

刺激响应性是超分子凝胶的一个重要特征。在超分子凝胶中，通过外部刺激控制凝胶到溶胶的转变构筑了刺激响应功能材料。例如，具有平面/非平面结构的光致变色分子适用于构建光响应性超分子凝胶，并对凝胶的组装产生影响。非平面结构阻止了堆积结构的形成，导致了凝胶向溶胶的转变。具有AIE（聚集诱导发光）性质的氰基二苯乙烯基团满足这一要求。平面反式异构体经过光照可以异构化为非平面扭曲顺式异构体。光敏性有机凝胶自组装过程的可逆控制可以实现溶胶-凝胶转变。Park课题组报道了由胶凝剂 **2**（CN-TFMBE）组装而成的有机凝胶，该凝胶由简单的三氟甲基（CF_3）取代普通的凝胶部分，通过凝胶化行为赋予凝胶体系明显增强的荧光发射。如图2-2所示，平面反式异构体在有机溶剂中可以堆叠形成组装体，而扭曲的顺式异构体由于空间限制而无法进行组装。此外，可以用AIE现象来解释CN-TFMBE凝胶的100倍的荧光增强。在稀溶液中，分离的CN-TFMBE分子被认为是在联苯单元以及连接到乙烯基部分的庞大的氰基存在明显扭曲的空间相互作用，从而抑制了辐射的衰减。然而，CN-TFMBE凝胶具有较平面的共轭构象，由于凝胶剂紧密堆积，并且结晶性较好，使其形成不透明的凝胶，这阻碍了光异构化过程。

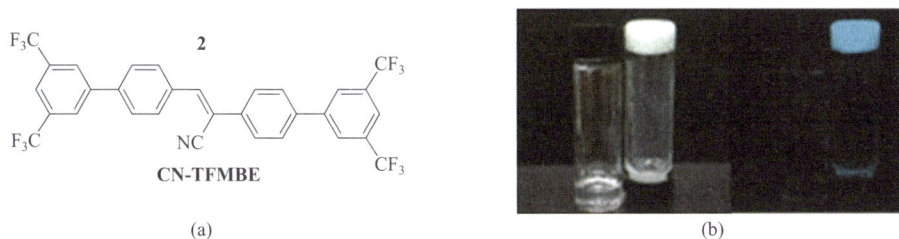

(a)

(b)

图2-2　CN-TFMBE的化学结构式（a）和1,2-二氯乙烷作为溶剂，分别在自然光和紫外线（365nm）下，CN-TFMBE在60℃下溶液的照片和在20℃下凝胶的照片（b）

另一种分子设计是通过酰胺键形成体积庞大、柔性间隔的氰基二苯乙烯凝胶剂**3**（PyG），其可以形成透明的荧光凝胶，成功地显示了光诱导的光异构化的形态变化（凝胶-溶胶转变），并伴有独特的荧光颜色切换，如图2-3所示。在460nm LED光照射下，凝胶在15min内完全转变为黏性溶胶。相应地，黄色的凝胶变成无色的溶胶，发光颜色从蓝绿色变为蓝色。这种形态变化的主要驱动力是凝胶网络中氰基二苯乙烯基团的反式/顺式光异构化。

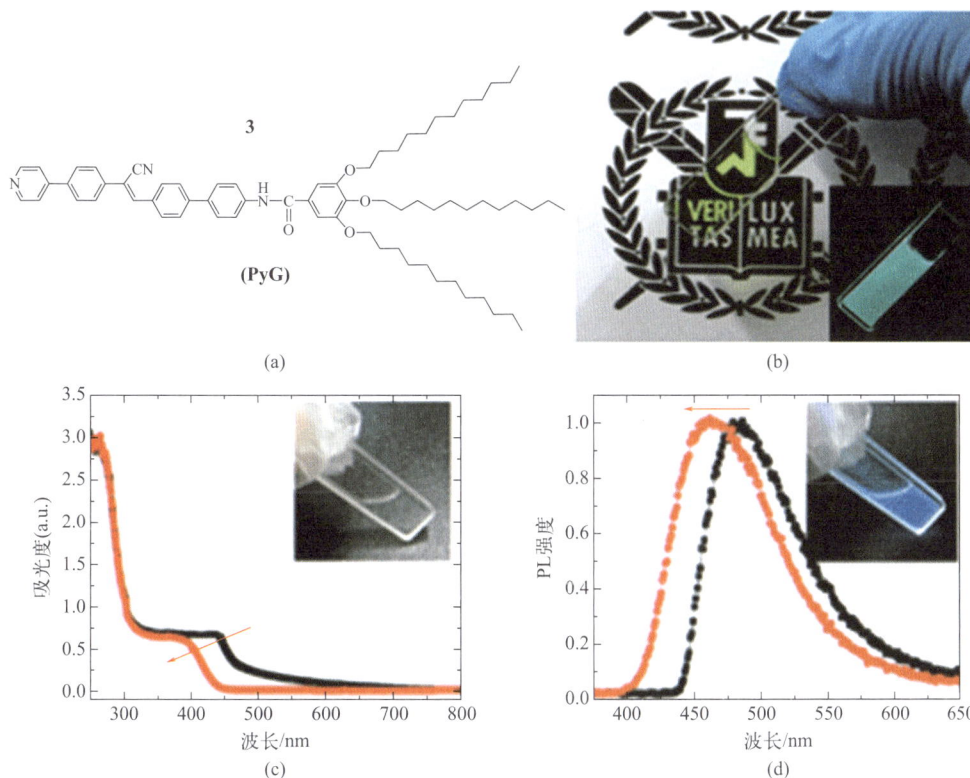

(a)

(b)

(c)

(d)

图2-3　凝胶剂PyG的分子结构式（a）；环己烷［1%（质量分数）］中形成的透明凝胶在室内光下的照片（b）；环己烷［0.25%（质量分数）］中形成的凝胶在蓝光（465nm）照射前（黑色）后（红色）的紫外可见吸收光谱（c）和发射光谱（d）

注：（b）中插图为凝胶在紫外线下的荧光照片，（c）和（d）中插图分别显示了在室内光和紫外线下光照后的溶胶态的照片

双组分超分子凝胶为实现多通道刺激响应功能材料提供了一种简便的方法。在此基础上，Kim等人利用上述AIE有机胶凝剂**2**（CN-TFMBE）与光致变色染料二芳基乙烯**4**共组装，

制备了一种多色可调、多态可切换的有机凝胶。如图2-4所示，通过热和光调控的正交刺激响应组合，混合有机凝胶可以在四种不同状态之间可逆切换。值得注意的是，这个四种状态的开关是由两个刺激输入和三个输出组成的组合逻辑电路。

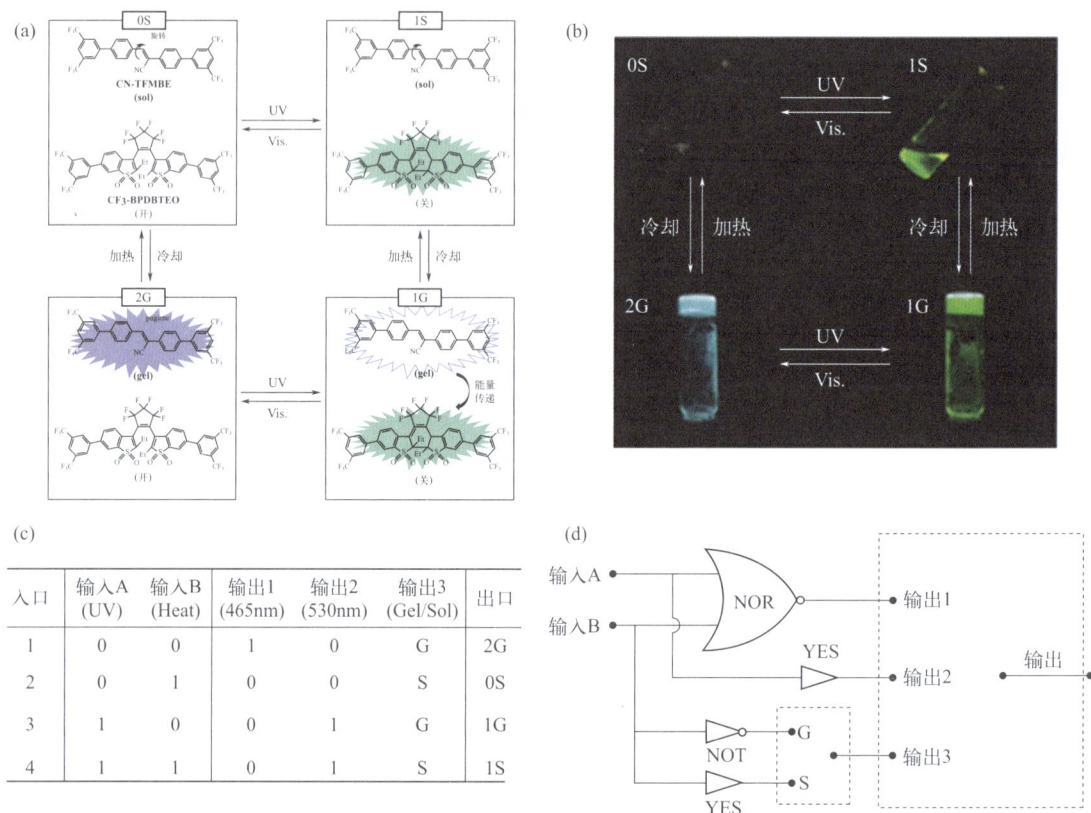

图2-4　混合物四种状态（2G、0S、1G、1S）的示意图（a）和照片（b）；有机凝胶集成逻辑电路的真值表（c）和原理图（d）

入口	输入A (UV)	输入B (Heat)	输出1 (465nm)	输出2 (530nm)	输出3 (Gel/Sol)	出口
1	0	0	1	0	G	2G
2	0	1	0	0	S	0S
3	1	0	0	1	G	1G
4	1	1	0	1	S	1S

2.3　磷光超分子凝胶

　　磷光和荧光一样，也是光致发光现象的一种。不同之处在于，磷光具有较大的Stokes位移，发射与激发的光谱重叠较少，从而有效地避免了激发光与散射光的干扰。另外，磷光的寿命比荧光的寿命长。磷光体虽然具有较长的激发寿命，但由于自身的运动和碰撞，极易被猝灭。在磷光研究的早期，人们曾试图利用低温来抑制分子运动和碰撞。目前，已经发展出了多种诱导室温磷光（RTP）的方法。然而，由于磷光剂在室温下的快速运动，需要将其困在刚性的微环境中以抑制其运动。另外，降低发色团的迁移率(如旋转)是通过减少猝灭和非辐射过程的影响来提高磷光量子产率的最有效的策略之一。超分子凝胶是一种灵活和高度可调的基质，是控制发光体环境的理想材料。有机材料中的RTP也被发现存在于超分子凝胶网络等宿主系统中。如图2-5所示，Wang等报道了通过将3-溴喹啉包封到商业化山梨糖醇衍生物凝胶剂5（DBS）自组装形成超分子凝胶，并且展现出热响应开关RTP。凝胶态表现出强烈的磷光，因为发色团被困在疏水三

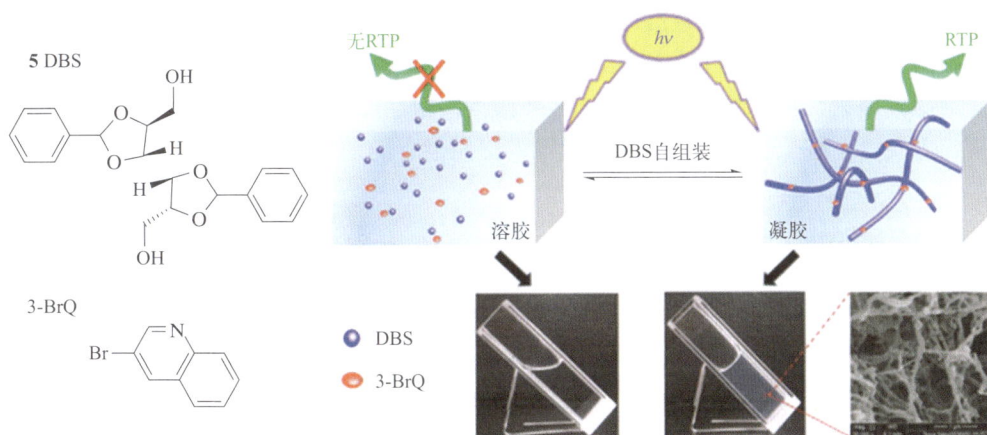

图2-5　山梨糖醇衍生物DBS的化学结构（凝胶剂**5**）和DBS超分子凝胶诱导3-BrQ RTP示意图

维网络中，限制了其运动，避免了磷光的猝灭。在不同的阴离子和重金属离子存在下，RTP凝胶是不猝灭的。通过改变介质温度分别为10℃和80℃，它可以切换到开和关的阶段。

　　研究过渡金属配合物也是磷光材料的一个重要领域。d⁸过渡金属化合物形成非共价金属-金属相互作用的强烈倾向，促进了超分子组装和超分子凝胶的形成。例如，Adia和他的同事已经成功合成了三核Au（Ⅰ）吡唑酸盐金属无环凝胶剂**6**（图2-6）。由于Au（Ⅰ）吡唑配合物形成的超分子凝胶的热响应，随着凝胶和溶胶的相变，红光可实现开启和关闭的切换，并重复多次没有任何衰减。另外，Ag⁺可以嵌入Au（Ⅰ）配合物的柱状组装体中，并显示出蓝绿色发光。该凝胶的发光寿命为6μs，表明该发射是由Au（Ⅰ）-Au（Ⅰ）金属相互作用修饰的金属中心三重态的磷光。

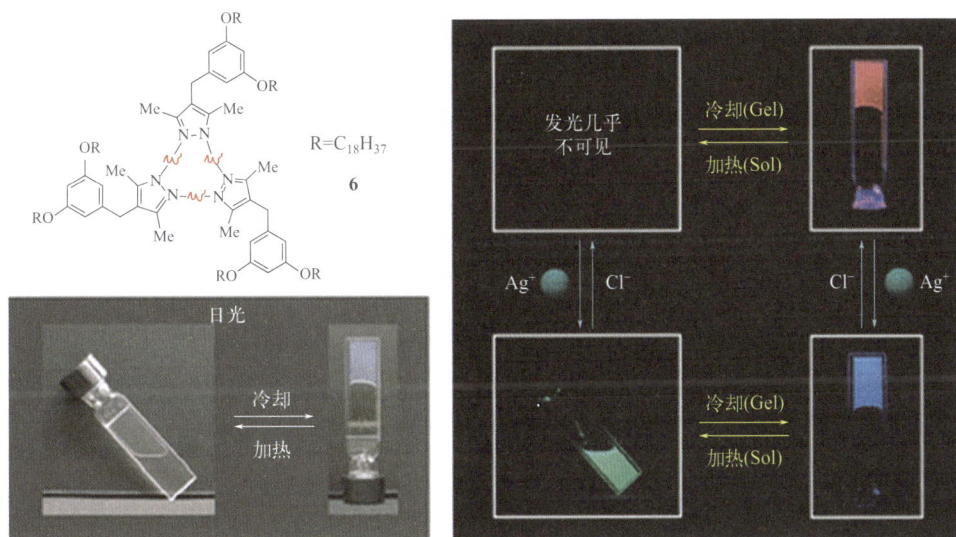

图2-6　Au（Ⅰ）吡唑配合物凝胶剂**6**的化学结构式以及自组装凝胶的照片和示意图

　　新型的过渡金属配合物由于其合成灵活、颜色可调、光化学稳定性高，以及在磷光OLED中被用作三重态发光器件和掺杂剂等优点，在发光领域受到人们的广泛关注。Ziessel

和他的同事通过平面Pt（Ⅱ）三联吡啶单元与没食子酸盐功能化的炔烃偶联得到了磷光超分子凝胶剂**7**。如图2-7所示，凝胶在830nm处表现出异常强的发射，这种近红外发射可以通过改变溶剂调整为红色发光。配合物的Pt-Pt相互作用是形成高度着色有机凝胶的主要动力。酰胺基连接没食子酸盐和炔基单元，通过氢键提供额外的结构稳定。

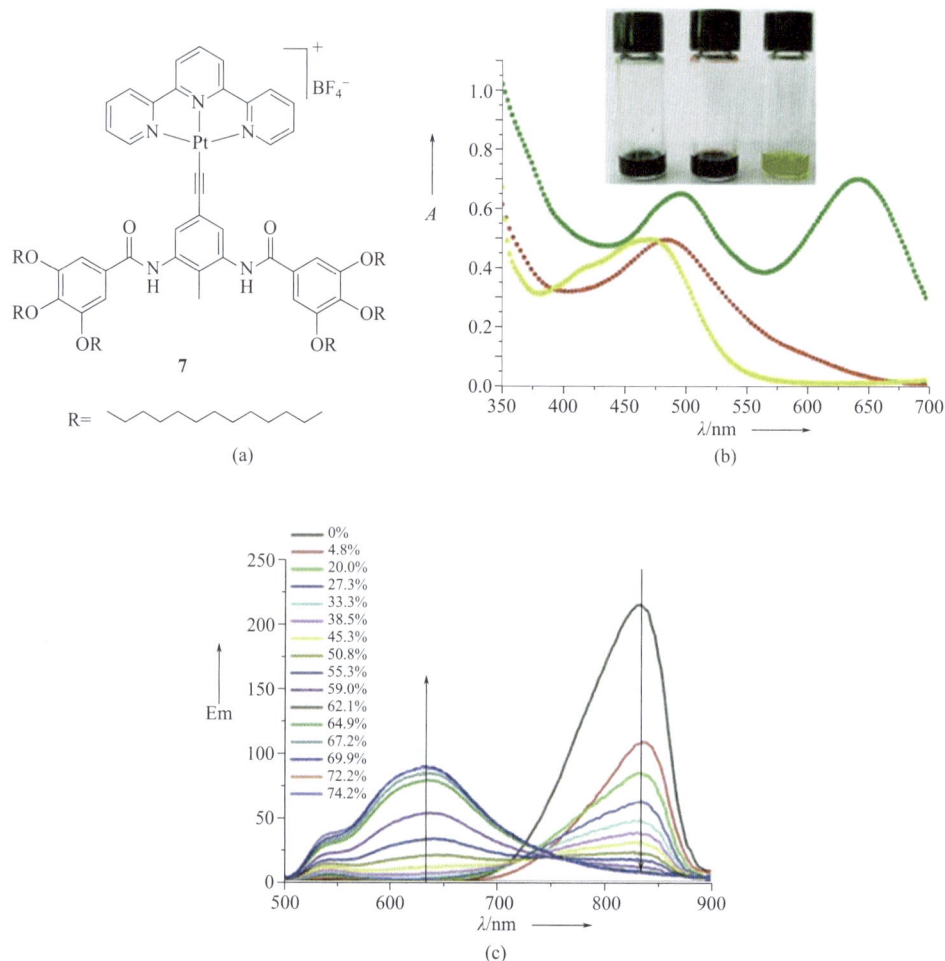

图2-7 凝胶剂**7**的化学结构式（a）；凝胶剂**7**在十二烷（绿线）、二氯甲烷(红线)和二氯甲烷与7%体积比的甲醇（黄线）中的吸收光谱（b）；凝胶剂**7**在十二烷中添加相应体积比的甲醇与二氯甲烷的混合物（25%，体积分数）的发射光谱（λ_{ex}=482nm）（c）

Xiao等人设计了一种由低聚(氧乙烯)链共价连接的双核环金属化铂（Ⅱ）配合物的凝胶触发剂**8**，其以分子内和分子间Pt-Pt和π-π相互作用为驱动力，在水体系中与具有磷光性的阳离子有机铂（Ⅱ）配合物**9**共组装形成发光的水凝胶，如图2-8所示。它们在溶液中可以由连接两个环金属化铂单元的低聚(氧乙烯)链的长度调节。通过使用双核有机铂（Ⅱ）配合物与长桥接链作为超分子交联剂，实现了从向列流体到发光水凝胶的转变。这可能表明，双核铂（Ⅱ）配合物由柔性连接物桥接可以作为构件块来连接单轴取向的聚电解质。这些Pt（Ⅱ）水凝胶具有优异的磷光性能、水溶性和热响应性，有望在智能材料领域获得新的应用。

Strassert和他的同事开发了一种简单的一锅法，合成了中性的、可溶的Pt（Ⅱ）三重态

(a)

8

9

(b)

发色的中间相黏性流体和超分子聚电解质   交联超分子聚电解质的黏弹性水凝胶

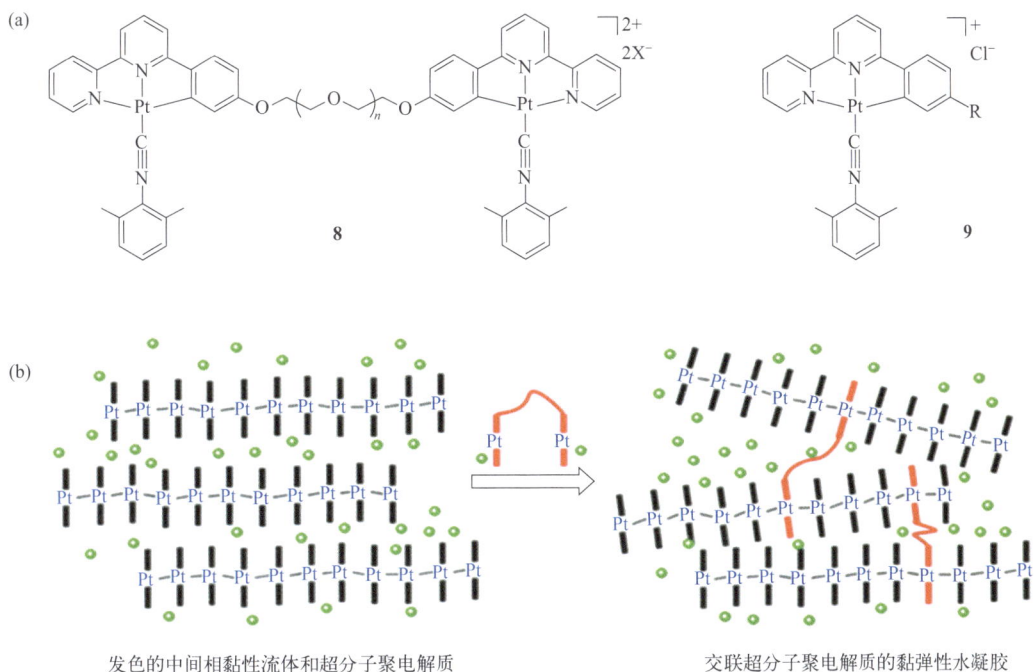

图2-8 金属化铂（Ⅱ）配合物凝胶触发剂**8**和阳离子有机铂（Ⅱ）配合物**9**的化学结构式（a）超分子组装形成有机铂（Ⅱ）向列相水凝胶示意图（b）

发射凝胶剂**10**，该凝胶剂含有一种二价阴离子的、三齿吡啶类配体。这种合成策略不需要排除水分和氧气，而且产品很容易通过反复沉淀的方法纯化。最重要的是，Pt（Ⅱ）发光分子能够以前所未有的90%的光致发光量子产率自组装成凝胶。自组装过程可以通过在聚集时磷光发射的开/关来监测。在规整薄膜和聚甲基丙烯酸甲酯（PMMA）基质中，Pt（Ⅱ）化合物的光致发光量子产率高达87%，且其发射光谱和激发光谱不随浓度变化，适合作为溶液法加工的OLED的掺杂剂（图2-9）。

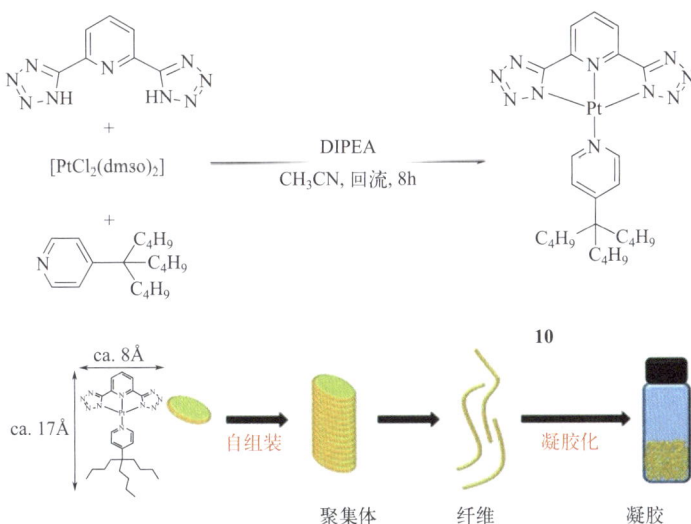

图2-9 铂（Ⅱ）配合物凝胶剂**10**的一锅法合成及从发光聚集体到纤维和凝胶的自组装过程的示意图

注：$1\text{Å}=10^{-10}\text{m}$

2.4 上转换发光超分子水凝胶

光子上转换（photon up conversion, PUC）是将长波长低能量的光转化成短波长高能量光的技术，是一种反 Stokes 位移的荧光过程。上转换在生物成像、光动力学治疗、太阳能电池、光催化等领域具有潜在的应用价值而得到广泛的研究。目前为止，有多种方法可以实现光子上转换，例如利用具有较大双光子吸收截面的染料实现双光子上转换，利用稀土材料实现光波频率的上转换或者三重态-三重态湮灭(triplet-triplet annihilation, TTA) 上转换等。三重态-三重态湮灭(TTA) 上转换以其所需激发光强低、上转换效率高、激发发射波长可调等优点成为近来研究的热点，是一种非常具有应用前景的上转换技术。然而，只有有机分子的 TTA 机制才能利用微弱的激发功率，如阳光，实现上转换。因此，结合低功率激发和高量子产量，TTA-UC 系统有利于实际应用，从太阳能发电的可再生能源生产，包括光伏和光催化到生物成像和光治疗。对于分子溶解在有机溶剂中的供体-受体对，由于它们允许激发态分子的快速扩散，基于 TTA 的 UC 已经达到了最有效的效果。超分子凝胶结构具有大分子固态体系和微观液态域，有望生成具有类液效率的固态 TTA-UC 体系。此外，通过在凝胶结构中加入增敏剂和湮没剂，可以提高供体-受体对的局部浓度，从而增加三重态激子的迁移和提高氧耐受性（图2-10）。

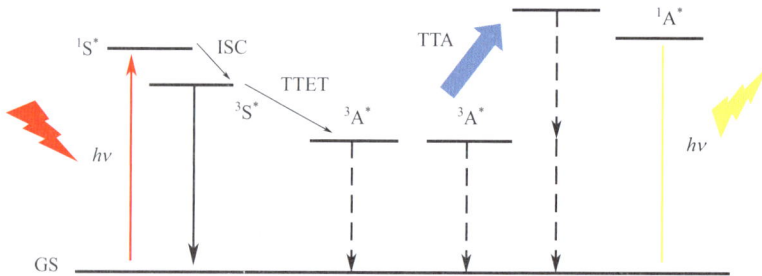

图 2-10 TTA 上转换体系三重态光敏剂与能量受体之间 Jablonski 能级分布图及能量传递过程
GS 表示基态；$^1S^*$、$^1A^*$ 分别表示光敏剂和湮灭剂单重激发态；$^3S^*$、$^3A^*$ 分别表示光敏剂和湮灭剂三重激发态；ISC 代表系间穿越；TTET 代表三重态-三重态能量转移；TTA 代表三重态-三重态湮灭

第一个基于有机凝胶的 TTA-UC 是由 Kimizuka 团队获得的。他们设计了一种新型的两亲性受体 DPA-1，它具有 9,10-二苯蒽(DPA) 和醚链烷基链。如图2-11所示，在有机溶剂中，DPA-1 的多个氢键能与三重态敏化剂 Pt（Ⅱ）八乙基卟啉(PtOEP) 共组装，表现出高效的三重态敏化感和三重态能量迁移。在除氧条件下，该超分子凝胶体系的 UC 量子产率为 30%，在低激发功率下可以得到优化。此外，UC 发射大部分保持在空气饱和的溶液中，从而进一步研究了凝胶体系中不除氧的 UC 过程。

同年，他们在有氧条件下，在超分子凝胶纳米纤维系统中开发了一种非常高效的 TTA-UC 过程。选用凝胶剂 **11** N, N-双(十八烷基)-l-boc-谷氨酸二胺（LBG）作为基体来限制敏化剂和发光分子，由于凝胶剂的氢键和范德华相互作用，在大多数溶剂中都能形成稳定的凝胶（图2-12）。用 532nm 激光激发 PtOEP/DPA/LBG 共组装凝胶（空气饱和状态），在 435nm 处产生上转换发射。有趣的是，上转换发射的强度可以在空气中停留 25 天。然而，在空气中上转换的量子产率仅为 3.5%。加热时凝胶结构的破坏导致了被溶解氧激发的三重态物质的猝灭。因此，UC 发光在凝胶-溶胶转变过程中可以实现开-关。此外，在超分子凝胶中还

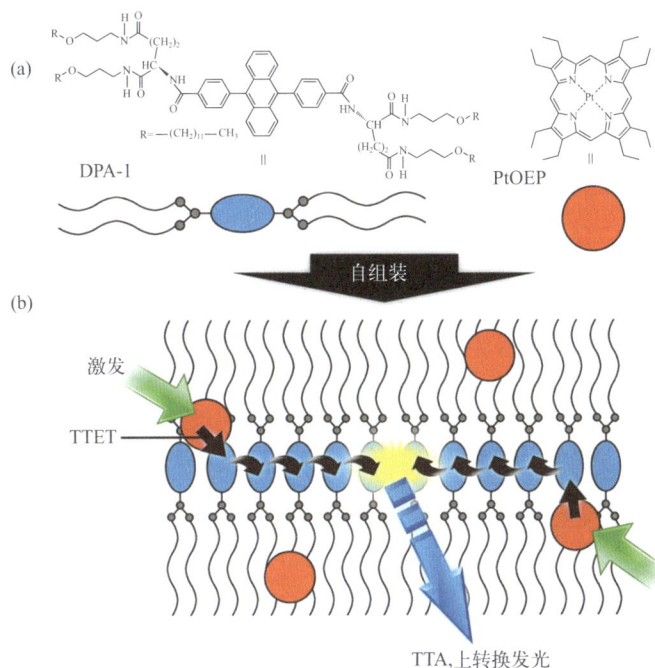

图2-11　DPA-1和PtOEP的化学结构式（a）及TTA-UC机理和捕获光的超分子TTA-UC系统示意图（b）

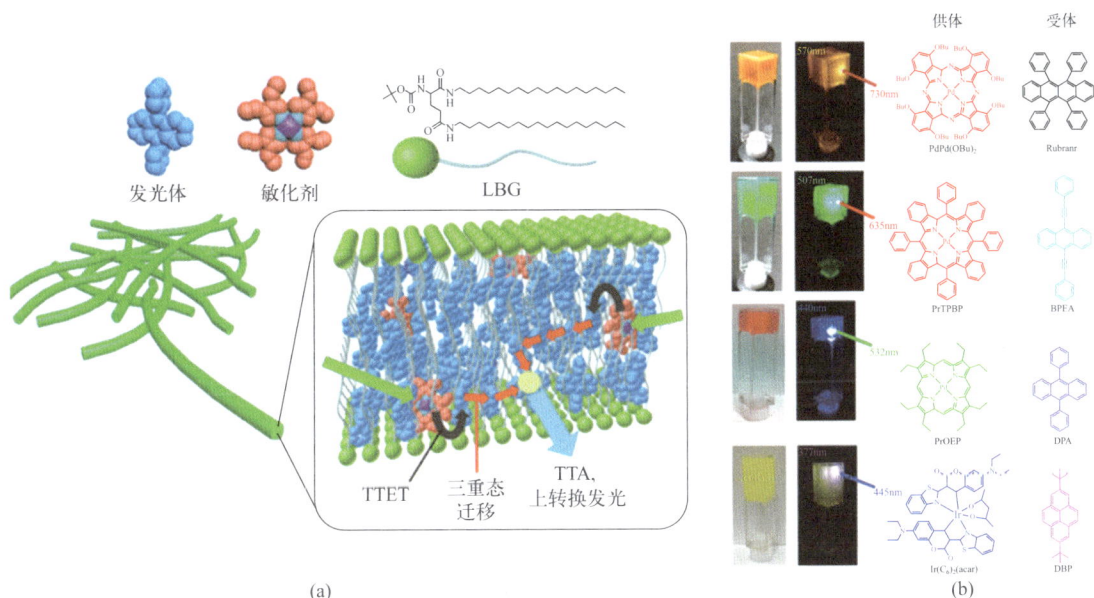

图2-12　凝胶剂 **11** 的化学结构式和上转换凝胶体系的结构示意图（a）；UC凝胶在空气饱和DMF中的照片（b）

观察到空气稳定的TTA-UC的普遍性，包括不同的供体-受体对实现了近红外到黄色、红色到青色、绿色到蓝色和蓝色到紫外线的上转换。

同时，Schmidt等人提出了同样的策略，采用研究较为充分的有机凝胶剂DMDBS作为基质，PdTPP/DPA作为上转换活性物质。在所有测试中，上转换组分物与DMDBS凝胶化的性能和液体样品没有区别。因此，这些研究表明，凝胶化的光化学上转换材料是可靠的，以创造高效的固体上转换材料应用于光伏和光催化领域。

　　基于上述假设，Haring等人报道了基于凝胶剂**12**（G-1）和**13**（G-2）的超分子凝胶中首次将绿蓝光子上转换应用于化学反应。该方法通过低能可见光照射嵌入在物理凝胶中的PtOEP/DPA UC系统，通过碳-卤素键的断裂实现了芳基卤化物的光还原(图2-13)。这一策略是基于一系列光物理和光化学的结合，其中TTA-UC、单电子转移（SET）和H-原子转移（HAT）是关键步骤。该凝胶网络提供了一个合适的稳定微环境，在常温有氧条件下，在不添加碱或酸等添加剂的情况下，实现具有挑战性的多步骤工艺。最重要的是，观察到几种芳卤化合物有良好的转化率和良好的质量平衡。

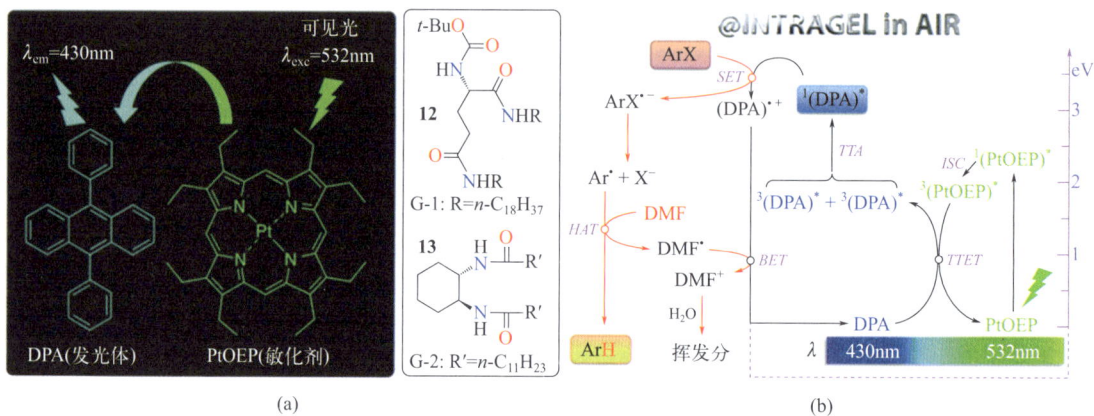

图2-13　绿色到蓝色PUC与PtOEP/DPA的示意图和凝胶剂**12**、**13**的化学结构式（a）；基于凝胶中TTA-UC和SET过程的芳卤化合物在空气中可见光还原机理的研究（b）

2.5　圆偏振发光超分子凝胶

　　圆偏振光(circular polarization luminescence, CPL)是一种手性发光体系发射左圆偏振光或右圆偏振光的现象，表现为手性分子或组装体的激发态结构性质。近年来，由于CPL在光电器件、3D显示、信息安全系统、手性传感、不对称催化等领域的潜在应用，其在手性材料中的应用受到了广泛关注。为了实现CPL发射，通常需要将手性部分和发光部分整合到一个分子中。这样可能需要经历一个烦琐的合成过程，而得到的有无CPL信号的手性发光体是不可预测的。同样，具有CPL发射的无机材料也需要通过手性试剂的共价键合来费力地合成。此外，用于量化CPL水平的发光不对称因子（g_{lum}）是开发CPL材料的关键问题，g_{lum}的最大值为2，即完全左偏振光或完全右偏振光。因此，追求大的g_{lum}值是CPL研究中重要的问题之一。超分子自组装提供了一个强大的工具，可以将具有不同功能的组分整合在一起，增强某些特性。例如，超分子自组装可以显著放大某些CPL活性材料的g_{lum}值。此外，不仅手性和非手性的发色团可以通过自组装赋予CPL性质。如图2-14所示，为了实现圆偏振发射，凝胶分子的设计有三种情况，类似于超分子手性凝胶的形成。

　　近年来，一种利用手性超分子凝胶制备CPL活性材料的方法已被广泛应用。基于上述超分子手性凝胶的策略，制备圆偏振发光超分子凝胶的策略可以分为以下几类：一是利用

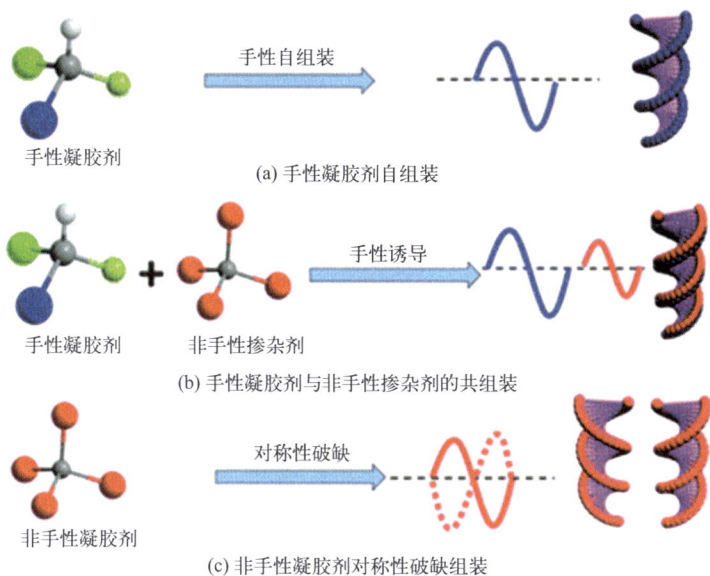

图 2-14　三种凝胶诱导的超分子手性示意图

手性发光凝胶剂构筑CPL活性超分子凝胶。二是"手性主体-非手性发光客体"，可以将手性凝胶主体与非手性发光团共组装，赋予非手性发光体以CPL性质。基于这些高效的方法，各种有机和无机材料可以嵌入一个手性凝胶宿主中，进而产生大量圆偏振发光的凝胶材料。三是非手性发光凝胶因子可以通过自发对称破缺形成手性超分子组装体，从而实现CPL发射。本节重点介绍了CPL活性超分子凝胶的研究进展，并根据凝胶分子或发光团的不同设计，总结了CPL活性凝胶体系。

2.5.1　基于手性发光凝胶剂的CPL活性超分子凝胶

为了构筑圆偏振发光超分子凝胶，传统的方法是通过共价键将发光基团引入非手性发光凝胶剂中。然而，在设计具有CPL发射的手性发光凝胶分子时，需要考虑手性中心到发色团的距离。如果手性中心和发色团之间的间隔太长，则不能实现CPL发射。当体系中的凝胶剂产生CPL发射时，ACQ或AIE现象会对CPL信号产生较大的影响。上述这些都是在设计CPL活性发光凝胶剂时必须考虑的重要问题。

氨基酸由于其天然的手性以及种类的多样性，被广泛应用于手性超分子凝胶剂的设计中，成为理想的凝胶剂候选材料。基于组氨酸衍生物的手性发光凝胶剂构筑圆偏振发光凝胶得到了研究。例如，通过设计与合成不同取代位点的萘基组氨酸脲类两亲分子（α-NapHis, **14** 和 β-NapHis, **15**），对其自组装的过程及圆偏振发光性能进行了详细的研究。如图2-15所示，当萘的1-位与手性组氨酸共价连接时，α-NapHis分子只有在超声作用下可以形成超分子凝胶，并表现出CD（circular dichroism，圆二色性）和CPL信号；而当萘的2-位与手性组氨酸共价连接时，β-NapHis分子在任何条件下都不能形成凝胶，也不表现出手性光学活性。此外，α-NapHis分子可以与非手性苯甲酸共组装形成凝胶，虽然苯甲酸本身是不发光的，但它可以通过与手性发光分子之间的非共价相互作用，有效地调节共组装体的堆积模式，从而诱导体系的圆偏振发光不对称因子产生一定程度的放大。

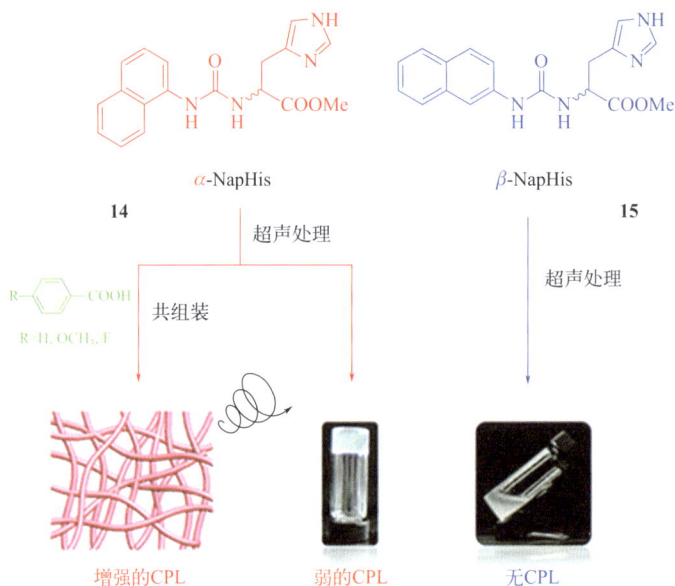

α-NapHis   β-NapHis

14   **15**

超声处理

R—〈 〉—COOH
R=H,OCH₃,F

共组装   超声处理

增强的CPL   弱的CPL   无CPL

图2-15　凝胶剂 **14**（α-NapHis）和 **15**（β-NapHis）的化学结构式及在超声作用下，α-NapHis 和 β-NapHis 形成超分子凝胶的照片以及示意图

　　此外，Niu 等人利用配位作用和π-π堆积作用协同驱动了芘基功能化的π-组氨酸凝胶剂 **16**（PyHis）的不同的组装路径，实现了自组装体系中圆二色信号以及圆偏振发光信号的反转与可逆切换。PyHis可以在乙醇和水的混合溶剂中自组装形成超分子凝胶，显示出尺寸均匀的纳米纤维结构，L型分子表现出M手性并发射右旋偏好的CPL；利用金属离子配位组装的策略，发现Zn（Ⅱ）的加入使PyHis的组装路径发生了显著改变，纳米纤维结构完全转化为纳米球，表现出P手性并发射左旋偏好的CPL（图2-16）。进一步加入竞争配体EDTA，组装体的纳米结构得以恢复，圆偏振发光信号可以实现多次可逆切换。实验和理论模拟证实了金属配位和π-π堆积作用的协同作用造成了超分子手性的反转，揭示了多重非共价相互作用是如何调控自组装路径和功能的，有助于今后更深入地理解和设计可切换的手性光学超分子材料。

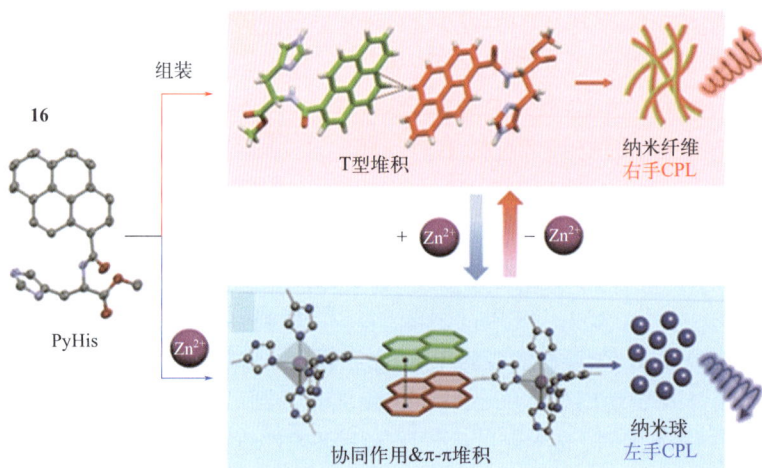

16

PyHis

组装

T型堆积   纳米纤维
                  右手CPL

+ Zn²⁺   − Zn²⁺

Zn²⁺

协同作用&π-π堆积   纳米球
                      左手CPL

图2-16　凝胶剂 **16**（PyHis）的化学结构式和PyHis通过配位和π-π堆积调节CPL的反转和转换的示意图

　　虽然基于手性发光凝胶因子构筑的圆偏振发光凝胶体系受到了广泛的研究，但是关于

双重激发态的圆偏振发光鲜有报道，尤其双重激发态与单重激发态的可逆切换至今还没有被报道。因此，Wang 等人设计合成了 C_2 对称分子，即萘酰亚胺两端连接甘氨酰谷氨酸的有机凝胶剂 **17**（NDI-GE）。由于其良好的自组装性能，NDI-GE 在甲醇和 DMF/H_2O 混合溶剂中均能够凝胶化。如图 2-17 所示，在紫外线照射下，中性的组装体生成了 NDI$^-$ 自由基阴离子凝胶。进一步研究了中性组装体和自由基阴离子组装体的手性特征，研究表明，自由基阴离子组装体的 g_{lum} 相比于中性组装体出现反转并显著增强达到 10^{-1}。由于自由基阴离子凝胶在紫外线照射和氧气存在下可逆交替，制备了基于自由基阴离子的手性开关，首次实现了单重激发态 - 双重激发态 CPL 的可逆切换。

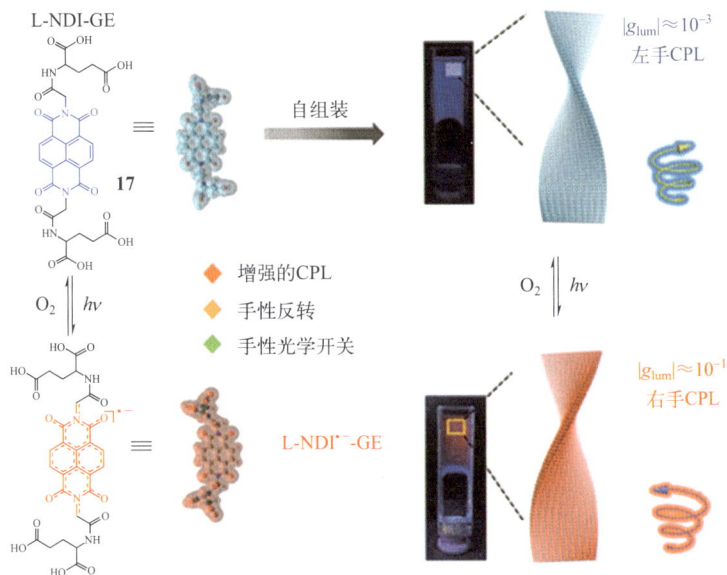

图 2-17　凝胶剂 **17**（NDI-GE）的化学结构式以及 CPL 发射的 NDI 自由基阴离子凝胶的形成示意图

2.5.2　以有机发光体为客体的 CPL 超分子凝胶

相比于大多数有机手性发光凝胶剂制备的圆偏振发光材料所需的多步合成，"手性主体 - 非手性发光客体"是一种高效的策略。非手性发光体的手性是由手性组分的手性转移引起的，并且手性转移有可能赋予几乎所有的发光体 CPL 发射。对于非手性发光体的手性诱导，手性分子与非手性发光体之间的相互作用具有重要意义。非共价相互作用，如静电相互作用、疏水相互作用、氢键和主客体相互作用可用于调节手性诱导。

唐本忠院士课题组已经将聚集诱导发光（AIE）概念引入手性发光化合物的分子设计中。在该设计中，为了赋予凝胶材料 CPL 特性，AIE 的结构单元通常不能单独发射圆偏振光，必须通过共价键与手性部分连接。基于此，刘鸣华课题组首次报道了手性受限空间或环境可赋予非手性组分手性的例子。如图 2-18 所示，C_3 对称手性凝胶剂 **18** 可以构建六边形纳米管结构，在自组装过程中，取代的谷氨酸基团的本征手性可以转移到超分子纳米管上。非手性 AIE 发光团可以通过共组装的方式嵌入纳米管中，在凝胶化过程中，非手性 AIE 染料聚集，直接激发后荧光强度增强，CPL 明显增强。通过共组装凝胶化的简便方法，实现了从蓝光到红光的各个波段的 CPL 凝胶材料的制备。

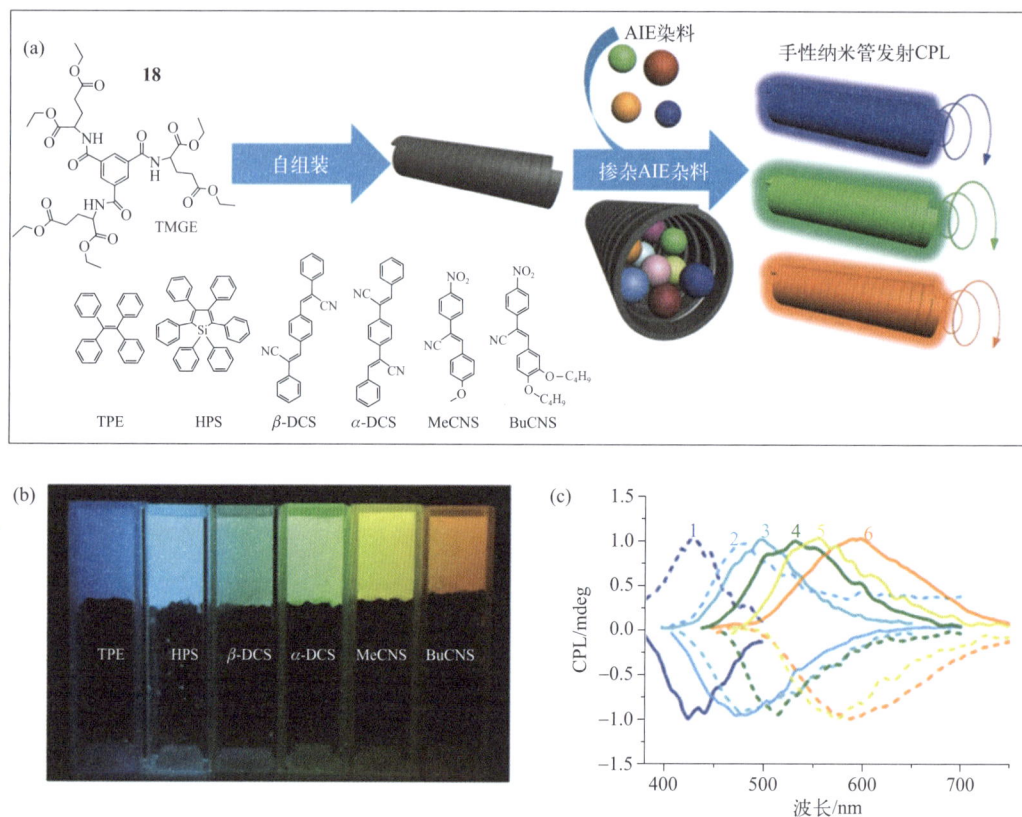

图2-18 L-/D-凝胶剂**18**（TMGE）封装不同AIE发光体形成手性纳米管的示意图（a）；紫外照射下装载AIE发光体共凝胶的照片（b）；六种共组装凝胶的CPL镜像光谱（c）

  此外，手性主体在形成超分子手性凝胶传递手性的过程中，可以对非手性发光客体进行调控，进而实现手性信息的调控。刘鸣华课题组报道了在超分子凝胶的有机纳米管中圆偏振发光（CPL）的刺激响应性。如图2-19所示，利用8-羟基-1，3，6-芘三磺酸三钠（HPTS）作为非手性发光客体，手性谷氨酸衍生物（LG或DG）作为手性凝胶剂**19**，在DMF和水的混合溶剂中共组装获得了具有纳米管状结构的超分子凝胶。基于溶剂极性对HPTS的激发态质子转移及其在超分子凝胶中的手性转移影响，通过调节溶剂中DMF与水的不同混合比例，可以实现CPL信号在不同波长之间转换。其中，CPL信号的转换是由HPTS质子化（ROH）和去质子化（RO$^-$）形式所引起的不同的发射，其两种不同的形式可以由溶剂的极性调节。此研究提供了一种简单的共组装的策略，通过调节溶剂极性和酸度在超分子凝胶的有机纳米管中实现可切换的CPL响应材料。

  超分子凝胶中的手性主体可以通过共组装来构筑手性组装体，进一步实现对非手性发光体的手性传递。因此，刘鸣华课题组利用嘌呤碱基诱导谷氨酸衍生物**20**（Fmoc-Glu）自组装形成螺旋纳米结构，表明了非手性的碱基在手性自组装中起着至关重要的作用（图2-20）。研究发现，谷氨酸衍生物与嘌呤碱基可以共组装形成超分子水凝胶，SEM观察到螺旋结构的生成。此外，螺旋纳米结构可以作为基体将手性转移到非手性的荧光探针硫黄素T（ThT）染料上。通过手性传递，ThT不仅表现出超分子手性，而且具有圆偏振发光（CPL）的性质。相反，嘧啶碱基不能诱导Fmoc-Glu形成手性结构或者水凝胶。结果表明，嘌呤碱基（A或G）与谷氨酸衍生物之间能够形成氢键，增强了π-π堆积和双组分组装体的疏水相

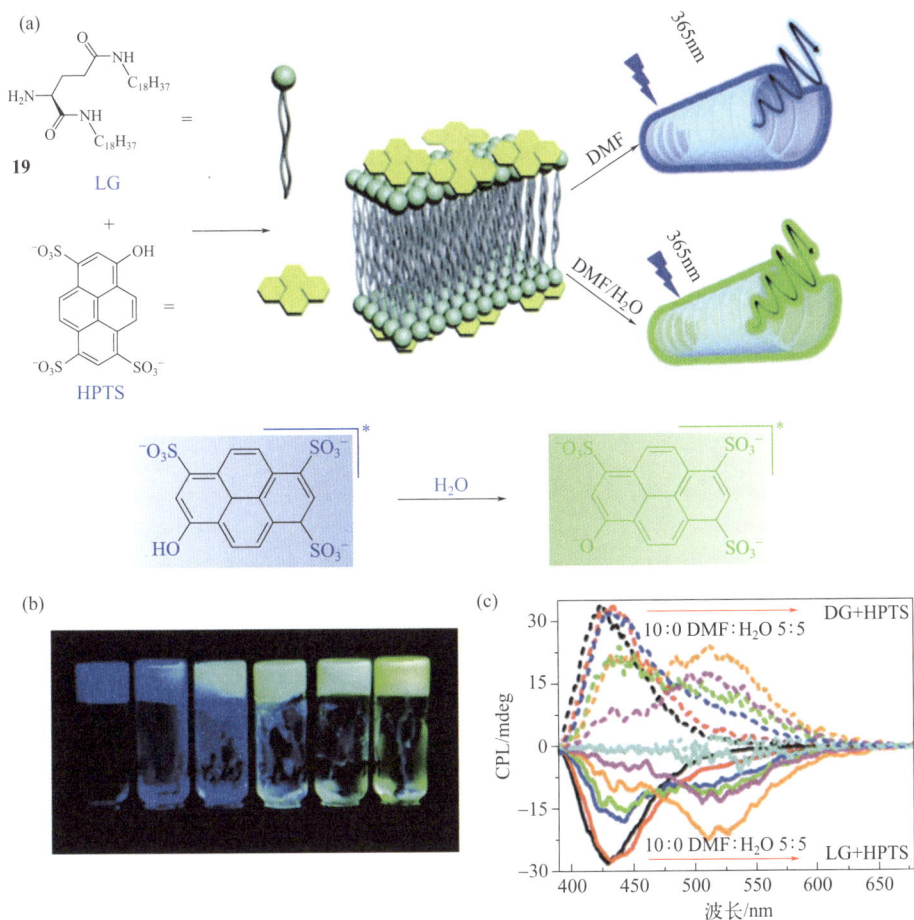

图2-19 凝胶剂**19**（LG）和HPTS的化学结构式以及溶剂效应对CPL发射调控的示意图（a）；不同体积比DMF/H₂O的LG/HPTS凝胶在365nm紫外线照射下的照片（b）；LG/HPTS和DG/HPTS超分子凝胶在室温（LG=20mg/mL，LG/HPTS的摩尔比为10:1）、370nm激发下的CPL光谱（c）

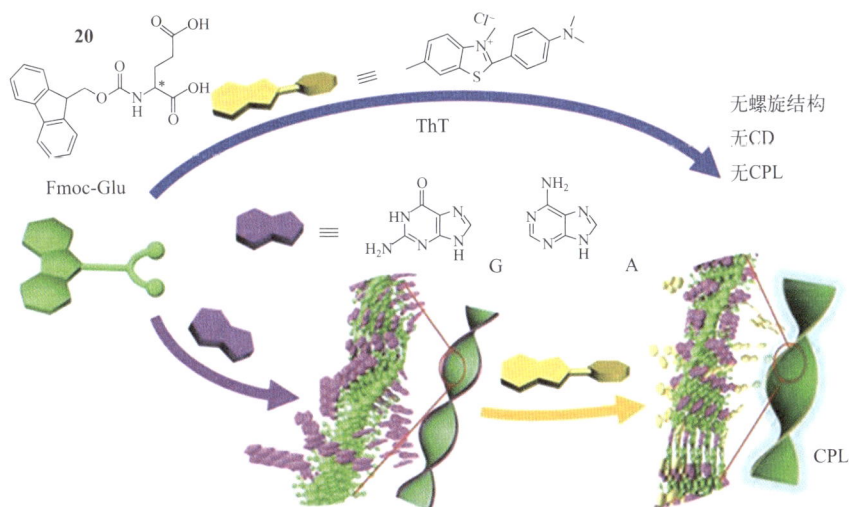

图2-20 凝胶剂**20**（Fmoc-Glu）的化学结构式以及基于Fmoc-Glu的非手性碱基辅助螺旋自组装和Fmoc-Glu超分子手性传递到非手性ThT的示意图

互作用，从而有助于手性纳米结构的表达。在该体系中，以非手性碱基作为一个桥梁，将 Fmoc-Glu 的手性转移到 ThT 染料上，通过手性传递和荧光相结合，制备了一种能够发射 CPL 的三组分水凝胶。

在圆偏振发光凝胶体系中，可以通过外加刺激(比如光照和磁场)或者添加分子或者离子实现对系统圆偏振荧光的手性、发光位置与发光强度的调控，由此实现在同一种材料中的功能多样化。刘鸣华课题组设计并且合成了具有氰基二苯乙烯的谷氨酸长链衍生物 **21**，其可以自组装形成超分子纳米螺旋结构，本身可以产生明显的圆二色手性信号和圆偏振发光信号（图2-21）。在加入非手性的受体BPEA之后，胶体状态谷氨酸衍生物与受体可以进行有效的能量转移，由之前的蓝色荧光变为了绿色荧光，而且相应的圆偏振发光由原来的给体位置转移到了受体位置。最后还研究了用给体吸收波长和受体吸收波长来分别激发组装体，测试了相应的圆偏振信号，结果显示，激发给体所得的圆偏振信号比直接激发受体所得的信号强度增强了3倍，最终实现了能量转移的圆偏振光放大。

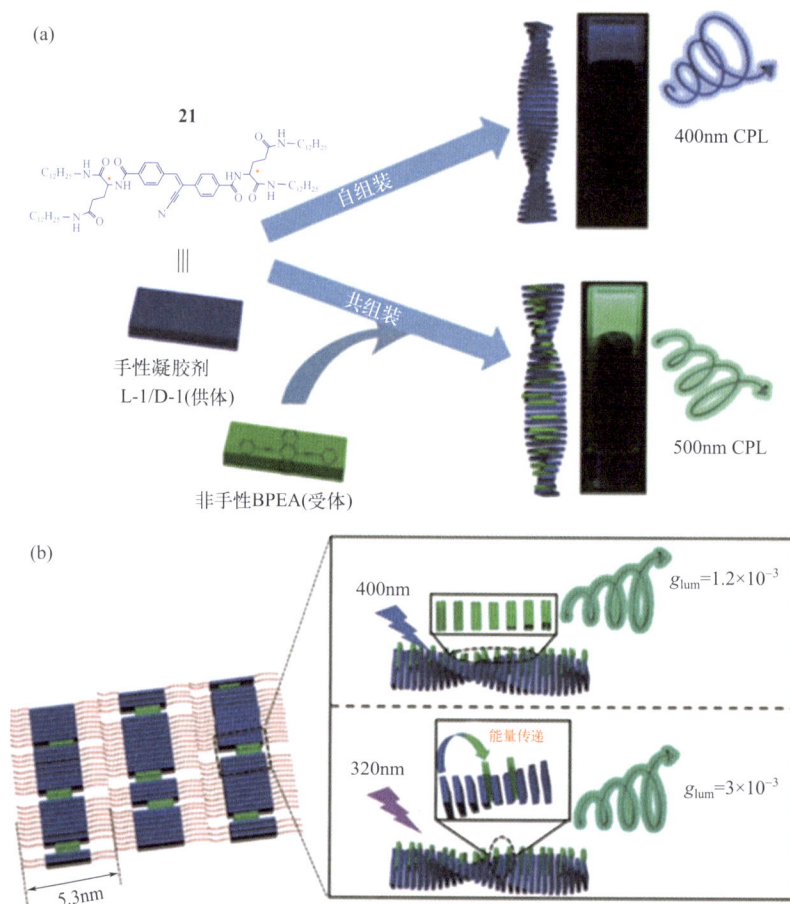

图2-21　L（D）-凝胶剂 **21** 和BPEA的化学结构式及手性凝胶放大组装体与非手性受体BPEA之间的手性转移和能量转移示意图（a）；能量传递放大CPL在复合纳米螺旋中的原理图（b）

如上所述，刘鸣华课题组证明了超分子凝胶体系中的能量转移增强CPL是可行的。因此，他们进一步设计了一种在水相中的手性光捕获纳米管天线系统，并研究了该系统中发生的协同手性传递和顺序能量转移过程。如图2-22所示，由手性供体 **22**（CG）组装形成的

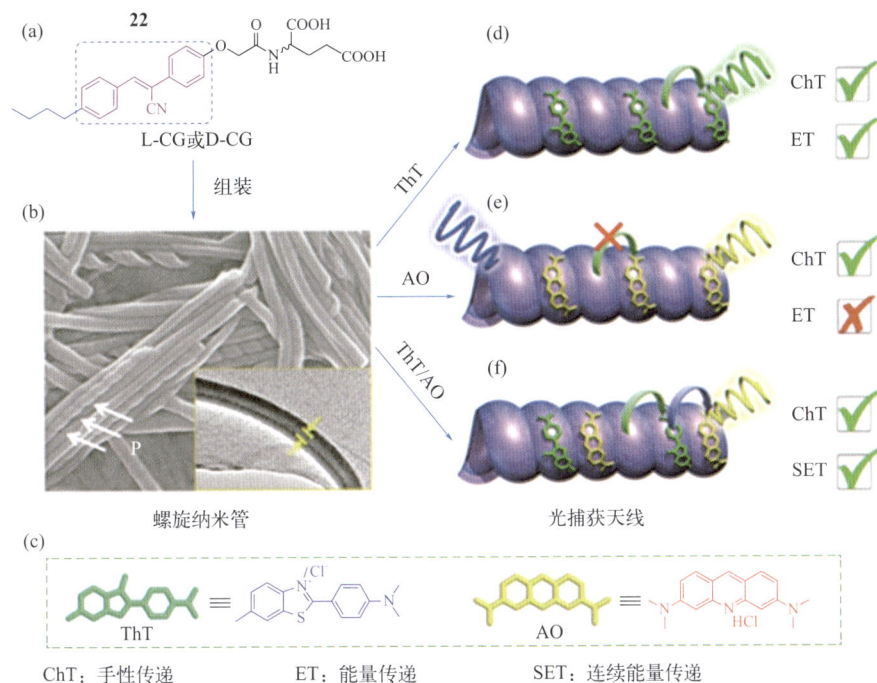

图2-22　凝胶剂**22**（CG）的化学结构式（a）；水凝胶中L-CG纳米管的SEM和TEM图（b）；受体的化学结构式（c）；将ThT、AO以及ThT/AO与CG纳米管共组装，表现出不同的手性和能量转移模式（d）～（f）

纳米管显示出超分子手性和CPL特性。当选择硫黄素T(ThT)和吖啶橙(AO)与CG共同组装时，纳米管可以将其超分子手性转移到非手性受体，并且能量转移后受体的CPL强度可以明显放大。在CG/ThT/AO三组分体系中，两个受体可以被同时诱导出超分子手性，但它们只能以顺序的方式从手性供体CG中捕获激发的能量。结果取决于能量转移的逐级传递，可以得到逐步放大的反映CPL强度的不对称因子g_{lum}。

2.5.3　基于无机发光客体的CPL活性超分子凝胶

近年来，具有CPL性质的无机纳米材料的研究得到了极大的发展。如何巧妙地引入手性是构建具有CPL性质的无机纳米材料领域的一大挑战。在众多构筑方法中，具有本征手性的纳米结构的制备非常困难。最常见的方法是用手性试剂覆盖无机纳米结构，这已被广泛证明是一种常见的制备手性纳米材料的方法。例如，利用该方法已经报道了具有CPL活性的贵金属纳米团簇、硫族半导体量子点（QDs）。另外，通过超分子自组装将无机发光纳米材料融入受限的手性环境中，已被证实是制备具有CPL性质的量子点纳米材料的有效方法。这属于"手性主体-发光客体"的策略，发光无机纳米材料是非手性的，它们与手性宿主结合后，表现出诱导的手性，从而具有CPL发射。非手性无机纳米材料在手性受限空间中的手性组装被认为是引起手性和CPL发射的主要原因。到目前为止，已经报道的几种无机发光纳米材料通过结合到手性客体中来显示CPL，包括量子点、钙钛矿纳米晶体、贵金属纳米团簇和镧系纳米颗粒。本节重点介绍利用无机发光纳米材料。

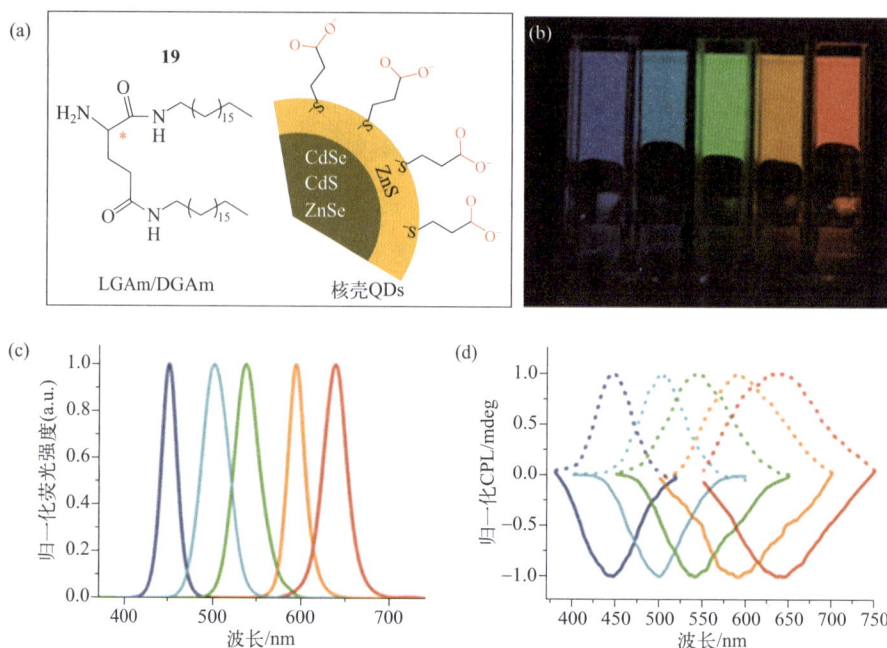

图2-23　凝胶剂**19**（LGAm/DGAm）的化学结构式和量子点的结构（a）；紫外线下各种CdSe/ZnS QD 掺杂的共凝胶（EtOH/H₂O=10:1，体积比）的照片（b）；相应共凝胶的荧光光谱（c）；相应共凝胶的 镜像CPL光谱（d）

2017年，刘鸣华课题组首次报道了利用量子点作为无机发光纳米材料实现圆偏振发光 超分子凝胶的例子，他们使用3-巯基丙酸封端的壳核结构量子点与含谷氨酸基的手性凝胶 因子**19**（DGAm与LGAm）进行共组装，量子点具有诱导的手性（图2-23）。通过使用不同 发射波长的量子点，可以获得全色的CPL发射，并且具有较高的荧光量子产率和较大的g_{lum}。 此外，通过调节不同颜色的量子点的混合比例，可以很容易地实现白光圆偏振发射。量子点 表面上的羧酸和手性配体之间的间隔基的长度对于诱导的手性十分关键。当将3-巯基丙酸 修饰的量子点（QDs-C3）替换为12-巯基月桂酸（QDs-C12）封端的量子点时，未观察到 CPL信号。这种简单的共组装过程，可以很容易地赋予无机纳米半导体以CPL的性质，既 发挥了无机半导体材料优越的光电性能、简单易制备、发光纯度高、成本低等优点，也发 挥了超分子凝胶具有较强手性的优点，对于大规模制备无机CPL材料具有十分重要的意义。

上述策略为制备CPL发射的无机纳米材料提供了一种通用的方法。随后，该课题组 又获得了基于凝胶剂**19**（DGAm和LGAm）诱导的钙钛矿纳米晶（NCs）的CPL信号（图 2-24），这是第一例报道的钙钛矿CPL材料。研究发现，在非极性溶剂中，手性凝胶分子**19** 也能与油酸和油胺稳定的非手性全无机钙钛矿NCs共组装，并对其表面进行修饰。通过这 种共凝胶作用，分子的手性可以转移到NCs上，导致CPL信号的不对称因子（g_{lum}）高达 10^{-3}。此外，通过改变凝胶剂的分子手性，可以得到镜像的CPL信号。这种凝胶可以进一步 嵌入聚合物薄膜中，以制备柔性CPL器件。

此后，在有机无机共组装体系中，利用该策略实现了镧系掺杂的上转换纳米粒子 (UCNPs)表现出上转换圆偏振发光，如图2-25所示。非手性UCNPs（NaYF4：Yb/Er或 NaYF4：Yb/Tm）可以通过与凝胶剂**19**共凝胶的过程封装成手性螺旋纳米管。在紫外（UV， 300nm）到近红外（NIR，850nm）波长范围内，这些共凝胶系统显示出强烈的UC-CPL。此

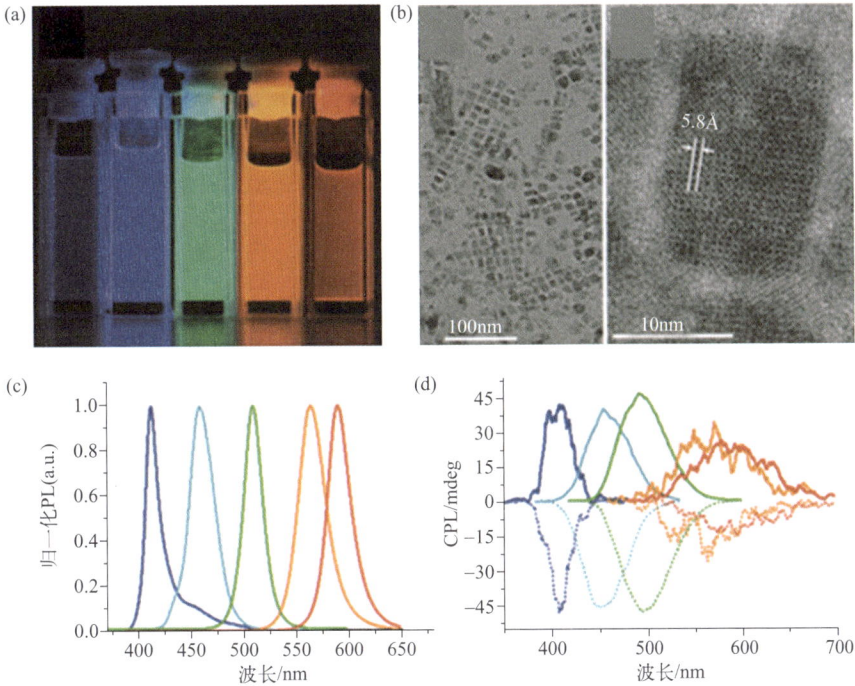

图2-24　在紫外线（λ_{ex}=365nm）照射下，不同卤化物（X=Cl、Br和I）组成的CsPbX$_3$ NCs在正己烷中分散，钙钛矿NCs的总浓度约为5.5mg/mL（a）；CsPbBr$_3$的HRTEM全景图（b）；相应CsPbX$_3$ NCs掺杂DGAm的荧光光谱（c）；对应共组装样品的镜面CPL光谱（d）

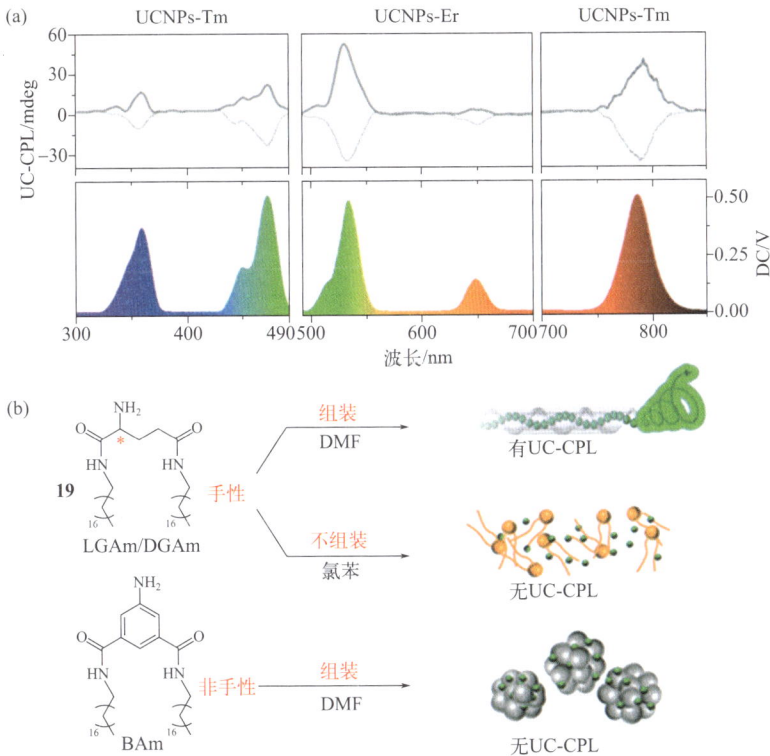

图2-25　980nm激光激发共凝胶的UC-CPL发射光谱（a）;UC-CPL的可能机制的示意图（b）

外，由UCNPs产生的UC-CPL的紫外部分可用于引发二乙炔衍生物的对应选择性光聚合。

辛霞课题组利用手性凝胶剂与贵金属纳米团簇共组装构筑了圆偏振超分子凝胶。他们报道了原子级精确的银纳米团簇（Ag₉-NCs，[Ag9（mba）9]，其中，H₂mba是2-巯基苯甲酸）和凝胶剂**23**（DD-5）诱导自组装，通过非共价相互作用（氢键、π-π堆积）和银-银[Ag（Ⅰ）-Ag（Ⅰ）]相互作用引发Ag₉-NCs的聚集诱导发光（AIE）效应（图2-26）。大Stokes位移（约140nm）和微秒荧光寿命（6.1s）表明Ag₉-NCs/DD-5水凝胶为磷光体。同时，由于超分子自组装，肽的手性被成功转移到非手性的Ag₉-NCs上，Ag₉-NCs/DD-5水凝胶具有良好的圆偏振发光(CPL)性能。此外，Ag₉-NCs/DD-5荧光水凝胶对生物小分子精氨酸的检测具有选择性和敏感性。

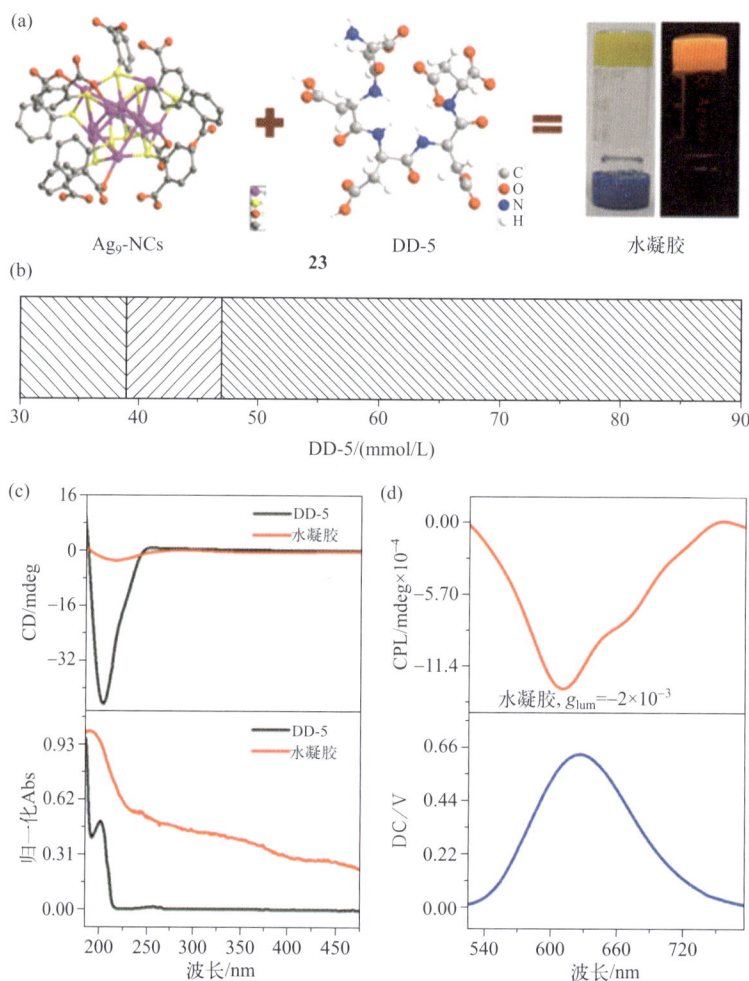

图2-26　凝胶剂**23**（DD-5）和Ag₉-NCs的结构以及Ag₉-NCs/DD-5水凝胶形成示意图（a）；固定Ag₉-NC浓度为5mmol/L，改变DD-5浓度得到相图（b）；纯DD-5和水凝胶的CD光谱（c）；水凝胶的CPL光谱（d）

2.5.4　基于非手性发光凝胶因子的CPL活性超分子凝胶

在上述两种策略中，不管是手性发光凝胶剂还是手性主体传递手性给发光客体，本征性的手性成分是产生CPL发射所必需的。但是不仅是手性分子，完全非手性分子也可以利用对称性破缺原理来制备相应的手性发光材料，从而实现CPL发射。在这种情况下，自组装过程中的非对称环境至关重要。迄今为止，非手性体系中的超分子手性可以通过加入一些简单的手性掺杂，外加磁场、圆偏振光以及旋转蒸发或磁力搅拌器产生的涡旋运动来控制。在超分子凝胶体系中，非手性的C_3对称分子通常被用来控制手性。

例如，刘鸣华课题组设计并合成了简单的非手性C_3对称分子24（BTAC），可以自组装形成具有强烈圆二色（CD）信号的超分子凝胶（图2-27）。而该组装体由于对称性破缺产生了超分子手性，使其在光的激发下可以发出明显的CPL信号。这种新颖的圆偏振发光凝胶具有优良的可调控性，通过掺杂手性小分子有机胺或者成胶过程中施加搅拌的方法，就可以调控该凝胶所发射圆偏振荧光的手性方向和强度。这是首例通过对称分子组装产生对称性破缺然后产生CPL信号的报道，为制备CPL光学材料提供了新的可供选择的方法。

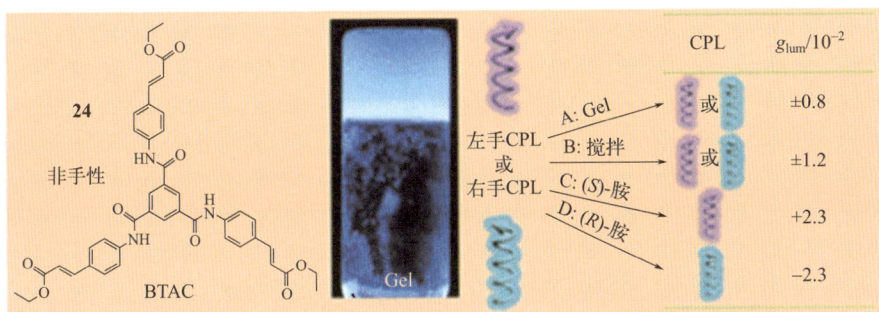

图2-27　圆偏振发光超分子凝胶完全由简单的非手性C_3对称分子自组装而成的示意图

此后，刘鸣华课题组设计并合成了含有萘甲酸甲酯的非手性C_3对称分子25（BTANM），发现其在DMF/H$_2$O的混合溶剂中能形成稳定的超分子凝胶。通过改变混合溶剂中DMF和H$_2$O的比例，非手性的BTANM可以形成纳米带、纳米螺旋和纳米喇叭等多种结构（图2-28）。其中，含有螺旋结构的样品在宏观上表现出了较强的超分子手性。

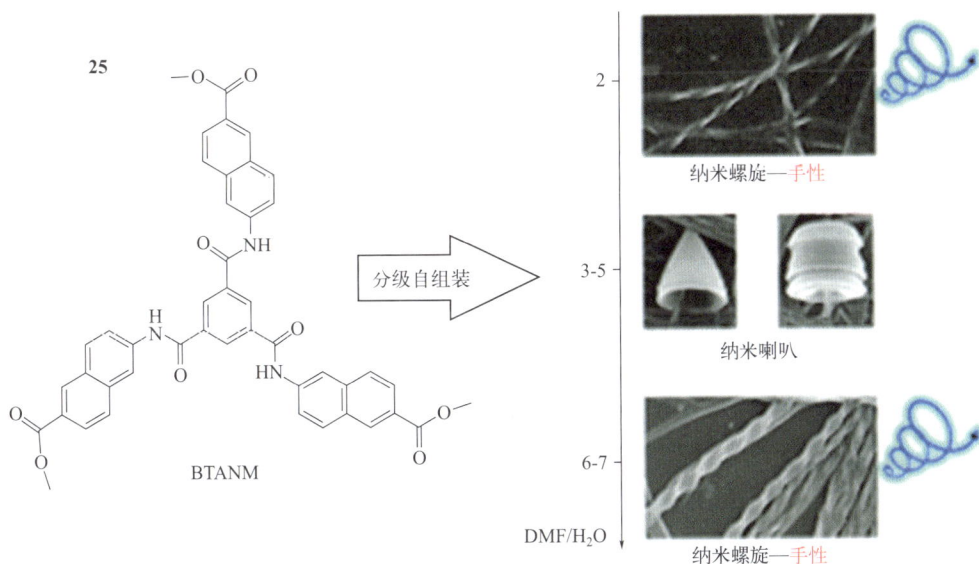

图2-28　凝胶剂25（BTANM）的化学结构式和不同体积比DMF/H$_2$O混合自组装的各种纳米结构

2.6 发光超分子凝胶的应用

　　功能性自组装材料的设计和开发是超分子和纳米化学研究的核心，超分子凝胶的开发对于生物、医学和材料科学等各个领域的应用非常重要，是一类很有潜力的材料。由于所含发色团的发光特性和超分子凝胶本身的有趣特征的结合，发光超分子凝胶已被应用于许多领域。特别是超分子凝胶中分子基元通过非共价键相互作用，由于非共价的形成具有可逆性，因此超分子凝胶对外场刺激（如温度、溶剂、pH值、机械扰动和光）有很好的刺激响应。通过这种方式，它们可以成为热可逆、触变、酸碱传感器等，从而影响它们的发光性能。

　　制备发光超分子凝胶的主要目的是在传感器、光电器件和生物医学材料方面有潜在的应用。例如，Jiang团队合成了氰基二苯乙烯衍生物的凝胶剂 **26**，表现出一种有趣的阴离子结合性质。如图 2-29 所示，这里的 CO_2 传感是通过凝胶分子与氨基甲酸盐离子液体的阴离子形成主客体络合物实现的，这种络合物是由 CO_2 与脂肪族二乙胺(DEA)原位反应获得的。而在过量 DEA 存在的情况下，凝胶聚集系统通过发射猝灭来响应 CO_2，具有中等的灵敏度（检测限为 908ppm）。事实上，通过荧光猝灭和调制来检测 CO_2，可以达到非常高的灵敏度和低检测限，能够低至 4.5×10^{-6}。

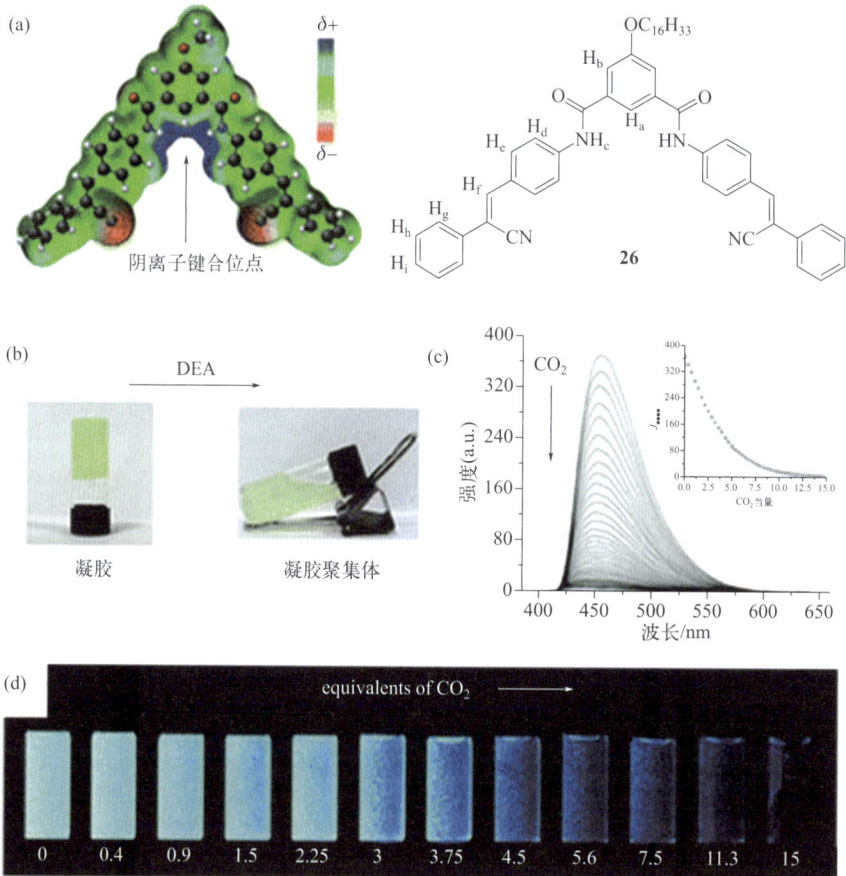

图 2-29　凝胶剂 **26** 的化学结构式（a）；凝胶（10mg/2.9mL 甲苯）和凝胶聚集物（凝胶/DEA，5:1，体积比）的照片（b）；随着 CO_2 浓度的增加（λ_{ex}=365nm），凝胶聚集体的荧光光谱（c）；不同 CO_2 浓度下凝胶聚集物的照片（在 365nm 光照射下）（d）

由于 AIE 机制与凝胶的凝聚态固有地兼容，且大多数 AIE 现象可以经历一个开启过程，因此，AIE 效应和概念因其独特的启动行为而被广泛用于监测各种不同的过程。这是 AIE 发光凝胶最优越和最具特色的应用之一，并已被巧妙地应用于监测各种相关的过程。

溶胀是凝胶的另一个显著特征，对许多功能和应用都至关重要。传统的凝胶溶胀性能的测定方法是重量法或体积法，这种方法难以应用于机械强度较弱的超分子体系，且不能直接直观地观察。Tang 等人提出了一种通过观察 TPE 相对 PL 强度的变化来监测水凝胶膨胀过程的方法。采用以 TPE 为荧光指示剂的 H_2O/THF 混合物作为溶胀介质。在 PAA 水凝胶的溶胀过程中，PL 强度随溶胀时间的增加而增加。水凝胶的溶胀率也有所提高。相对光致发光强度与溶胀比呈指数关系，R^2 值为 0.9837（图 2-30）。这种指数关系在其他水凝胶体系中也存在，如 PVA 和基于 PAA- 部分钠盐 -g-PEO 颗粒的高吸水性聚合物。在膨胀过程中，TPE 扩散到水凝胶网络中，导致 TPE 在膨胀介质中的浓度下降，水凝胶的 PL 强度逐渐增加。这种 AIE 分子辅助监测膨胀过程的方法可能会激发 AIE 发光超分子凝胶在过程可视化中的新应用。

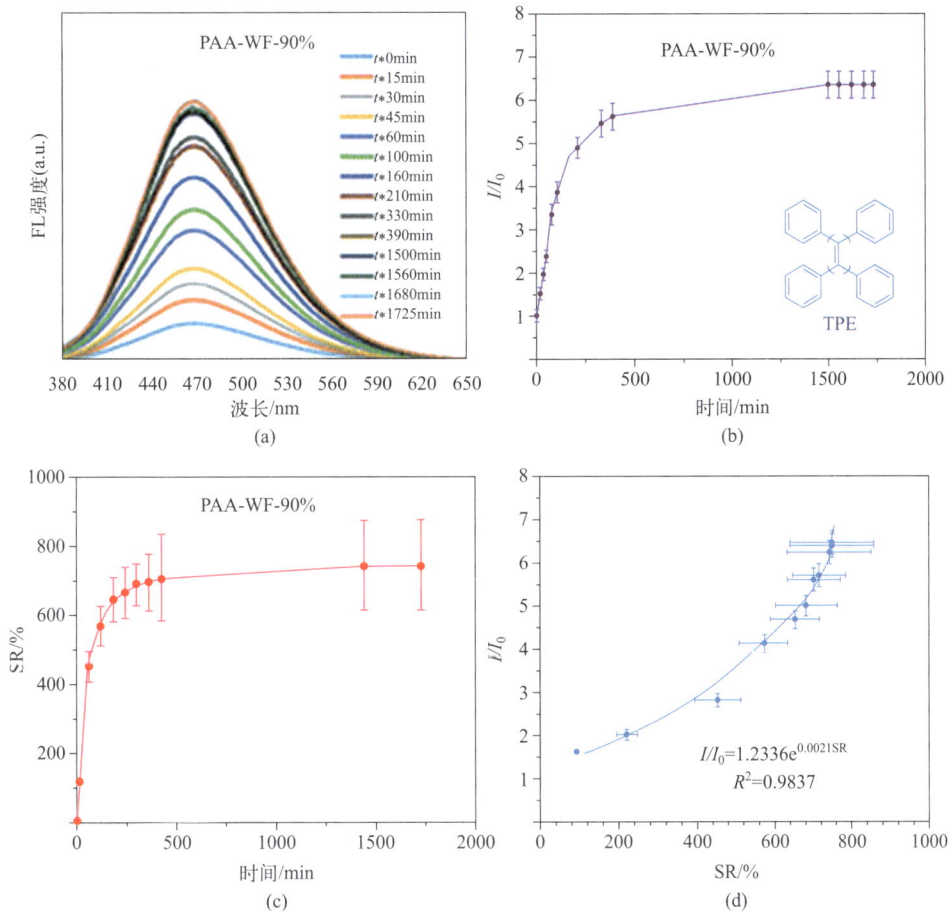

图 2-30 荧光光谱变化（a）；相对强度变化（b）；溶胀比变化（c）；PAA(膜)水凝胶在水分数为 90% 的 TPE/THF 膨胀介质中膨胀过程的相对荧光强度变化与溶胀比变化的关系（d）

随着工业的不断发展，越来越多的有害废物被释放出来，水污染正成为一个严重的问题。水污染的控制和处理，第一个关键任务涉及污染物的准确检测。荧光法操作方便，灵敏度高，特别适合于这项工作。传感器阵列是多分析物传感的强大工具，开发高效的传感器阵列已成为最引人关注的问题之一。然而，传感器阵列往往需要大量的接收器，需要大量的工作来合成。Zhang等人构筑了一种基于发光超分子凝胶竞争结合的简单传感器阵列制造的有效方法。他们设计并合成了小分子萘酰腙基有机胶凝剂 **27**，通过 **27** 获得的有机凝胶可以对不同的离子鉴别输出荧光信号，这归因于低分子量有机水凝胶与离子之间的多竞争结合作用，构建了一种基于超分子胶凝剂的22位传感器阵列（图2-31）。该传感器阵列能够准确识别水中的14种重要离子（F^-、Cl^-、I^-、CN^-、HSO_4^-、SCN^-、S^{2-}、OH^-、Al^{3+}、Fe^{3+}、Zn^{2+}、Hg^{2+}、Pb^{2+} 和 H^+）。此外，利用该方法获得了一系列离子响应荧光超分子凝胶，可作为安全显示材料。

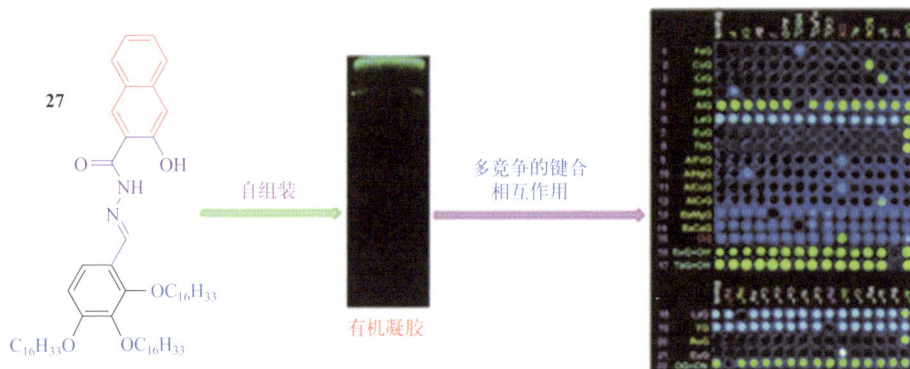

图2-31　凝胶剂 **27** 的化学结构式和以凝胶传感器阵列对各种阴离子和阳离子的荧光响应

　　圆偏振光因其在光电器件、三维显示材料和信息加密等领域的潜在应用，近年来引起了人们广泛的兴趣。目前，基于圆偏振光超分子凝胶的应用也逐渐被开发，例如手性识别与检测。最近，刘鸣华课题组报道了ATP驱动的仿生超分子凝胶具有CPL发射，实现对ATP的识别与加密。他们利用非手性的三联吡啶基Zn（Ⅱ）复合物与核苷酸相互作用，金属配合物可以与核苷酸共组装形成发光体，但只有Ftpy/ATP可以形成凝胶并显示出CPL（图2-32），且 g_{lum} 值较大，可达0.20。他们构筑的复合体实现了使用CPL作为读出信号来识别ATP，从而提供了ATP加密的应用。有趣的是，当ATP在酶解作用下转移到ADP或AMP时，CPL减少或消失。ATP的加入再次产生CPL，从而产生ATP诱导的CPL系统。

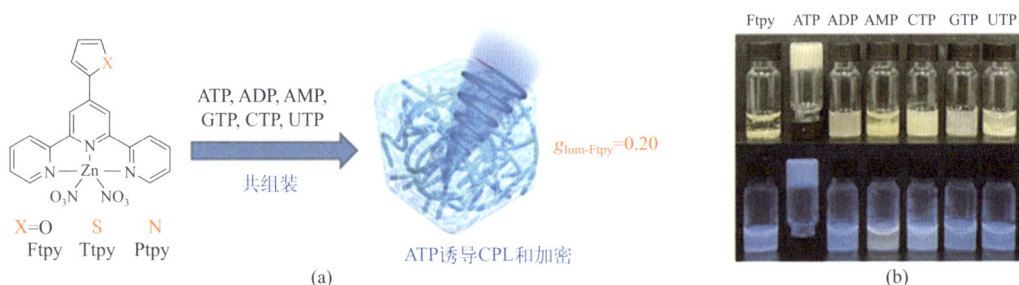

图2-32　三联吡啶Zn（Ⅱ）复合物的化学结构式以及与核苷酸共组装的示意图（a）；在自然光和紫外线下Ftpy在各种核苷酸组装体样品的照片（b）

　　UC材料的另一个重要研究领域是生物医学应用。由于可见光不能有效穿透生物组织，近红外光作为深部组织的光源具有比可见光更大的优势。因此，生物相容性UC材料(如水凝胶)的开发被广泛应用于各种生物应用领域。然而，由于疏水TTA发色团的溶解度较弱，以及被溶解氧分子激活的三联体大量失活，在水环境下的TTA-UC过程较为少见。为了克服这一限制，Bharmoria等人最近开发了一种空气稳定的光子上转换水凝胶，其方法基于协同生物聚合物表面活性剂相互作用的概念。此外，他们还利用这种空气稳定的上转换水凝胶，利用黄素结合真菌光受体Cre-重组酶（PA-Cre）进行光基因组工程。如图2-33所示，在NIR光照射下，上转换蓝光成功激活PA-Cre，并导致海马神经元的形态调节，这对学习和长期记忆具有重要作用。尽管这些耐氧UC水凝胶是由商用聚合物明胶制备的，但由低分子量凝胶组成的超分子水凝胶具有足够的力学性能、触变性、凝胶可控、自愈合、生物降解性、生物相容性、生物稳定性等，可能是更有潜力的应用的首选。

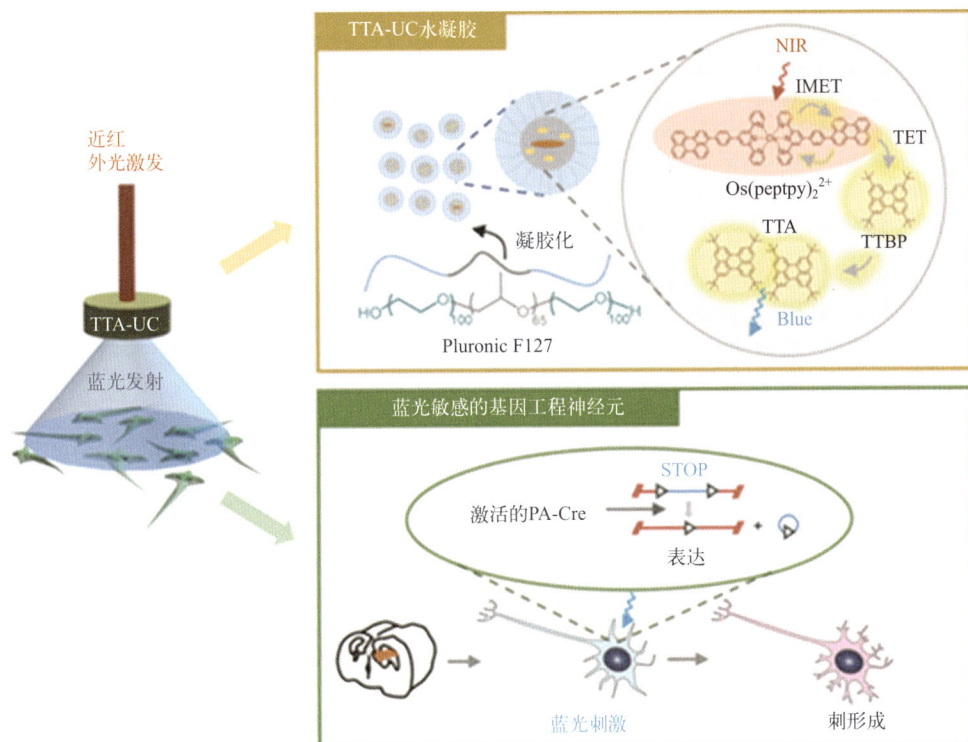

图2-33 基于TTA-UC水凝胶的近红外光遗传学原理图

近几十年来，超分子发光凝胶因其灵活的分子设计、高量子产率、可调谐波长和优良的加工性能等优点而得到了迅速发展，预示着该领域在新功能材料领域的应用潜力。研究发现，自组装方法的灵活性可以扩展材料制造的方法，使各种发光材料的系统设计和制造成为可能。通过引入新型荧光材料的设计和自组装的概念，可编程逻辑器件活性材料得到了迅速发展。从发光材料的角度来看，ACQ和AIE的概念得到了很大的发展，研究人员可以更容易地设计出CPL活性材料。在手性材料的研究领域中，CPL的调制，特别是其g_{lum}放大是一个关键问题，它决定了其实际应用。能量转移与自组装的杂交将为开发高效的CPL活性材料提供一个很好的策略。此外，自组装系统中能量转移放大圆偏振的理论机制尚未完全了解，需要与理论计算科学家密切合作。另外，这也开辟了一个新的研究课题：能量转移放大圆偏振。这个题目值得深入讨论。虽然本章对超分子发光凝胶的应用进行了部分讨论，但超分子凝胶在生物医学、成像和传感、显示和器件等方面的应用仍处于起步阶段，应该大力做进一步的努力。

参考文献

[1] Du X, Zhou J, Shi J, et al. Supramolecular hydrogelators and hydrogels: from soft matter to molecular biomaterials. Chem. Rev, 2015, 115: 13165-13307.

[2] Zhang L, Wang X, Wang T, et al. Tuning soft nanostructures in self-assembled supramolecular gels: from morphology control to morphology-dependent functions. Small, 2015, 11: 1025-1038.

[3] Debnath S, Roy S, Abul-Haija YM, et al. Tunable supramolecular gel properties by varying thermal history. Chem. Eur. J, 2019, 25: 7881-7887.

[4] Feng Y, Jiang N, Zhu D, et al. Supramolecular oligourethane gel as a highly selective fluorescent "on–off–on" sensor for ions. J. Mater. Chem. C, 2020, 8: 11540-11545.

[5] Chen X, Wang Y, Chai R, et al. Luminescent Lanthanide-based organic/inorganic hybrid materials for discrimination of glutathione in solution and within hydrogels. ACS Appl. Mater. Interfaces, 2017, 9: 13554-13563.

[6] Ji X, Chen W, Long L, et al. Double layer 3D codes: fluorescent supramolecular polymeric gels allowing direct recognition of the chloride anion using a smart phone. Chem. Sci, 2018, 9: 7746-7752.

[7] Praveen VK, Ranjith C, Armaroli N. White-light-emitting supramolecular gels. Angew. Chem. Int. Ed, 2014, 53: 365-368.

[8] Praveen VK, Vedhanarayanan B, Mal A, et al. Self-assembled extended π-systems for sensing and security applications. Acc. Chem, Res, 2020, 53: 496-507.

[9] Silva JYR, da Luz LL, Mauricio FGM, et al. Lanthanide-organic gels as a multifunctional supramolecular smart platform. ACS Appl. Mater. Interfaces, 2017, 9: 16458-16465.

[10] Babu SS, Praveen VK, Ajayaghosh A. Functional π-gelators and their applications. Chem. Rev, 2014, 114: 1973-2129.

[11] Grover G, Weiss RG. Luminescent behavior of gels and sols comprised of molecular gelators. Gels, 2021, 7: 19.

[12] Roose J, Tang BZ, Wong KS. Circularly-polarized luminescence (CPL) from chiral AIE molecules and macrostructures. Small, 2016, 12: 6495-6512.

[13] Sun X, Li G, Yin Y, et al. Carbon quantum dot-based fluorescent vesicles and chiral hydrogels with biosurfactant and biocompatible small molecule. Soft Matter, 2018, 14: 6983-6993.

[14] Bardelang D, Zaman MB, Moudrakovski IL, et al. Interfacing supramolecular gels and quantum dots with ultrasound: smart photoluminescent dipeptide gels. Adv. Mater, 2008, 20: 4517-4520.

[15] Xie X, Ma D, Zhang L-M. Fabrication and properties of a supramolecular hybrid hydrogel doped with CdTe quantum dots. RSC Adv, 2015, 5: 58746-58754.

[16] Yamauchi M, Fujiwara Y, Masuo S. Slow anion-exchange reaction of cesium leadhalide perovskite nanocrystals in supramolecular gel networks. ACS Omega, 2020, 5: 14370-14375.

[17] Zhu L, He J, Wang X, et al. Supramolecular gel-templated In situ synthesis and assembly of CdS quantum dots gels. Nanoscale Res. Lett, 2017, 12: 30.

[18] Carr R, Evans NH, Parker D. Lanthanide complexes as chiral probes exploiting circularly polarized luminescence. Chem. Soc. Rev, 2012, 41: 7673-7686.

[19] Heffern MC, Matosziuk LM, Meade TJ. Lanthanide probes for bioresponsive imaging. Chem. Rev, 2014, 114: 4496-4539.

[20] Meinert C, Hoffmann SV, Cassam-Chenai P, et al. Photoenergy-controlled symmetry breaking with circularly polarized light. Angew. Chem. Int. Ed, 2014, 53: 210-214.

[21] Yang Y, da Costa RC, Fuchter MJ, et al. Circularly polarized light detection by a chiral organic semiconductor transistor. Nat. Photonics, 2013, 7: 634-638.

[22] Yu K, Fan T, Lou S, et al. Biomimetic optical materials: Integration of nature's design for manipulation of light. Prog. Mater. Sci, 2013, 58: 825-873.

[23] Das G, Thirumalai R, Vedhanarayanan B, et al. Enhanced emission in self-assembled phenyleneethynylene derived π-gelators. Adv. Opt. Mater, 2020, 8: 2000173.

[24] Zhang S. Fabrication of novel biomaterials through molecular self-assembly. Nat. Biotechnol, 2003, 21: 1171-1178.

[25] Liu M, Zhang L, Wang T. Supramolecular chirality in self-assembled systems. Chem. Rev, 2015, 115: 7304-7397.

[26] Kumar J, Nakashima T, Kawai T. Circularly polarized luminescence in chiral molecules and supramolecular assemblies. J. Phys. Chem. Lett, 2015, 6: 3445-3452.

[27] Shen Z, Wang T, Shi L, et al. Strong circularly polarized luminescence from the supramolecular gels of an achiral gelator: tunable intensity and handedness. Chem. Sci, 2015, 6: 4267-4272.

[28] Li Y, Young DJ, Loh XJ. Fluorescent gels: a review of synthesis, properties, applications and challenges. Mater. Chem. Front, 2019, 3: 1489-1502.

[29] Agarwal DS, Prakash Singh R, Jha PN, et al. Fabrication of deoxycholic acid tethered alpha-cyanostilbenes as smart low molecular weight gelators and AIEE probes for bio-imaging. Steroids, 2020, 160: 108659.

[30] Harada T. Application of a polarized modulation technique in supramolecular science: chiroptical measurements of optically anisotropic systems. Polym. J, 2018, 50: 679-687.

[31] Kubota R, Nakamura K, Torigoe S, et al. The power of confocal laser scanning microscopy in supramolecular chemistry: In situ real-time Imaging of stimuli-responsive multicomponent supramolecular hydrogels. ChemistryOpen, 2020, 9: 67-79.

[32] Ikeda T, Masuda T, Takayama M, et al. Solvent-induced emission of organogels based on tris(phenylisoxazolyl)benzene. Org. Biomol. Chem, 2016, 14: 36-39.

[33] Lu TT, Liu J, Li H, et al. Stimulus-responsive supramolecular gels. Prog. Chem, 2016, 28: 1541-1549.

[34] Li L, Cong Y, He L, et al. Multiple stimuli-responsive supramolecular gels constructed from metal–organic cycles. Polym. Chem, 2016, 7: 6288-6292.

[35] Chung JW, Yoon SJ, Lim SJ, et al. Dual-mode switching in highly fluorescent organogels: binary logic gates with optical/thermal inputs. Angew. Chem. Int. Ed, 2009, 48: 7030-7034.

[36] An B-K, Lee D-S, Lee J-S, et al. Strongly fluorescent organogel system comprising fibrillar self-assembly of a trifluoromethyl-based cyanostilbene derivative. J. Am. Chem. Soc, 2004, 126: 10232-10233.

[37] Rajamalli P, Martir DR, Zysman-Colman E. Molecular design strategy for a two-component gel based on a thermally activated delayed fluorescence emitter. ACS Appl. Energy Mater, 2018, 1: 649-654.

[38] Kim D, Kwon JE, Park SY. Fully reversible multistate fluorescence switching: organogel system consisting of luminescent canostilbene and turn-on diarylethene. Adv. Funct. Mater, 2018, 28: 1706213.

[39] Mukherjee S, Thilagar P. Recent advances in purely organic phosphorescent materials. Chem. Commun, 2015, 51: 10988-11003.

[40] Baroncini M, Bergamini G, Ceroni P. Rigidification or interaction-induced phosphorescence of organic molecules. Chem. Commun, 2017, 53: 2081-2093.

[41] Zhan G, Liu Z, Bian Z, et al. Recent advances in organic light-emitting diodes based on pure organic room temperature phosphorescence materials. Front. Chem, 2019, 7: 305.

[42] Wang H, Wang H, Yang X, et al. Ion-unquenchable and thermally "on-off" reversible room temperature phosphorescence of 3-bromoquinoline induced by supramolecular gels. Langmuir, 2015, 31: 486-491.

[43] Allampally NK, Bredol M, Strassert CA, et al. Highly phosphorescent supramolecular hydrogels based on platinum emitters. Chem. Eur. J, 2014, 20: 16863-16868.

[44] Wong KM, Chan MM, Yam VW. Supramolecular assembly of metal-ligand chromophores for sensing and phosphorescent OLED applications. Adv. Mater, 2014, 26: 5558-5568.

[45] Xu XD, Zhang J, Yu X, et al. Design and preparation of platinum-acetylide organogelators containing ethynyl-pyrene moieties as the main skeleton. Chem. Eur. J, 2012, 18: 16000-16013.

[46] Sasaki Y, Oshikawa M, Bharmoria P, et al. Near-infrared optogenetic genome engineering based on photon-upconversion hydrogels. Angew. Chem. Int. Ed, 2019, 58: 17827-17833.

[47] Camerel F, Ziessel R, Donnio B, et al. Formation of gels and liquid crystals induced by PtPt and pi-pi* interactions in luminescent sigma-alkynyl platinum(II) terpyridine complexes. Angew. Chem. Int. Ed, 2007, 46: 2659-2662.

[48] Xiao X-S, Lu W, Che C-M. Phosphorescent nematic hydrogels and chromonic mesophases driven by intra- and intermolecular interactions of bridged dinuclear cyclometalated platinum(ii) complexes. Chem. Sci, 2014, 5: 2482-2488.

[49] Strassert CA, Chien CH, Galvez Lopez MD, et al. Switching on luminescence by the self-assembly of a platinum(II) complex into gelating nanofibers and electroluminescent films. Angew. Chem. Int. Ed, 2011, 50: 946-950.

[50] Yanai N, Kimizuka N. Recent emergence of photon upconversion based on triplet energy migration in molecular assemblies. Chem. Commun, 2016, 52: 5354-5370.

[51] Vadrucci R, Weder C, Simon YC. Organogels for low-power light upconversion. Mater. Horiz, 2015, 2: 120-124.

[52] Ogawa T, Yanai N, Monguzzi A, et al. Highly efficient photon upconversion in self-assembled light-harvesting molecular systems. Sci. Rep, 2015, 5: 10882.

[53] Duan P, Yanai N, Nagatomi H, et al. Photon upconversion in supramolecular gel matrixes: spontaneous accumulation of light-harvesting donor-acceptor arrays in nanofibers and acquired air stability. J. Am. Chem. Soc, 2015, 137: 1887-1894.

[54] Sripathy K, MacQueen RW, Peterson JR, et al. Highly efficient photochemical upconversion in a quasi-solid organogel. J. Mater. Chem, C 2015, 3: 616-622.

[55] Haring M, Perez-Ruiz R, Jacobi von Wangelin A, et al. Intragel photoreduction of aryl halides by green-to-blue upconversion under aerobic conditions. Chem. Commun, 2015, 51: 16848-16851.

[56] Dhbaibi K, Favereau L, Srebro-Hooper M, et al. Exciton coupling in diketopyrrolopyrrole-helicene derivatives leads to red and near-infrared circularly polarized luminescence. Chem. Sci, 2018, 9: 735-742.

[57] Hellou N, Srebro-Hooper M, Favereau L, et al. Enantiopure cycloiridiated complexes bearing a pentahelicenic N-heterocyclic carbene and displaying long-lived circularly polarized phosphorescence. Angew. Chem. Int. Ed, 2017, 56: 8236-8239.

[58] Josse P, Favereau L, Shen C, et al. Enantiopure versus Racemic Naphthalimide End-Capped Helicenic Non-fullerene Electron Acceptors: Impact on Organic Photovoltaics Performance. Chem. Eur.J, 2017, 23: 6277-6281.

[59] Li M, Li SH, Zhang D, et al. Stable enantiomers displaying thermally activated delayed fluorescence: efficient OLEDs with circularly polarized electroluminescence. Angew. Chem. Int. Ed, 2018, 57: 2889-2893.

[60] Shuvaev S, Suturina EA, Mason K, et al. Chiral probes for alpha1-AGP reporting by species-specific induced circularly

polarised luminescence. Chem. Sci, 2018, 9: 2996-3003.

[61] Gon M, Morisaki Y, Chujo Y. Optically ative phenylethene dimers based on planar chiral tetrasubstituted [2.2]paracyclophane. Chem. Eur.J, 2017, 23: 6323-6329.

[62] Sanchez-Carnerero EM, Agarrabeitia AR, Moreno F, et al. Circularly polarized luminescence from simple organic molecules. Chem. Eur.J, 2015, 21: 13488-13500.

[63] Zhao T, Han J, Jin X, et al. Enhanced circularly polarized luminescence from reorganized chiral emitters on the skeleton of a zeolitic imidazolate framework. Angew. Chem. Int. Ed, 2019, 58: 4978-4982.

[64] Kumar J, Nakashima T, Tsumatori H, et al. Circularly polarized luminescence in chiral aggregates: dependence of morphology on luminescence dissymmetry. J. Phys. Chem. Lett, 2014, 5: 316-321.

[65] Zhao T, Han J, Duan P, et al. New perspectives to trigger and modulate circularly polarized luminescence of complex and aggregated systems: energy transfer, photon upconversion, charge transfer, and organic radical. Acc. Chem. Res, 2020, 53: 1279-1292.

[66] Duan P, Cao H, Zhang L, et al. Gelation induced supramolecular chirality: chirality transfer, amplification and application. Soft Matter, 2014, 10: 5428-5448.

[67] Liu M, Ouyang G, Niu D, et al. Supramolecular gelatons: towards the design of molecular gels. Org. Chem. Front, 2018, 5: 2885-2900.

[68] Niu D, Ji L, Ouyang G, et al. Achiral non-fluorescent molecule assisted enhancement of circularly polarized luminescence in naphthalene substituted histidine organogels. Chem. Commun, 2018, 54: 1137-1140.

[69] Niu D, Jiang Y, Ji L, et al. Self-assembly through coordination and π-stacking: controlled switching of circularly polarized luminescence. Angew. Chem. Int. Ed, 2019, 58: 5946-5950.

[70] Li H, Li BS, Tang BZ. Molecular design, circularly polarized luminescence, and helical self-asembly of chiral aggregation-induced emission molecules. Chem. Asian. J, 2019, 14: 674-688.

[71] Han J, You J, Li X, et al. Full-color tunable circularly polarized luminescent nanoassemblies of achiral AIEgens in confined chiral nanotubes. Adv. Mater, 2017, 29: 1606503.

[72] Fan H, Jiang H, Zhu X, et al. Switchable circularly polarized luminescence from a photoacid co-assembled organic nanotube. Nanoscale, 2019, 11: 10504-10510.

[73] Deng M, Zhang L, Jiang Y, et al. Role of achiral nucleobases in multicomponent chiral self-assembly: purine-triggered helix and chirality transfer. Angew. Chem. Int. Ed, 2016, 55: 15062-15066.

[74] Yang D, Duan P, Zhang L, et al. Chirality and energy transfer amplified circularly polarized luminescence in composite nanohelix. Nat. Commun, 2017, 8: 15727.

[75] Ji L, Sang Y, Ouyang G, et al. Cooperative chirality and sequential energy transfer in a supramolecular light-harvesting nanotube. Angew. Chem. Int. Ed, 2019, 58: 844-848.

[76] Mukhina MV, Maslov VG, Baranov AV, et al. Intrinsic chirality of CdSe/ZnS quantum dots and quantum rods. Nano Lett, 2015, 15: 2844-2851.

[77] Naito M, Iwahori K, Miura A, et al. Circularly polarized luminescent CdS quantum dots prepared in a protein nanocage. Angew. Chem. Int. Ed, 2010, 49: 7006-7009.

[78] Kumar J, Kawai T, Nakashima T. Circularly polarized luminescence in chiral silver nanoclusters. Chem. Commun, 2017, 53: 1269-1272.

[79] Cheng J, Hao J, Liu H, et al. Optically active CdSe-dot/CdS-rod nanocrystals with induced chirality and circularly polarized luminescence. ACS Nano, 2018, 12: 5341-5350.

[80] Huo S, Duan P, Jiao T, et al. Self-assembled luminescent quantum dots to generate full-color and white circularly polarized light. Angew. Chem. Int. Ed, 2017, 56: 12174-12178.

[81] Wen X, Fan H, Jing L, et al. Competitive induction of circularly polarized luminescence of CdSe/ZnS quantum dots in a nucleotide–amino acid hydrogel. Mater. Adv, 2022, 3: 682-688.

[82] Hao C, Gao Y, Wu D, et al. Tailoring chiroptical activity of iron disulfide quantum dot hydrogels with circularly polarized light. Adv. Mater, 2019, 31: e1903200.

[83] Shi Y, Duan P, Huo S, et al. Endowing perovskite nanocrystals with circularly polarized luminescence. Adv. Mater, 2018, 30: e1705011.

[84] Wang W, Wang Z, Sun D, et al. Supramolecular self-assembly of atomically precise silver nanoclusters with chiral peptide for temperature sensing and detection of arginine. Nanomaterials, 2022, 12: 424.

[85] Suo Z, Hou X, Chen J, et al. Highly chiroptical detection with gold-silver bimetallic nanoclusters circularly polarized luminescence based on G-quartet nanofiber self-assembly. J. Phys. Chem. C, 2020, 124: 21094-21102.

[86] Jin X, Sang Y, Shi Y, et al. Optically active upconverting nanoparticles with induced circularly polarized luminescence and enantioselectively triggered photopolymerization. ACS Nano, 2019, 13: 2804-2811.

[87] He C, Yang G, Kuai Y, et al. Dissymmetry enhancement in enantioselective synthesis of helical polydiacetylene by application of superchiral light. Nat. Commun, 2018, 9: 5117.

[88] Yeom J, Yeom B, Chan H, et al. Chiral templating of self-assembling nanostructures by circularly polarized light. Nat. Mater,

2015, 14: 66-72.

[89] Ma Y, Cametti M, Džolić Z, et al. AIE-active bis-cyanostilbene-based organogels for quantitative fluorescence sensing of CO2 based on molecular recognition principles. J. Mater. Chem. C, 2018, 6: 9232-9237.

[90] Tavakoli J, Zhang H-p, Tang BZ, et al. Aggregation-induced emission lights up the swelling process: a new technique for swelling characterisation of hydrogels. Mater. Chem. Front, 2019, 3: 664-667.

[91] Jia H, Li Z, Wang X, et al. Facile functionalization of a tetrahedron-like PEG macromonomer-based fluorescent hydrogel with high strength and its heavy metal ion detection. J. Mater. Chem. A, 2015, 3: 1158-1163.

[92] Lin Q, Lu TT, Zhu X, et al. Rationally introduce multi-competitive binding interactions in supramolecular gels: a simple and efficient approach to develop multi-analyte sensor array. Chem. Sci, 2016, 7: 5341-5346.

[93] Fan H, Li K, Tu T, et al. ATP-Induced emergent circularly polarized luminescence and encryption. Angew. Chem. Int. Ed, 2022, e202200727.

[94] Chhetri BP, Karmakar A, Ghosh A. Recent advancements in Ln-ion-based upconverting nanomaterials and their biological applications. Part. Part. Syst. Charact, 2019, 36: 1900153.

[95] Bharmoria P, Hisamitsu S, Nagatomi H, et al. Simple and versatile platform for air-tolerant photon upconverting hydrogels by biopolymer-surfactant-chromophore co-assembly. J. Am. Chem. Soc, 2018, 140: 10848-10855.

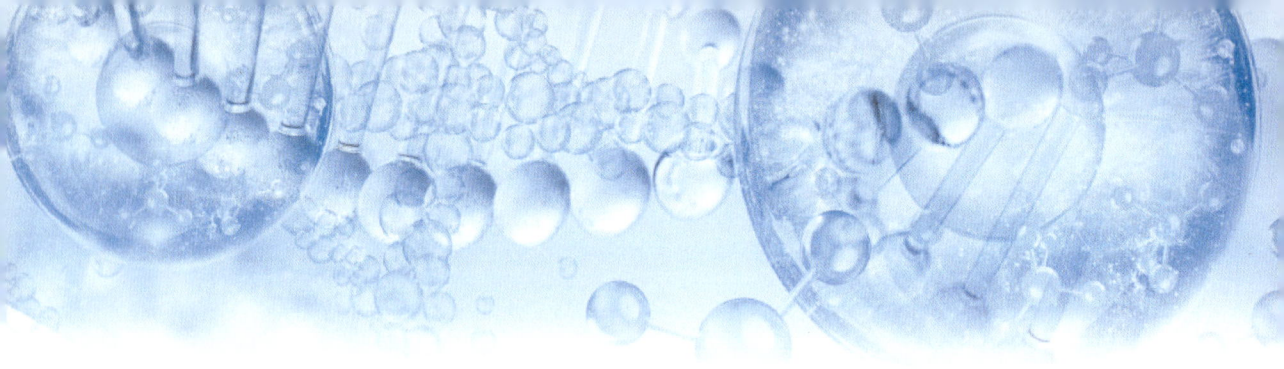

第 3 章

自组装复合水凝胶

3.1　复合水凝胶简介

近年来，功能化水凝胶在各个领域都取得了很大的进展。自组装是制备明确的多层次纳米结构以及具有设计和控制特性的功能化纳米材料的重要技术。本章将介绍各种功能化复合水凝胶，如金属纳米颗粒复合水凝胶、石墨烯基水凝胶、超分子水凝胶和有机凝胶。分两部分展示近年来的主要研究贡献：自组装功能化复合水凝胶的制备和在污水处理及生物医药中的应用。上述研究工作可以为新型自组装纳米材料的设计和制备提供思路。

3.2　复合水凝胶的制备及特性

自组装技术是将小分子功能化成超分子纳米结构的有效途径，为开发新的纳米材料和复合材料提供了线索。近年来，多孔水凝胶材料是科学家研究的重要课题。水凝胶材料由于其独特的三维多孔网络结构而表现出优异的性能，如高机械强度、大比表面积、超低密度和良好的可压缩性。这些特性使得水凝胶能够很好地应用于形状记忆材料、药物输送系统、组织工程、软体机器人和废水处理等领域。自组装的主要作用力包括氢键、π-π 相互作用或静电相互作用。这些超分子凝胶中，凝胶分子自组装成三维网络，其中通过氢键、π-π 堆积、范德华相互作用、偶极 - 偶极相互作用、配位、疏水相互作用和主客体相互作用等非共价相互作用锁定溶剂。双组分凝胶是一类具有不同官能化学基团和纳米颗粒的凝胶体系。

3.3　复合水凝胶的应用

具有药物控释行为和光热/光动力学联合治疗行为的生物医用自组装复合水凝胶因具有治疗窗口宽、毒性低、药物释放效果好等独特的性质而备受关注。基于多肽和蛋白质等生物分子的自组装可注射自修复水凝胶具有良好的生物相容性和生物降解性、可调节的力学性能和灵活的环境响应性，因此在生物医药领域得到了广泛的应用。随着工业的快速发展，水污染问题越来越受到人们的重视。化工厂排放的污水中含有大量染料，对人体健康和环境有害。高效、便捷地去除水中有机染料已成为一个具有挑战性的问题。特殊的多孔网络结构赋予凝胶材料良好的特性，如高比表面积、超低密度、高机械强度和良好的可压缩性，具备这些新特性的水凝胶有利于从水环境中去除有机染料。

　　本章总结了以往有关自组装功能化复合水凝胶制备的主要工作，如双组分有机凝胶、石墨烯基复合水凝胶、超分子水凝胶和金属水凝胶等。此外，所制备的水凝胶在污水处理和生物医药领域显示出良好的应用前景。

3.3.1　污水处理领域的应用

3.3.1.1　超分子水凝胶的自组装及功能化

　　超分子凝胶由有机化合物组件构建，是在非共价键如氢键、范德华力、π-π 堆积或静电力作用下，与封装溶剂形成的三维网络结构。在各种纳米结构中，分子层面的凝胶分子自我组装，有序排列，在三维空间中形成纤维状、棒状、片状、柱状或球状等不同层次的微/纳米结构。目前，已报道的有机分子凝胶研究体系包括酰胺、碳氢化合物、胆固醇、氨基酸和脲类衍生物，等等。

　　比如，通过两种不同的有机成分：2,2-二（3-羧基苯基）六氟丙烷和 N-(3-氨基苯甲酰基)-L-谷氨酸二乙酯，设计制备得新型双组分超分子凝胶（简称C-G凝胶）。研究发现，这种双组分体系在乙醇/水混合溶剂中可以形成不同的凝胶（图3-1）。如图3-2所示，浸泡在不同体积比混合

图3-1　乙醇/水混合溶剂体积比分别为2:1、1:1、1:2、1:3、1:4和1:10的C-G胶体的光学图像（从左到右）

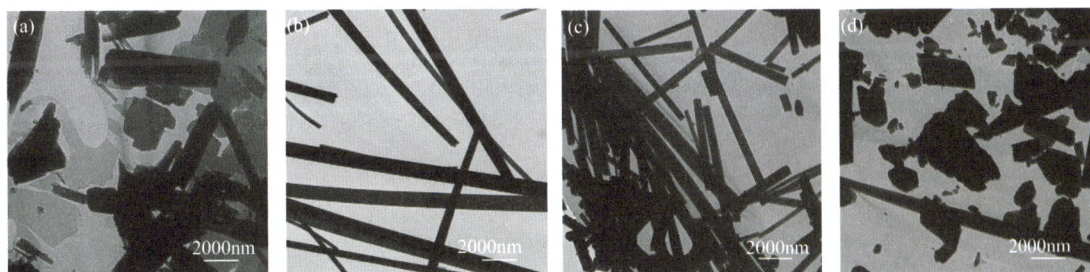

图3-2　乙醇/水混合溶剂体积比分别为1:1（a）、1:2（b）、1:3（c）、1:4（d）的异戊二烯凝胶透射电镜图像

的溶剂中，凝胶表现出几百微米大小的块状、棒状和片状结构。溶剂体积比对凝胶形态的影响主要是通过改变组装方法，如溶解度、疏水力和与溶剂的氢键、芳香间隔物之间的堆积和立体阻碍等，这些因素在调节分子间的有序堆积和特殊聚集体的形成方面起到重要作用。

将乙醇/水混合溶剂制备的C-G凝胶以不同的体积比命名为Gel-11、Gel-12、Gel-13和Gel-14，然后分别置于亚甲基蓝（MB）和罗丹明B（RhB）水溶液中，以评估染料的吸附能力，其吸附结果见图3-3。连续吸附过程所制备的凝胶对MB的平衡时间约为350min，对RhB约为240min。

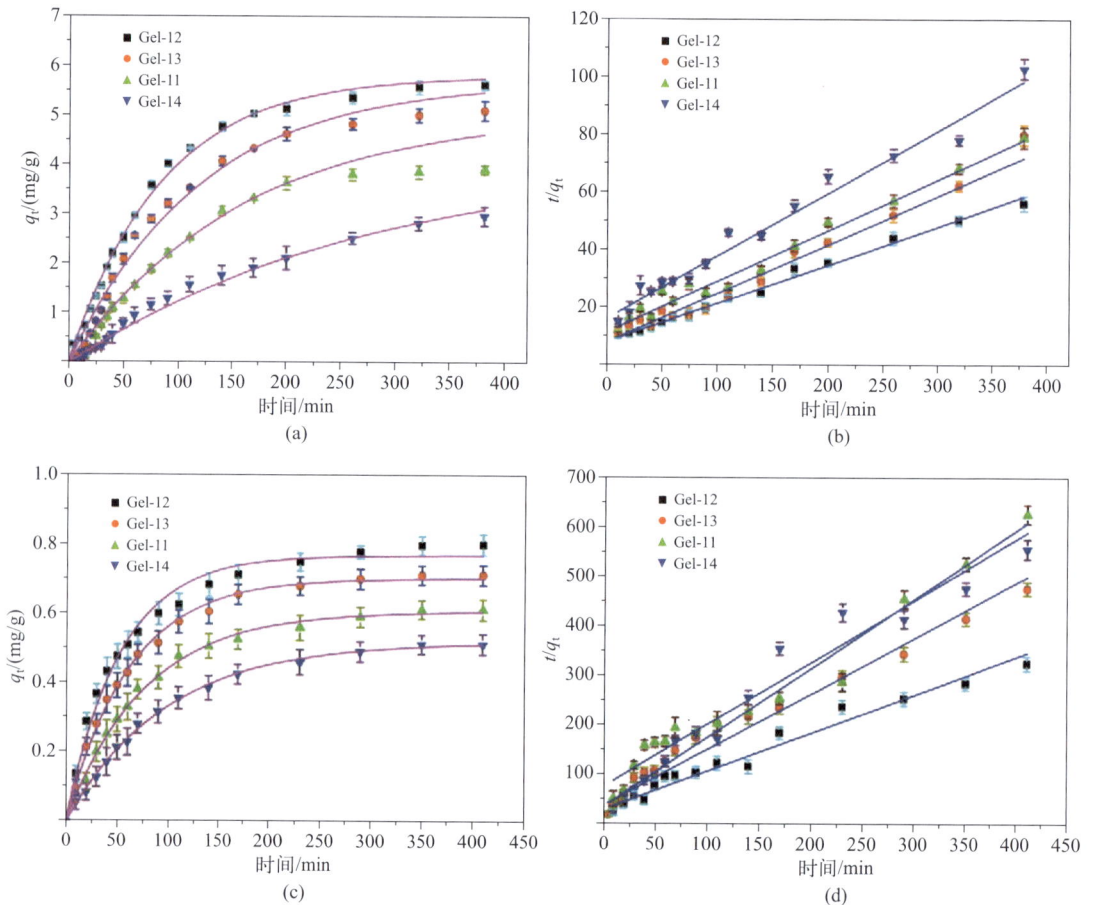

图3-3　298K时制备的凝胶C-G凝胶在MB [（a）、（b）]和RhB [（c）、（d）]上的吸附动力学曲线

图3-4所示为由N-（3-氨基苯甲酰基）-L-谷氨酸二乙酯和聚丙烯酸在不同溶剂中通过自组装过程组成的新型双组分凝胶体系（简称Glu-PAA有机凝胶）。凝胶成分可以引入不同的自组装模式，形成特殊的纳米结构，而且高度定向的分子间相互作用（如氢键）有利于形成有组织的键合、纤维微结构和纳米结构。

加入不同比例的溶剂后，凝胶的形态会因组装方法的不同而变化，并且会受到各种因素的影响，如混合物的溶解度、疏水力以及与溶剂的氢键。分子间铆接的顺序影响更细致的聚合体构成（图3-5）。从图3-6中可以清楚地看到，水凝胶表现出连续的吸附过程，MB和CR的平衡时间都在400min左右。形成的凝胶对模型染料表现出良好的吸附性能和循环时间，符合伪二级模型。

图3-4　Glu-PAA有机凝胶在苯（a）和甲苯（b）中的干凝胶的扫描电镜图像

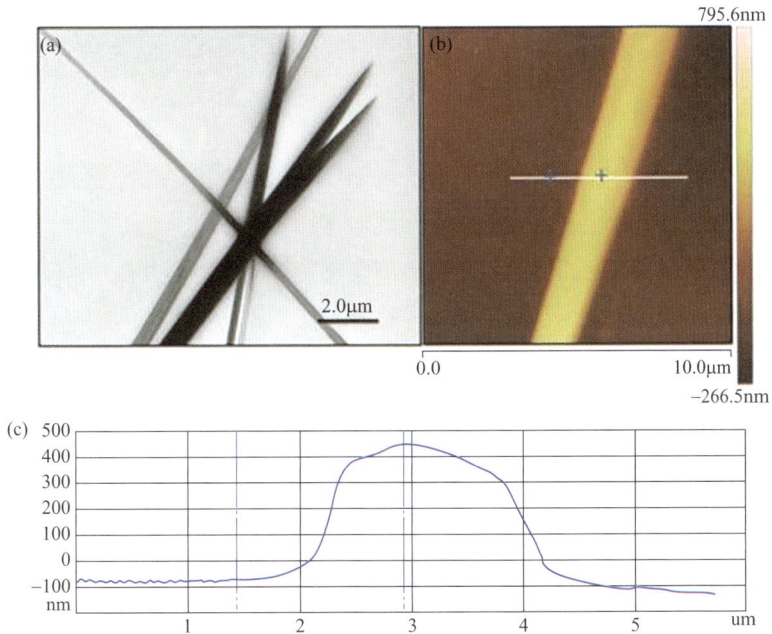

图3-5　透射电镜图像（a）；原子力显微镜图像（b）；在体积比为1:2的乙醇-水混合溶剂中制备的
Glu-PAA干凝胶的截面分析（c）

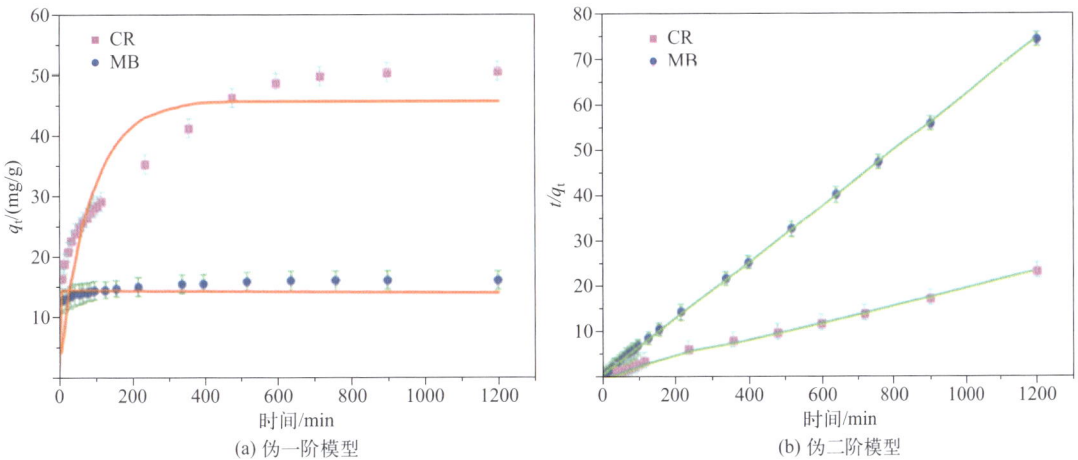

(a) 伪一阶模型

(b) 伪二阶模型

图3-6　体积比为1:2的乙醇-水混合溶剂对CR和MB的吸附动力学曲线

另一项工作，基于1, 4, 7, 10-四氮杂环十二烷-1, 4, 7-三乙酸和 N-（3-氨基苯甲酰基）-L-谷氨酸二乙酯，通过自组装得到多功能双组分超分子水凝胶（简称T-G水凝胶）。两种有机小分子通过分子间非共价键自组装，形成一维纤维或带状结构。然后，一维结构交织在一起，进一步形成一个三维网络结构。在不同溶剂中，凝胶微结构呈现为几十微米长的片状、条状或棒状，展示了典型的双组分有机分子物理凝胶的微结构。凝胶形态的差异可能与溶解度、溶剂氢键和空间位阻有关（图3-7）。

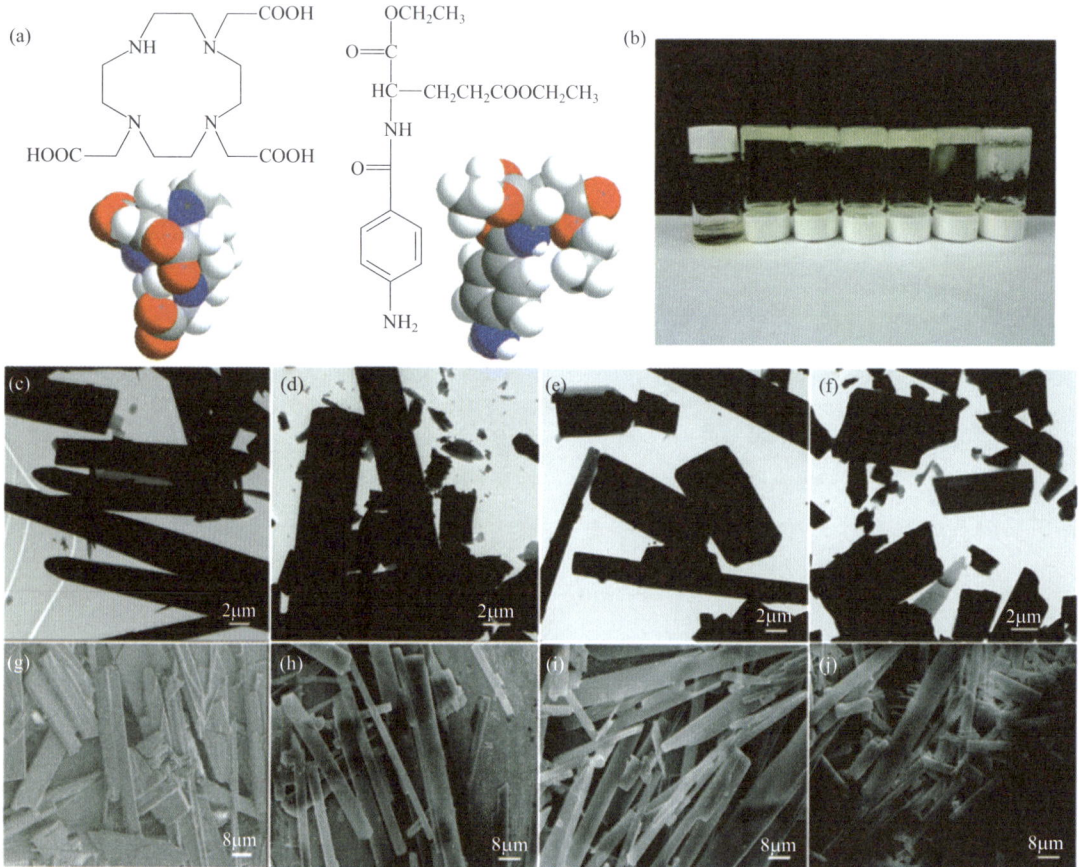

图3-7　1, 4, 7, 10-四氮杂环十二烷-1, 4, 7-三乙酸和 N-（3-氨基苯甲酰基）-L-谷氨酸二乙酯（T-G）的分子结构和3D填充模型（a）；不同乙醇/水比的T-G水凝胶图片（b）；乙醇/水比为1:1（c）、1:2（d）、1:3（e）和1:4（f）的冻干样品的透射电镜图像；乙醇/水比分别为1:1（g）、1:2（h）、1:3（i）和1:4（j）的冻干样品扫描电镜图像

当乙醇/水比从1:1变为1:4时，系统中形成水凝胶（分别简称Gel-11、Gel-12、Gel-13和Gel-14）。T-G水凝胶的流变学实验表明，G' 在测试的频率范围内占主导地位，并显示出真正的凝胶状态。图3-8（c）、（f）、（i）、（l）中的曲线显示，凝胶基本上是剪切变稀的，具有良好的自愈特性。测试发现，在所有凝胶中，Gel-12的黏弹性区域和剪切强度最大，并且Gel-12的一维结构比其他凝胶更紧密。从宏观上看，Gel-12比其他三种凝胶更坚韧。

金属纳米颗粒的表面效应在催化领域有广阔的应用前景，但金属纳米粒子容易聚集，会严重降低催化活性。含有大量官能团的超分子水凝胶具有三维网络结构，它给贵金属纳米粒子的成核和生长提供了空间，因此，超分子水凝胶可以作为模板或支撑物使用。

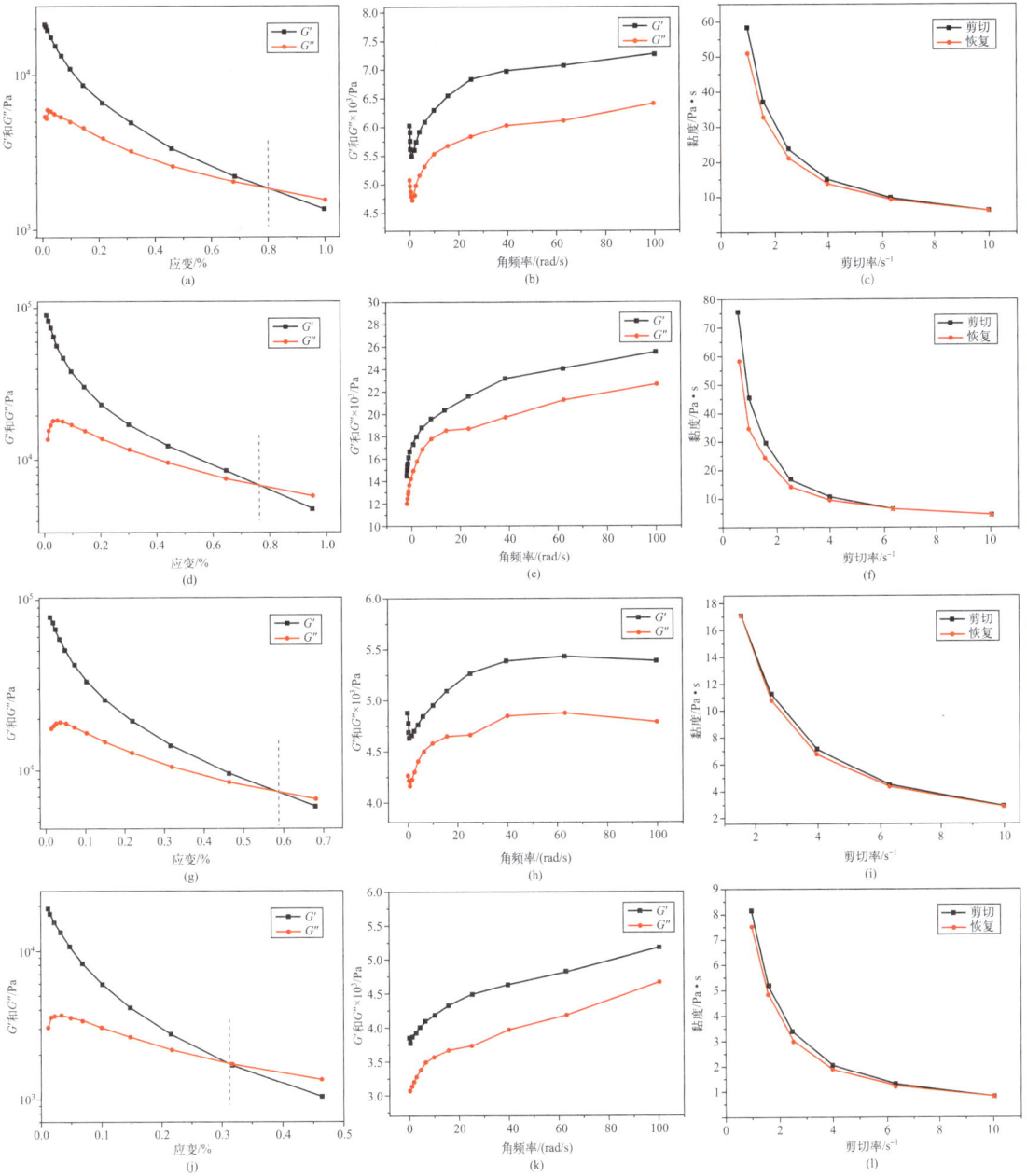

图3-8　凝胶的流变学特征

（a）～（c）11号；（d）～（f）12号；（g）～（i）13号；（j）～（l）14号

值得注意的是，所制备的金纳米粒子表现出良好的催化性能。3-硝基苯酚（3-NP）含有硝基基团，是一种典型的有害水污染物。由图3-9可以得出结论，催化还原反应符合伪一级动力学模型，动力学活度系数k的值计算为$337s^{-1}\cdot g^{-1}$。

由于超分子凝胶包含各种非共价相互作用，它们连接和断开具有可逆性。P-CD/PAA-Fc水凝胶是以环糊精聚合物（P-CD）为主体聚合物，以二茂铁（PAA-Fc）改性聚丙烯酸为客体聚合物合成的新型超分子水凝胶。水凝胶的三维交联网络通过β-CD和二茂铁之间的主-客体相互作用形成［图3-10（a）］。观察冻干后水凝胶的微观结构发现，所有的水凝胶都呈现出三

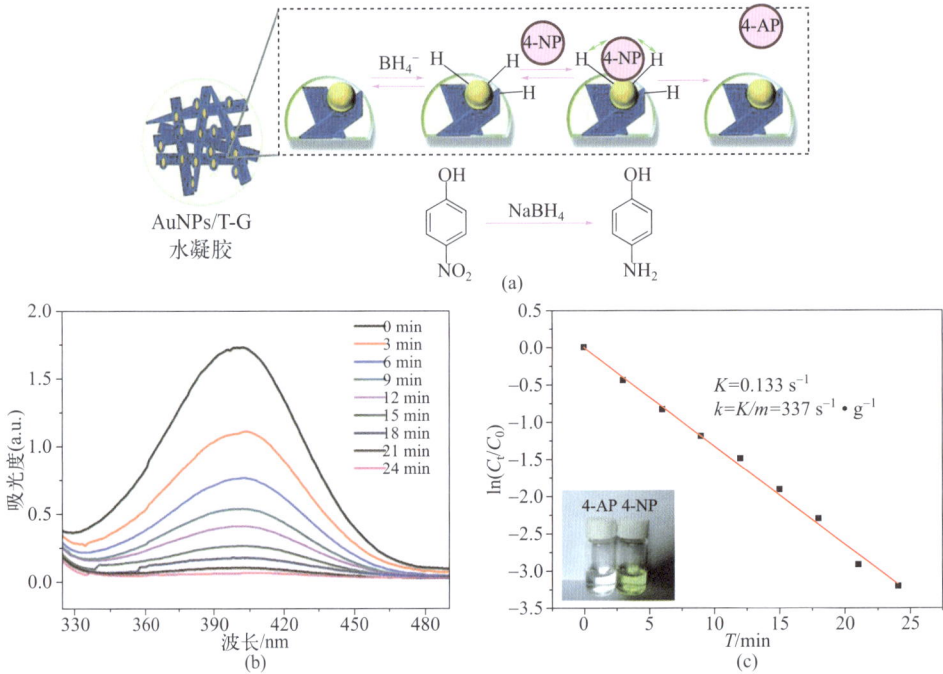

图3-9 3-NP催化还原的朗缪尔-辛舍伍德模型示意图（a）；3-NP催化还原的紫外可见光谱（b）；还原过程的ln（C_t/C_0）与T的曲线图（c）

图（c）中插图为从3-NP到3-氨基苯酚（3-AP）颜色变化的光学影像

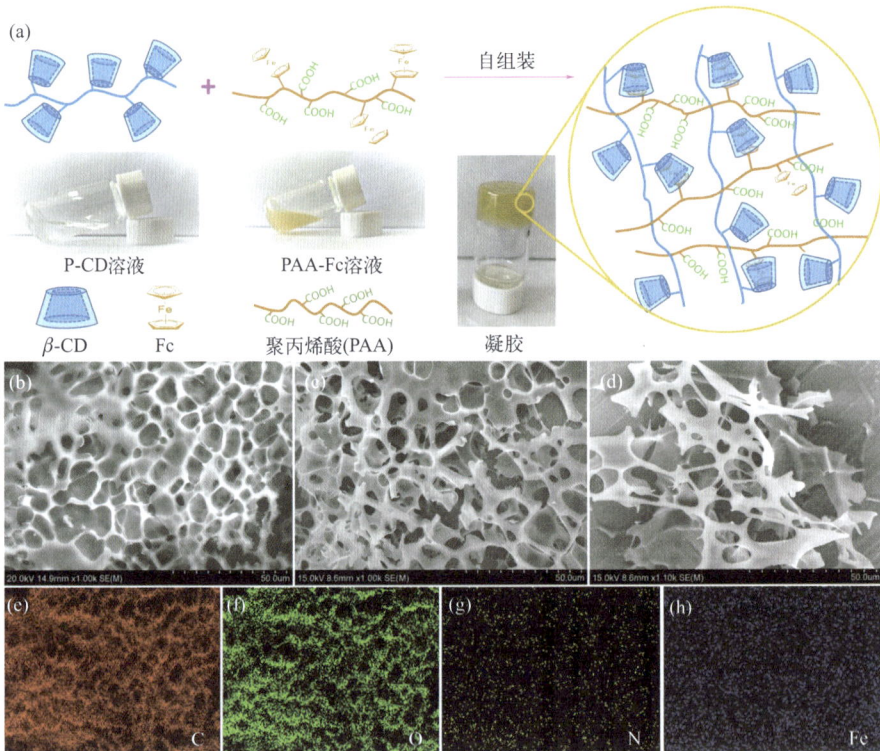

图3-10 水凝胶形成的示意图（a）；获得的P-CD/PAA-Fc水凝胶的扫描电镜图像：Gel-A（b）；Gel-B（c）；Gel-C（d）；Gel-A的EDS元素色散图（e）~（h）

维多孔网络结构,孔径从几百纳米到几十微米不等。丰富的孔道微结构有助于吸附作用。从扫描电镜图像可以看出,水凝胶的孔隙大小和孔隙密度是不同的。P-CD的浓度越高,交联密度就越高,导致平均孔径变小,水凝胶单位体积内的孔数增多。然后,将PAA-Fc溶液与不同浓度的P-CD溶液混合10min,随着P-CD水溶液浓度的降低,样品命名为Gel-A、Gel-B、Gel-C。

图3-11(a)显示了P-CD/PAA-Fc水凝胶的溶胶-凝胶转换机制。图3-11(b)~(d)显示了随频率变化的振荡剪切流变行为。在0.1~100rad/s的频率范围内,储能模数G'占优势,相角正切(G''/G')小于1,是典型的水凝胶行为。加入NaClO后,水凝胶转变为溶胶,在检测到的频率范围内,相角(G''/G')的正切大于1,表现出液体特征。如图3-12所示,MB

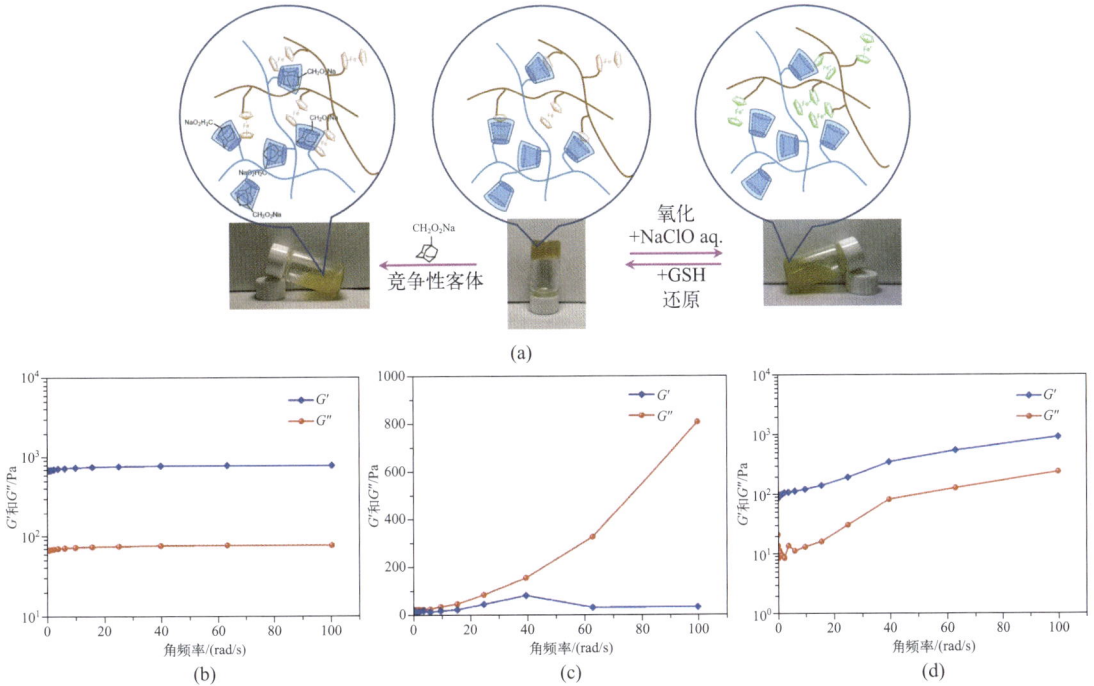

(a)

(b)　　　　　　(c)　　　　　　(d)

图3-11　溶胶-凝胶过渡的示意图(a);Gel-C的频率依赖性(在1%的应变下)振荡剪切流变学(b);通过氧化还原转换的振荡剪切流变学(c),(d)

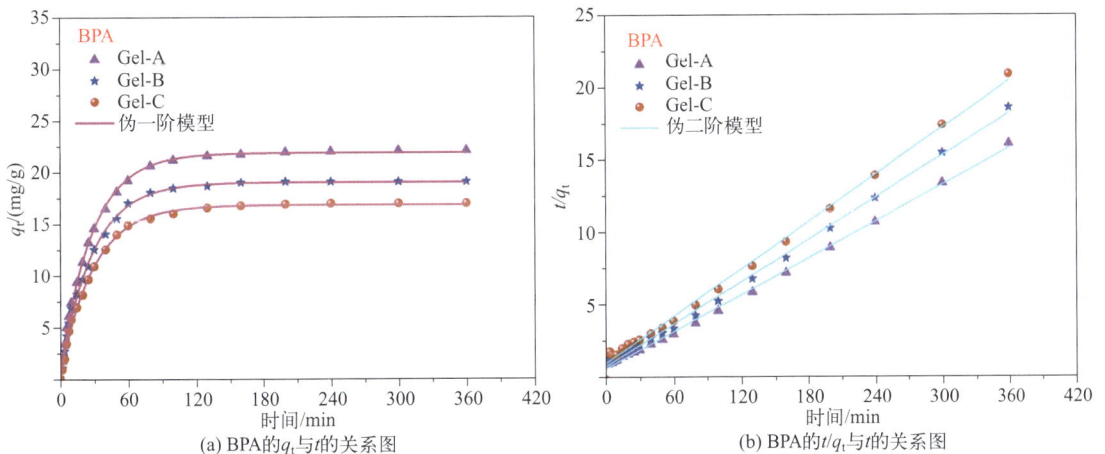

(a) BPA的q_t与t的关系图　　　　(b) BPA的t/q_t与t的关系图

图3-12

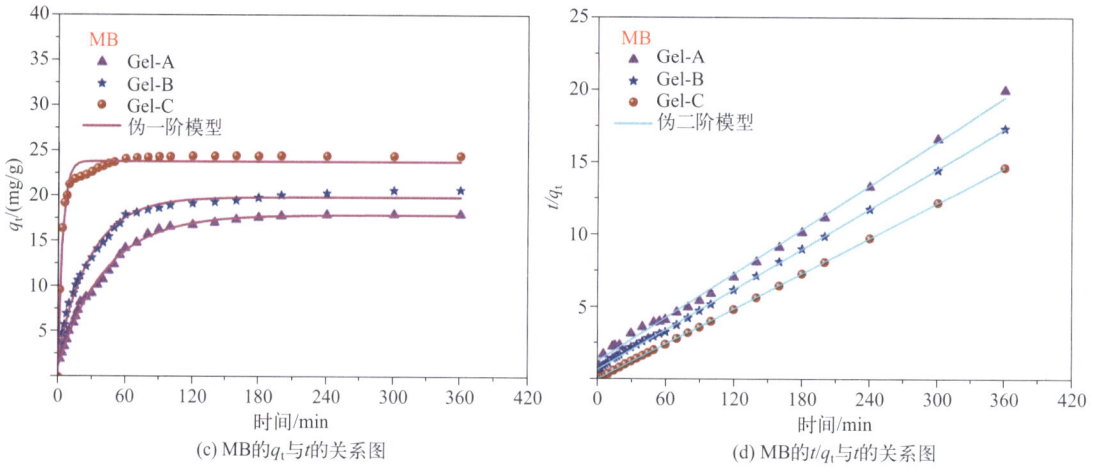

(c) MB的q_t与t的关系图

(d) MB的t/q_t与t的关系图

图3-12　双酚A的动力学吸附

系统中，伪二阶模型具有较高的相关系数（$R^2 > 0.997$），多孔结构利于染料溶液的快速通过，水凝胶具有良好的脱色率。

在上述基础上，由环糊精聚合物（P-CD）/金刚烷改性聚丙烯酸（PAA-Ad）通过主-客体相互作用，设计并制备了一种自组装水凝胶材料。随着PAA-Ad水溶液浓度的降低，样品被命名为Gel-A、Gel-B、Gel-C、Gel-D和Gel-E。如图3-13所示，水凝胶在三个周期内的自愈性依次为：

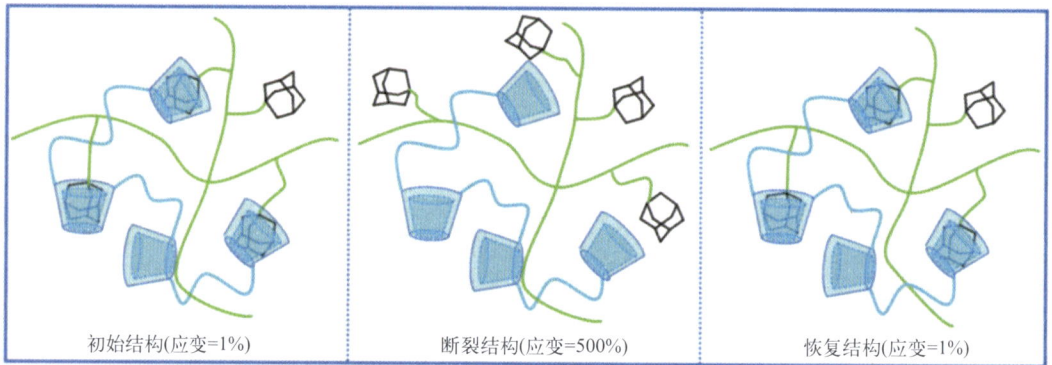

初始结构(应变=1%)　　断裂结构(应变=500%)　　恢复结构(应变=1%)

(a)

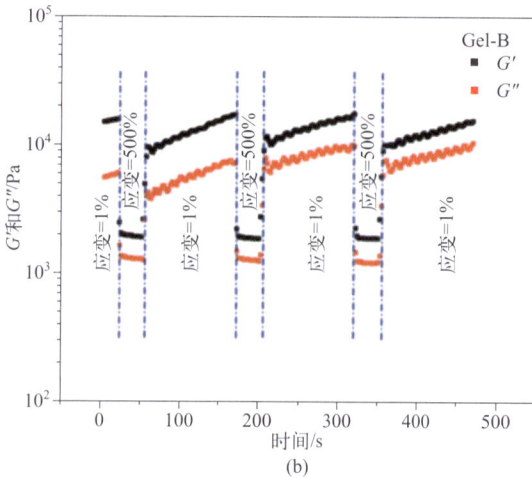

(b)

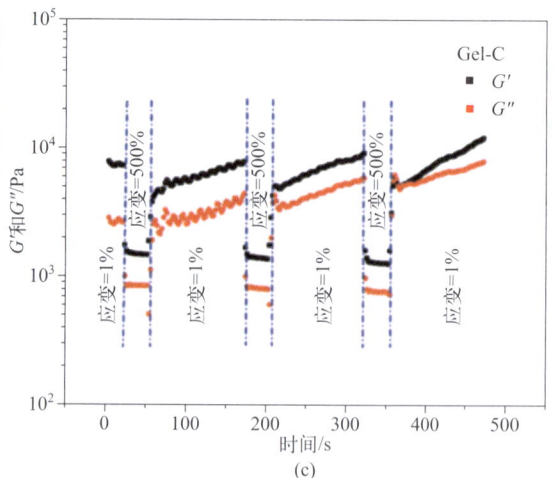

(c)

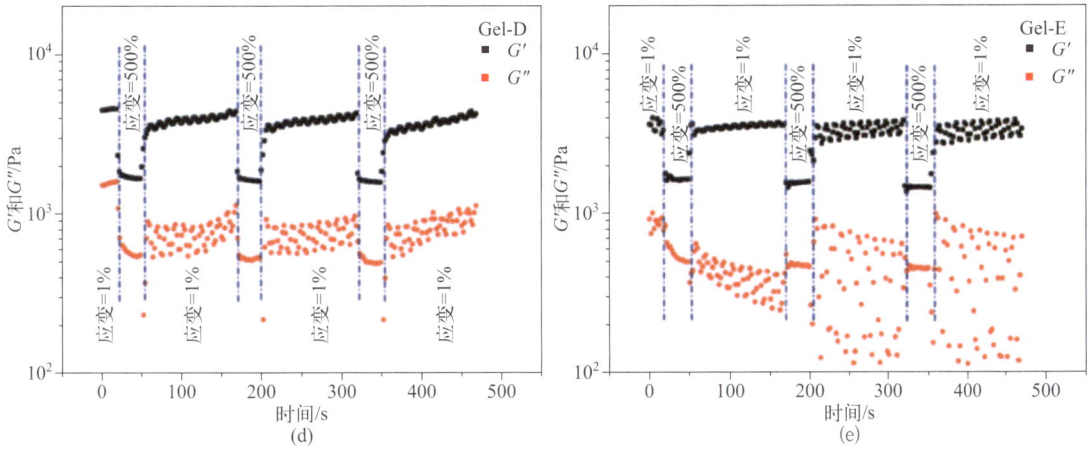

图 3-13　水凝胶的自愈行为示意图（a）；Gel-B（b）、Gel-C（c）、Gel-D（d）和 Gel-E（e）的自愈性通过连续的阶梯式应变测量得到证明，该测量以 500% 和 1% 的振荡应变为步骤，进行三个循环

Gel-B>Gel-C>Gel-D>Gel-E。这些数据进一步证明，CD 和 Ad 水凝胶之间可逆的主-客体相互作用在自我修复中起着重要作用。主客体的相互作用在双酚 A 和 N-Azo 的吸附中起到重要作用。

图 3-14 显示，β-CD/BPA K_a=35 × 10^{3}L/mol，而 β-CD/N-Azo K_a=892.1L/mol，说明 β-CD

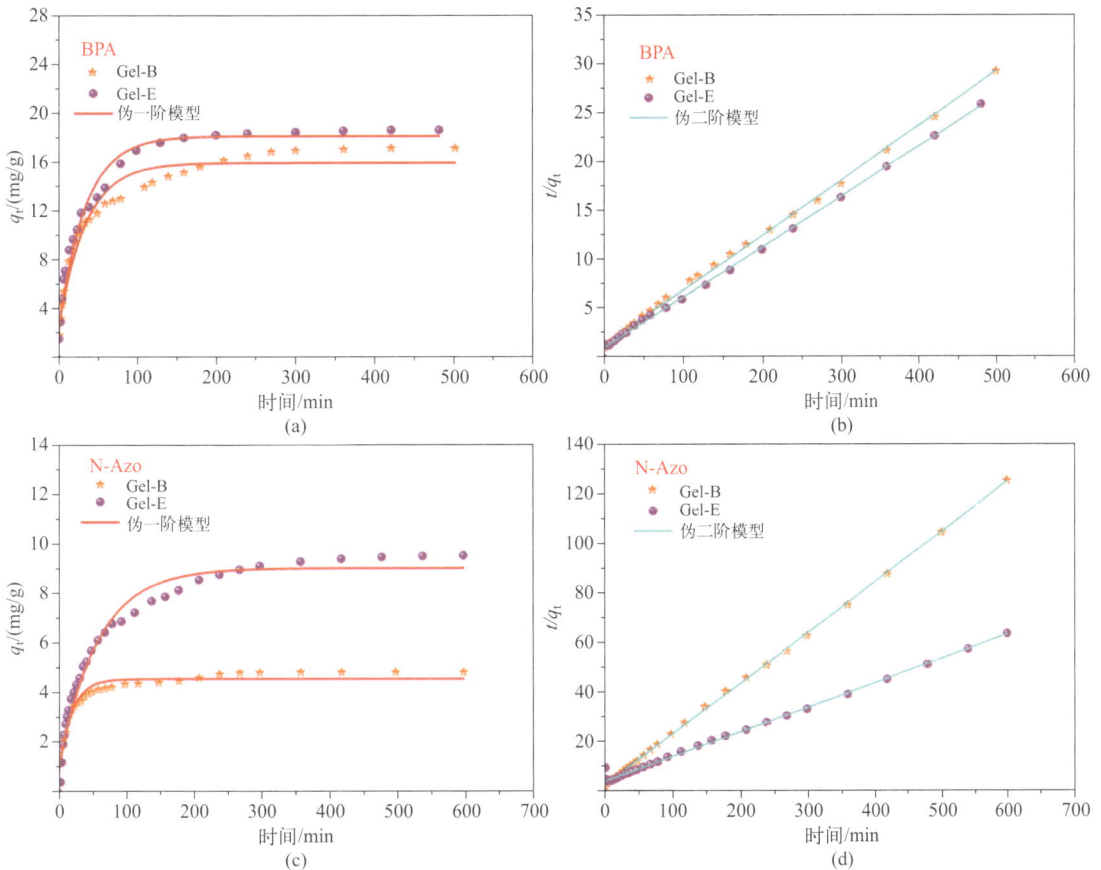

图 3-14　双酚 A 的 q_t 与 t 的关系图（a）和 t/q_t 与 t 的关系图（b）；N-Azo 的动力学吸附 q_t 与 t 的关系图（c）和 t/q_t 与 t 的关系图（d）

对双酚A（BPA）的结合常数大于3-氨基偶氮苯（N-Azo），所以水凝胶对BPA有更高的吸附能力。为了进一步说明水凝胶对BPA和N-Azo的吸附机制，图3-15显示了BPA和N-Azo及Gel-E吸附后的紫外可见光谱，Gel-E吸附双酚A（Gel-E-BPA）后的特征峰在276nm处尖锐而强烈，表明Gel-E中存在大量的BPA，水凝胶通过氢键吸附了一些BPA。Gel-E上吸附3-氨基偶氮苯（Gel-E-N-Azo）后，在378nm处出现了一个特征峰，表明Gel-E中存在少量的N-Azo分子。

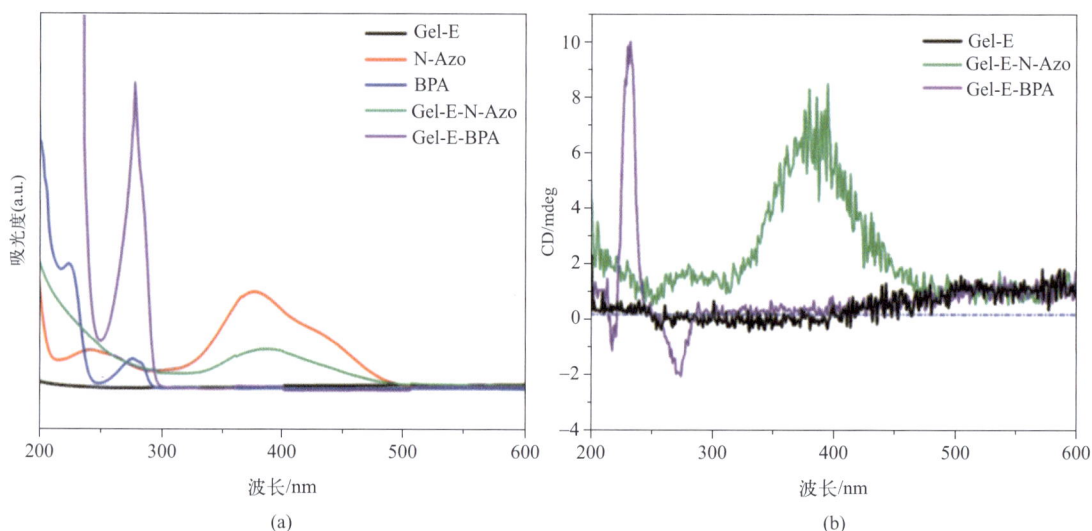

图3-15　Gel-E的紫外可见光谱，Gel-E对BPA/N-Azo的吸附（a）；Gel-E吸附BPA/N-Azo之前和之后的圆二色光谱（b）

3.3.1.2　石墨烯基超分子水凝胶的自组装及功能化

近来，人们广泛关注氧化石墨烯（GO），它具有独特的共轭二维（2D）结构，可以通过π-π堆叠作用表现出各种染料分子，是一种优异的染料吸附剂。优良的吸附性能归因于各种富氧官能团（例如，羧基、羰基、羟基）在GO片层中激发负电荷，允许与阳离子染料分子进行额外的强静电相互作用。图3-16描述了按配方将GO悬浮液和聚乙烯亚胺（PEI）结合起来制备GO/PEI水凝胶的完整过程。氧化石墨烯吸附过程中可能充当降解染料的可见光光催化剂，因此吸附实验在黑暗条件下进行了测量和重复。MB吸光度为662nm，RhB吸光度为554nm，这可以确定在不同时间间隔收集的样品的残留染料浓度（图3-17）。

在上述研究的基础上进一步拓展，利用壳聚糖（CS）和氧化石墨烯（GO）的自组装，在GO片上引入银纳米粒子，制备得到GO基复合水凝胶（简称RGO/CS/Ag复合凝胶）。此外，还评估了其染料降解能力。选择CS分子是因为其分子骨架中的功能性胺段可以通过氢键等相互作用形成多孔凝胶纳米结构（图3-18）。原位形成的银纳米粒子均匀地固定在RGO表面，形成三元纳米复合材料。光催化能力实验的数据显示，根据伪二阶模型，所制备的三维GO基水凝胶可以有效地去除染料，对使用了RhB和MB的单一或混合溶液都能表现出良好的光催化性能（图3-19）。

另一项研究中，利用CS和GO的自组装以及原位还原方法制备了基于GO的复合水凝胶。复合水凝胶靠CS分子和GO片之间的氢键和静电相互作用维系。CS分子的加入促进了GO片

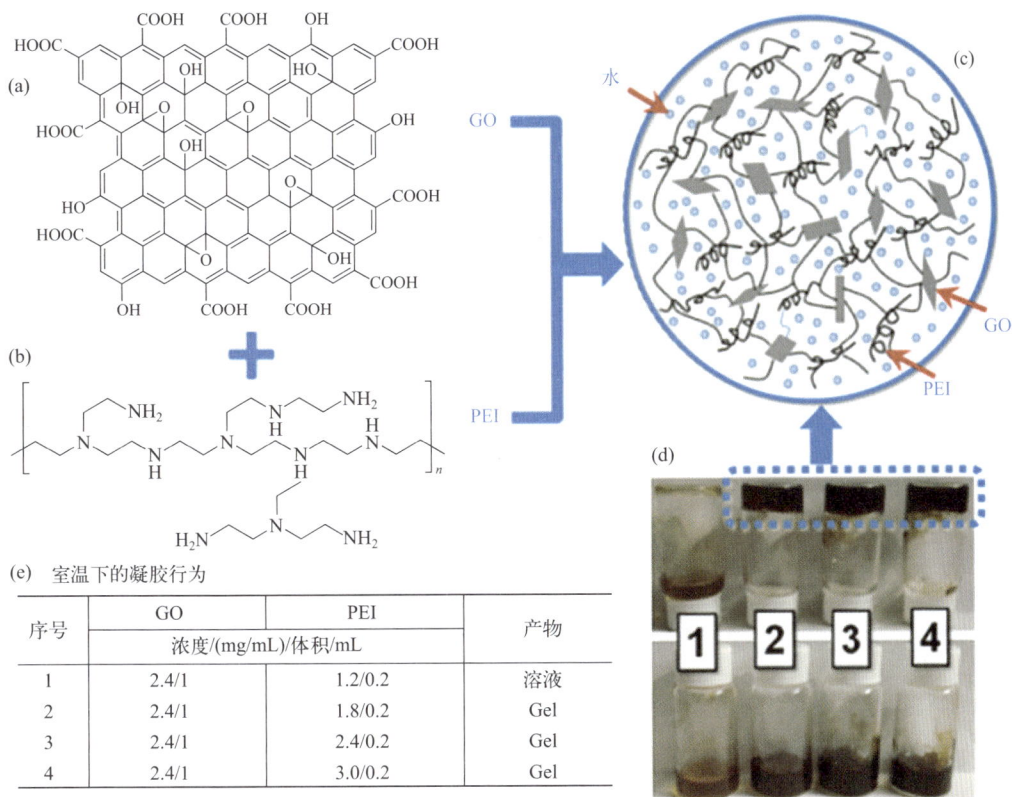

图 3-16　GO/PEI 凝胶的形成示意图

（a）GO 和（b）富含胺的 PEI 相结合，得到（c）GO/PEI 水凝胶；（d）为凝胶化图片；（e）为室温下的凝胶行为

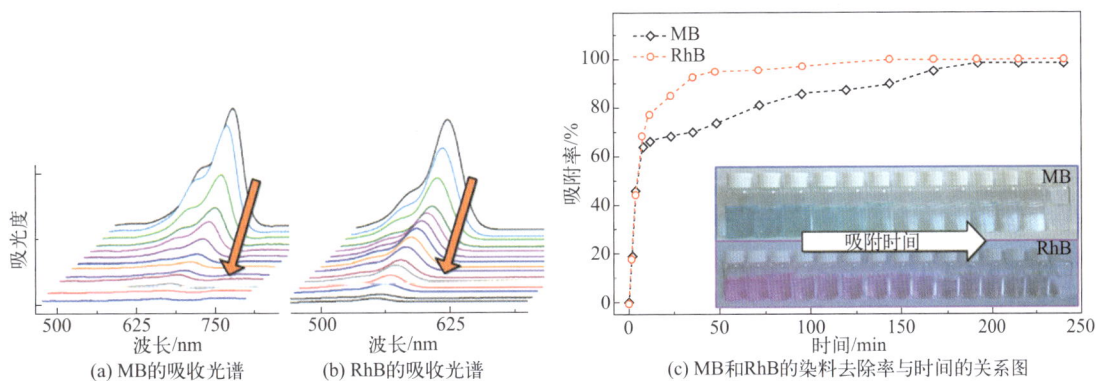

（a）MB 的吸收光谱　　（b）RhB 的吸收光谱　　（c）MB 和 RhB 的染料去除率与时间的关系图

图 3-17　在染料吸附实验中，以不同的时间间隔收集的上清液进行检测并计算

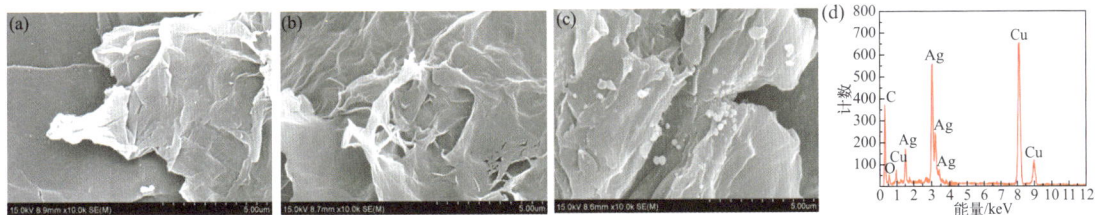

图 3-18

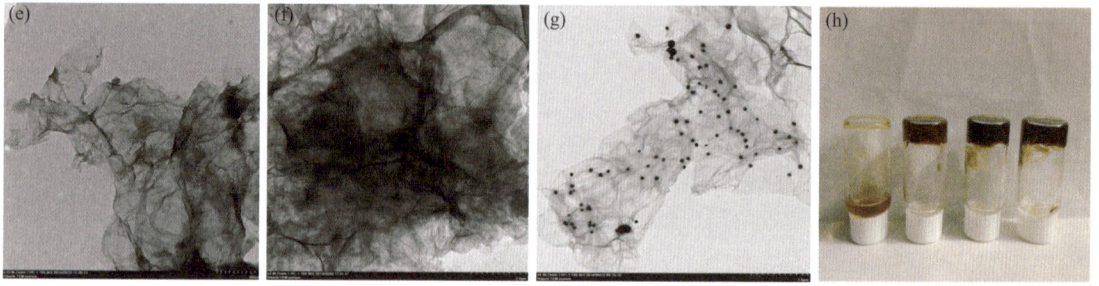

图3-18　对冷冻干燥的GO/CS水凝胶［(a)、(e)］、RGO/CS水凝胶［(b)、(f)］和RGO/CS/Ag水凝胶［(c)、(g)］的扫描电子显微镜图像及透射电子显微镜图像；对(g)部分所示的RGO/CS/Ag水凝胶进行EDXS能谱检测分析(d)；(h)中光学影像从左到右分别是GO水溶液、GO/CS、RGO/CS和RGO/CS/Ag复合水凝胶

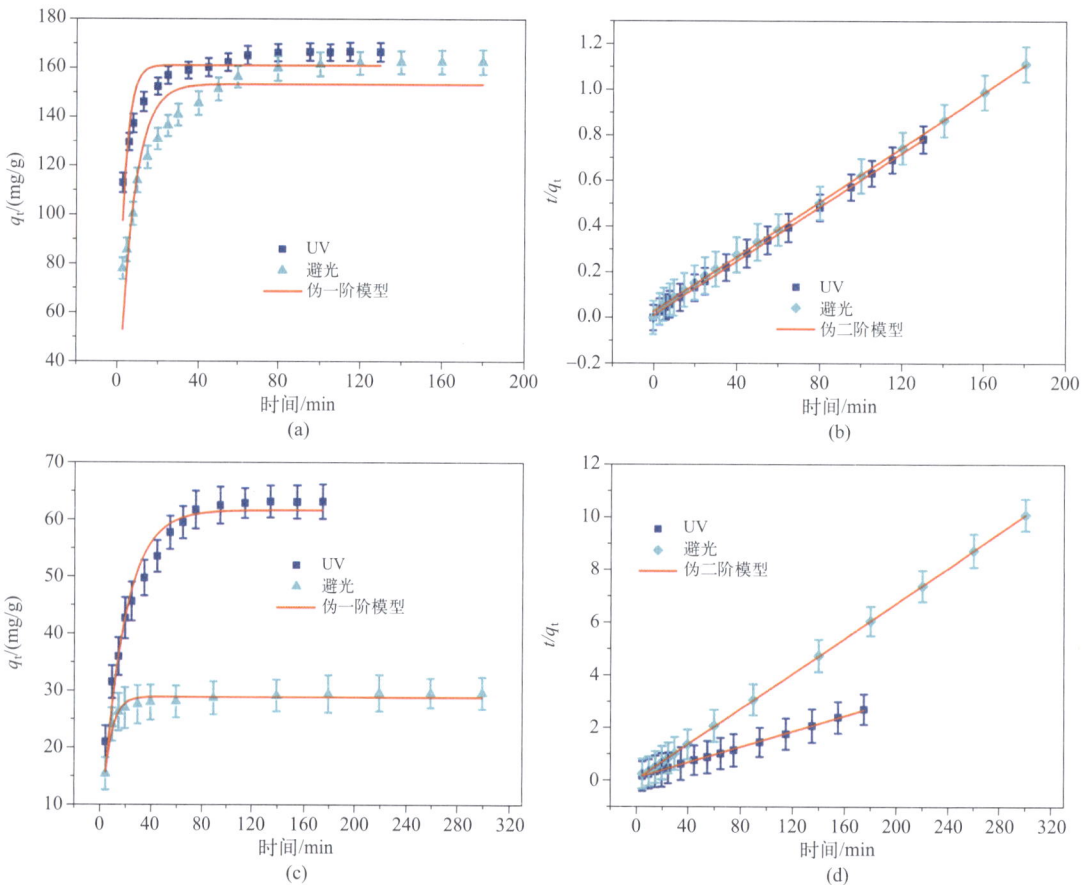

图3-19　在298 K下，制得RGO/CS/Ag纳米复合材料在MB［(a)、(b)］和RhB［(c)、(d)］上的降解动力学曲线

的凝胶化过程，GO片优化了水凝胶的染料吸附能力。如图3-20所示，GO水溶液、GO/CS凝胶和RGO/CS复合凝胶都表现出良好的凝胶稳定性。值得注意的是，在90℃加热的条件下，维生素C原位还原GO后，GO复合凝胶转变为RGO基水凝胶。我们还对复合水凝胶进行了不同染料的初步吸附动力学实验，相应数据如图3-21所示。该水凝胶表现出连续均匀的吸附，CR的平衡时间约为50min，MB和RhB的平衡时间约为20min。研究获得的动力学结果主要源

于通过静电和氢键构造的特殊三维多孔纳米结构，高度分散的 GO 纳米片作为吸附基质。

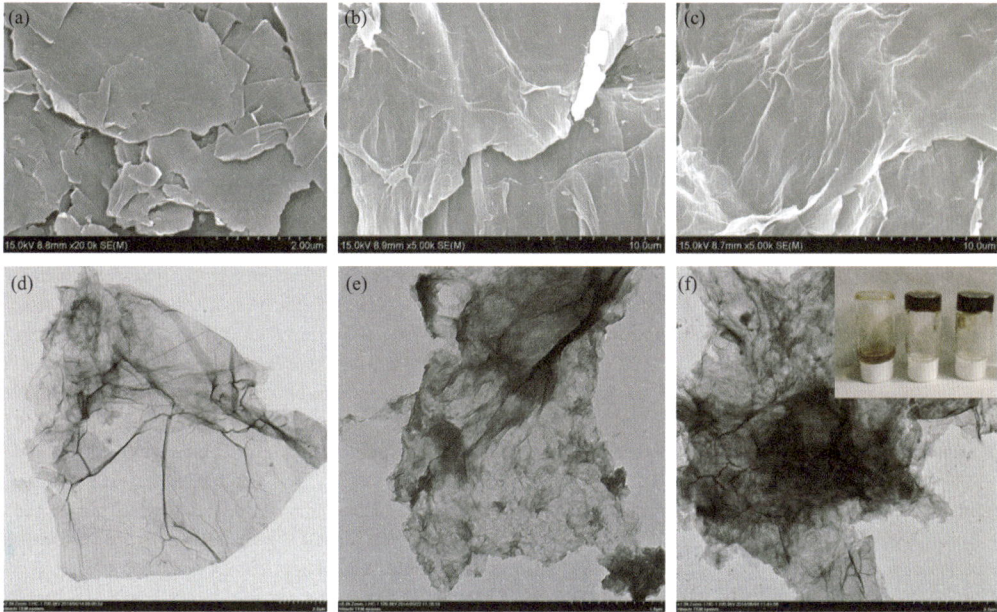

图 3-20　GO 片 [（a），（d）]、GO/CS 水凝胶 [（b），（e）] 和 RGO/CS 水凝胶 [（c），（f）] 的扫描电镜和透射电镜图像，图像（f）中的插图为 GO 水溶液及两种复合水凝胶（从左到右）

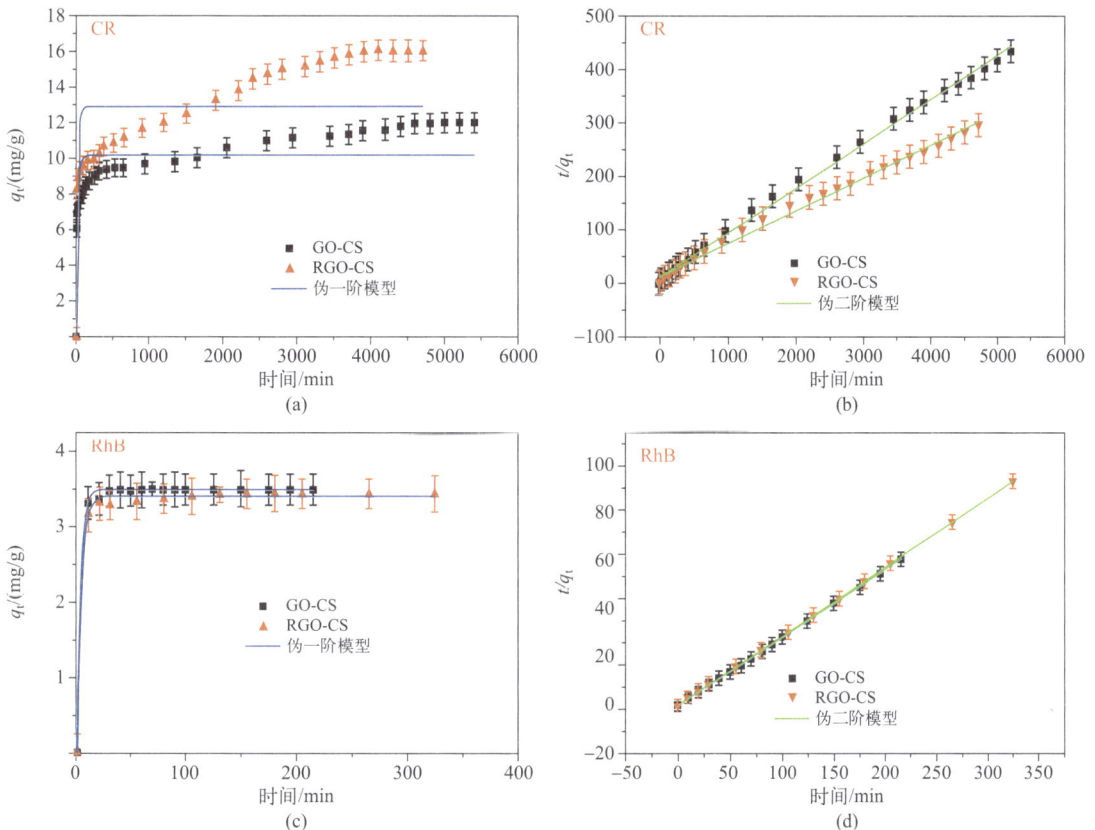

图 3-21

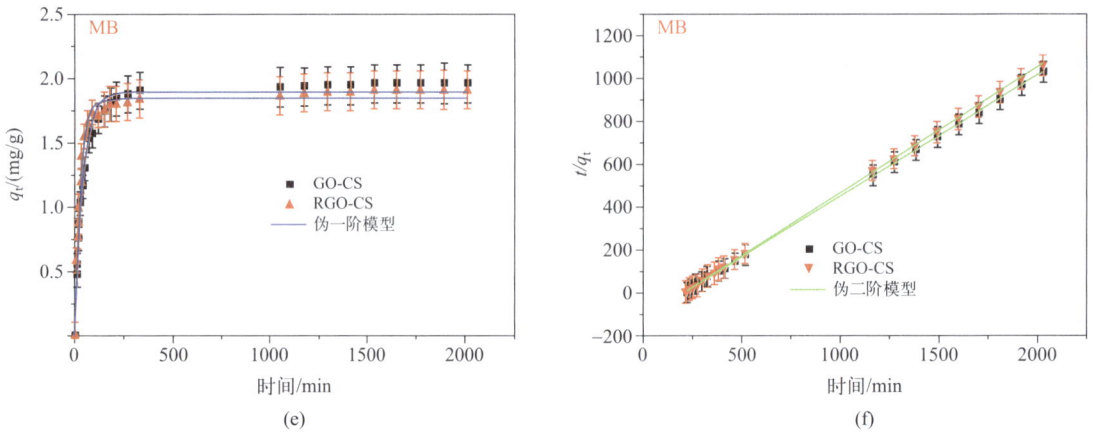

(e)　　　　　　　　　　　　　　　　(f)

图3-21　GO/CS和RGO/CS水凝胶对不同染料的吸附动力学曲线

（a），（c），（e）伪一阶动力学；（b），（d），（f）伪二阶动力学

　　此外，我们还研究了通过功能性阳离子双亲化合物GO纳米复合材料在普通有机溶剂中的自组装制备具有各种纳米结构的有机凝胶。所使用的四种功能性阳离子双子衍生物由不同长度的烷基链和对称的分子取代基结构组成，在自组装过程中表现出不同的疏水力和空间阻碍效应。

　　在云母表面，用原子力显微镜表征了二甲基甲酰胺（DMF）和四氢呋喃（THF）中复合干凝胶的纳米结构，由此可以观察到多种自组装畴和由许多小畴组成的聚集体，用类似方法实验室合成的目标化合物依次命名为C18-6-0、C18-6-6、C18-6-12和C18-6-18。图3-22展示了聚集体高度及3D视图，表明微纳米结构复合材料中存在不同的自组装模式。这主要是由于分子结构中取代基烷基链和凝胶形成的骨架的对称效应。

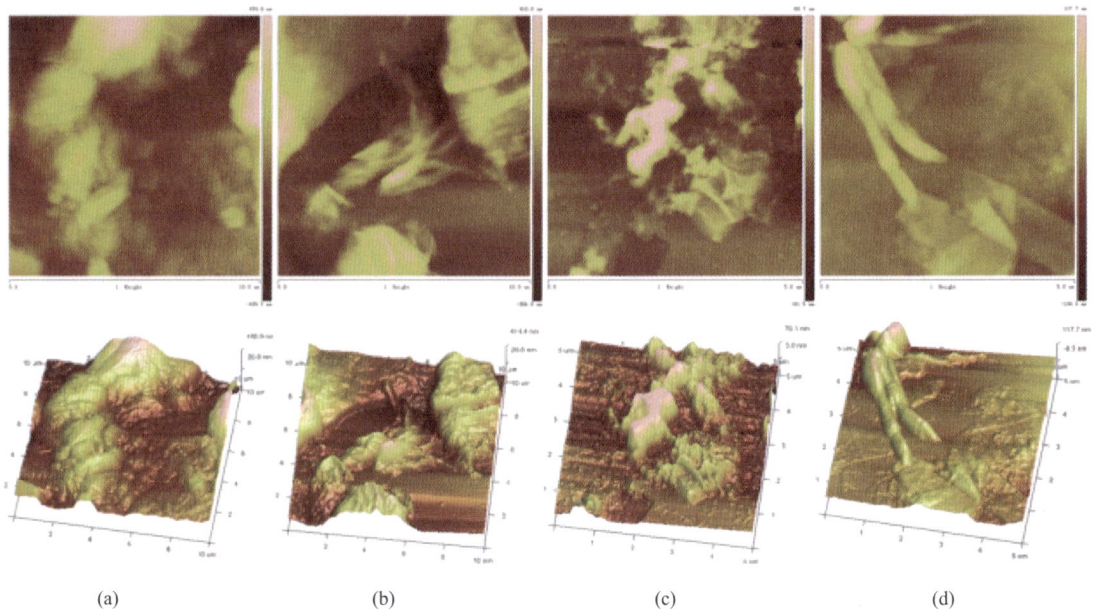

(a)　　　　　　　(b)　　　　　　　(c)　　　　　　　(d)

图3-22　原子力显微镜图像显示干凝胶的高度和3D视图

（a）在DMF中的C18-6-6/GO凝胶；（b）在DMF中的C18-6-12/GO凝胶；（c）在THF中的C18-6-12/GO凝胶；

（d）在THF中的C18-6-18/GO凝胶

　　还有一种分级多孔复合水凝胶，采用聚丙烯酸银和银纳米粒子（PAA-Ag/AgNPs）通过原位配位法自组装。把控 PAA 与银离子在自组装过程中不同的配位时间，得到了 PAA-Ag/AgNPs 复合水凝胶（图 3-23）。随着反应时间的增加，纳米结构中的孔洞尺寸变大。此外，对用 24h 制备的 PAA-Ag/AgNPs 水凝胶进行催化动力学实验，结果见图 3-24。由于电子转移过程，PAA-Ag/AgNPs 复合材料中的电荷复合被抑制，从而大大提高了光催化行为的效率。鉴于上述结果和水凝胶的自组装性质，提出了 PAA-Ag/AgNPs 水凝胶形成的合理策略（图 3-25）。

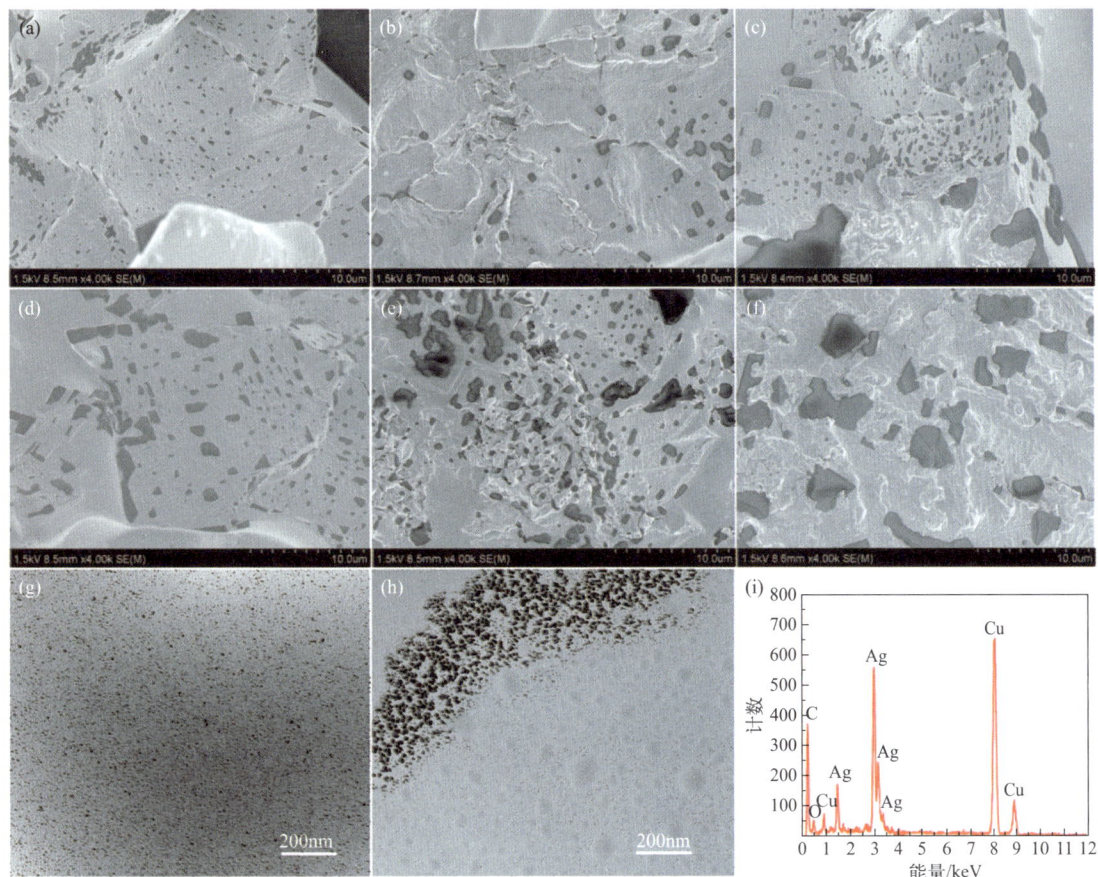

图 3-23　不同反应时间 PAA-Ag/AgNPs 复合水凝胶的扫描电镜图像

（a）10min；（b）30min；（c）2h；（d）5h；（e）10h；（f）24h；（g）和（h）制备时间为 30min 和 24h 的复合水凝胶的透射电镜图像；（i）制备 24h 复合水凝胶的能谱检测分析

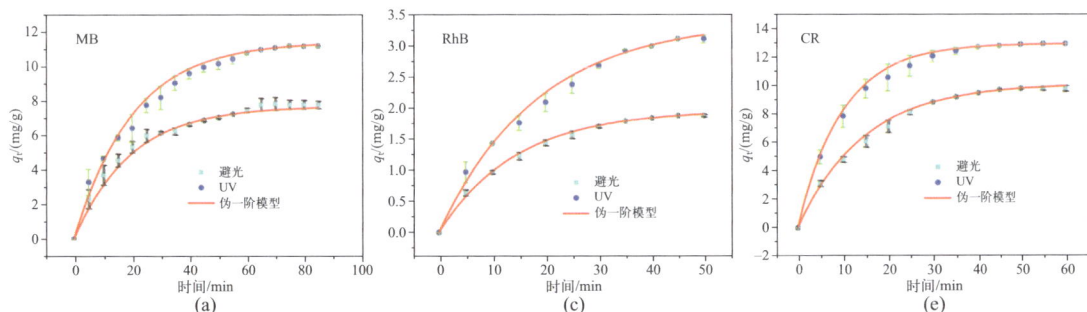

图 3-24

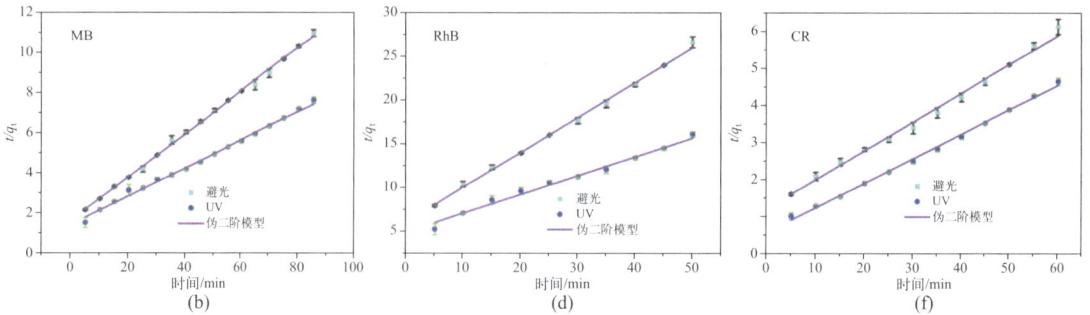

图 3-24　用 24h 制备的 PAA-Ag/AgNPs 水凝胶对不同染料降解的催化动力学曲线
（a），（c），（e）伪一阶动力学；（b），（d），（f）伪二阶动力学

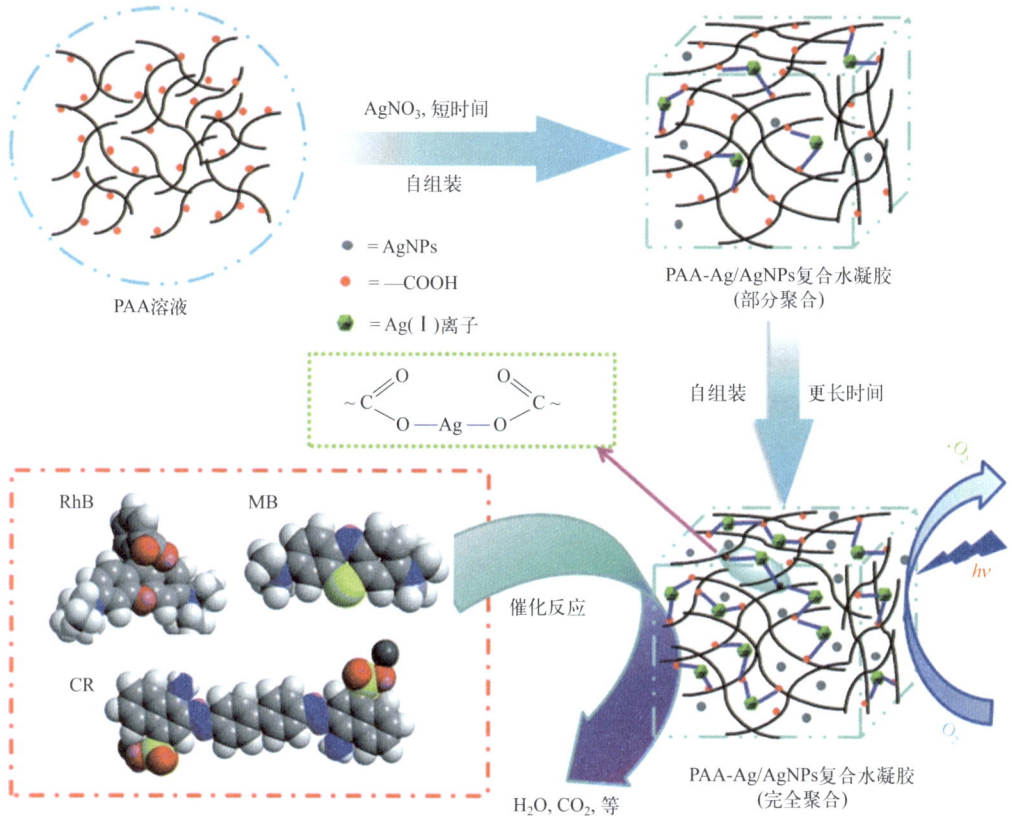

图 3-25　PAA-Ag/AgNPs 水凝胶的形成示意图

　　基于光聚合反应，在没有添加其他稳定或交联的化合物的条件下，通过硫醇-烯的光聚合来制备化学修饰的氧化石墨烯-聚乙二醇二丙烯酸酯(GO-PEG)复合水凝胶。研究推测，硫醇基团和烯基团之间的光聚合反应对于制备分级复合纳米结构至关重要（图3-26）。此外，根据伪二阶模型，制备所得水凝胶对三种模型染料表现出良好的去除率。复合水凝胶按浓度递增的顺序命名为PG-1#、PG-2#、PG-3#和PG-4#，用扫描电子显微镜对所得水凝胶中纳米结构的形貌进行了表征（图3-27）。如图3-28所示，GO-PEG复合水凝胶对所使用的三种模型染料表现出良好的去除率，并且与伪二阶模型非常吻合。因此，本研究工作作为GO基软物质以及脱色水凝胶的设计提供了新的线索。

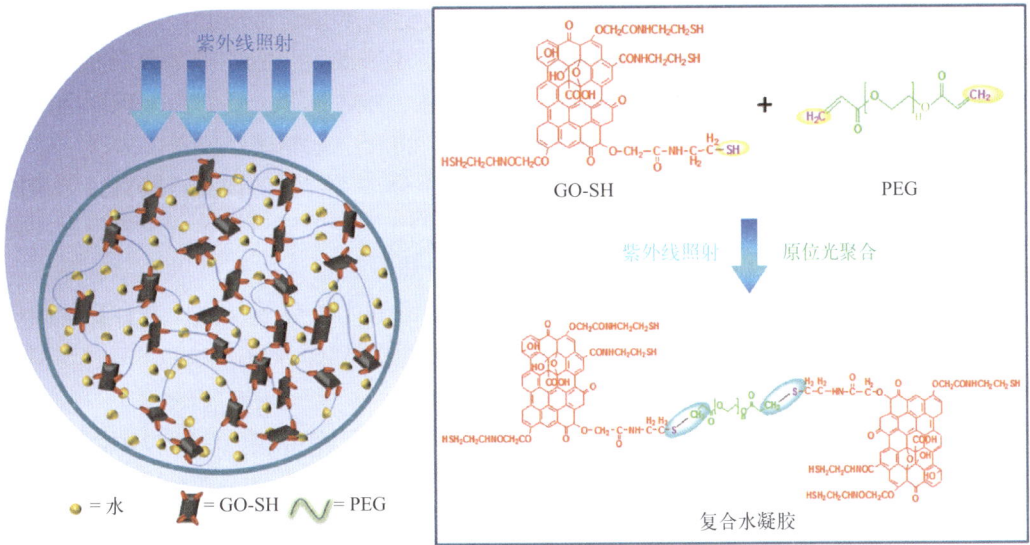

图 3-26 硫醇-烯光聚合法制备 GO/PEG 复合水凝胶的方案图

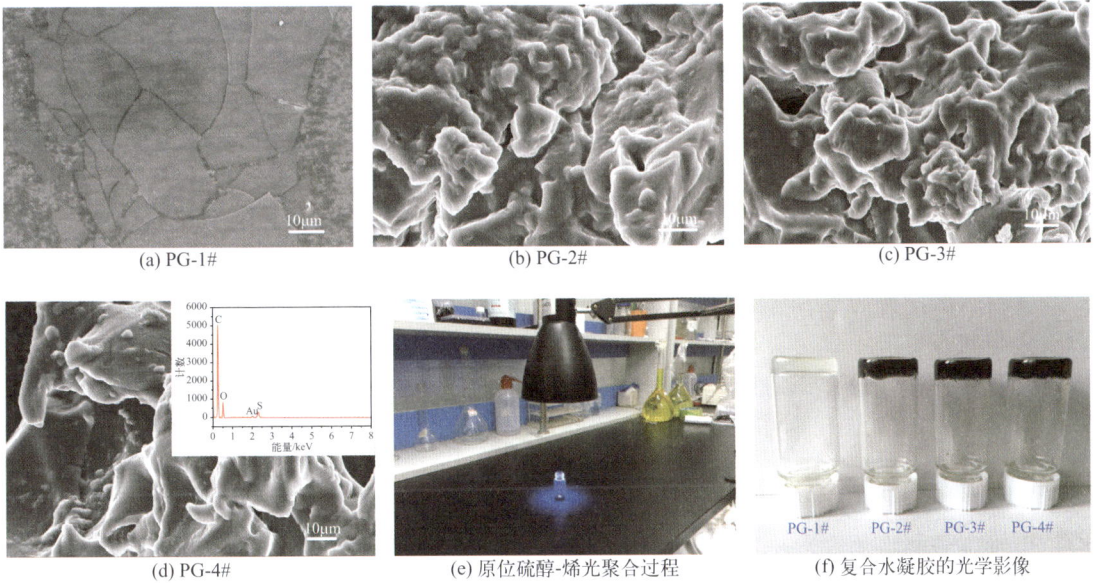

(a) PG-1#　　　　　　(b) PG-2#　　　　　　(c) PG-3#

(d) PG-4#　　(e) 原位硫醇-烯光聚合过程　　(f) 复合水凝胶的光学影像

图 3-27 水凝胶的扫描电镜图像和能谱检测分析

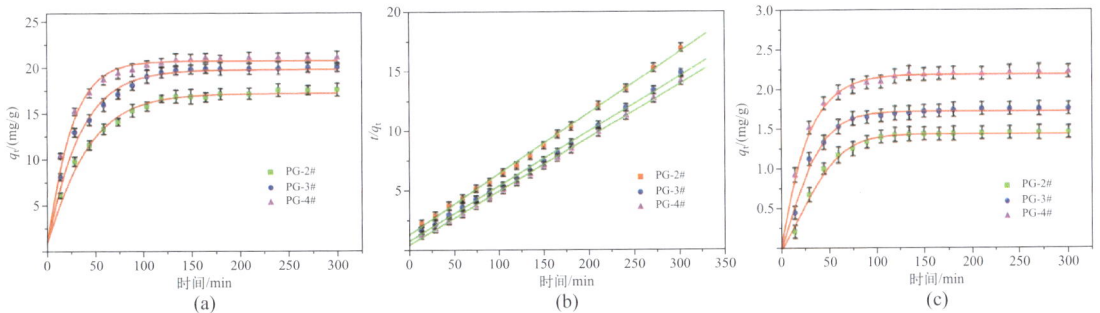

图 3-28

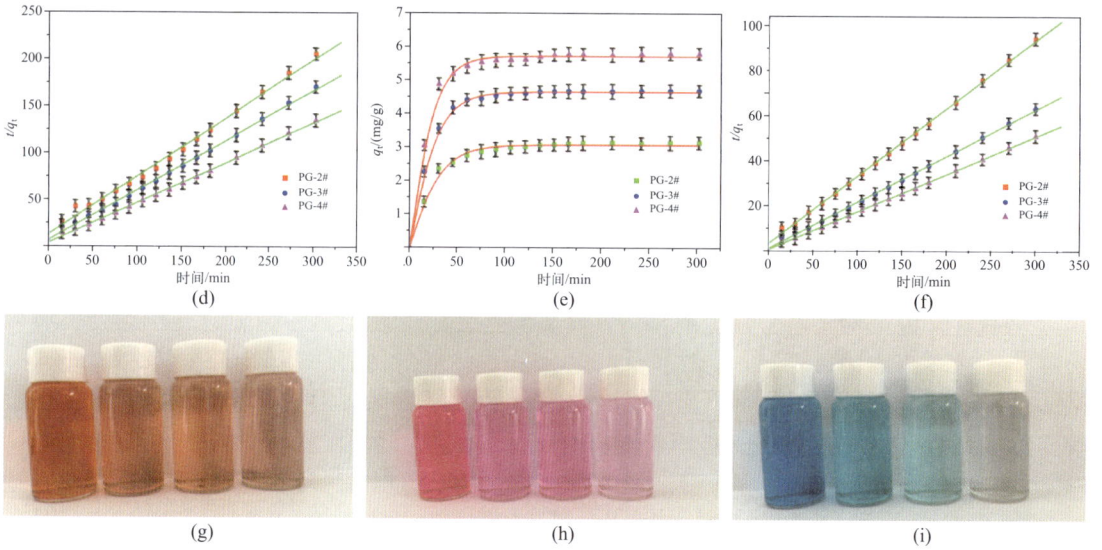

图3-28　298K时，复合水凝胶（PG-2#、PG-3#和PG-4#）在CR [（a）、（b）]、RhB [（c）、（d）] 和 MB [（e）、（f）] 上的吸附动力学实验；CR（g）、RhB（h）、MB（i）显示了在不同的吸附时间间隔（0、50min、100min和280min）下的染料溶液

3.3.2　生物医药领域的应用

3.3.2.1　芳香族取代基头基的酰胺化合自组装有机凝胶及药物释放能力

　　一种常用的提高自组装胶原蛋白水凝胶力学性能的策略是利用共价交联，包括与戊二醛、六亚甲基二异氰酸酯和二苯基磷酰叠氮化物的化学反应。水凝胶的生物医学转化要求是，凝胶应该在剪切应力（剪切变稀）下显示黏性流动，并在注射后快速恢复（自愈）。然而，交联剂的引入导致交联的不可逆性（破坏剪切变薄特性），并引发不良的毒性，极大地限制了它们作为可注射水凝胶材料在组织工程和药物输送中的应用。

　　图3-29中报告了一种用来制备力学性能可调的胶原蛋白水凝胶的生物矿化触发方法。带正电的胶原链和无机阴离子簇（如$[AuCl_4]^-$）通过静电作用络合在一起，形成金纳米颗粒（AuNPs），它作为交联剂用于柔性和可调的力学性能控制。这种水凝胶易于隔离水溶性药物，为抗癌的联合治疗提供了一种手段。最重要的是，接受瘤内注射的水凝胶将药物限制在病变部位并提供局部持续释放。这种基于蛋白质水凝胶的递送载体具有剪切变薄和自愈性，可以有效地将药物剂量降低到最低水平，抵抗免疫系统的清除，从而最大程度地减少对正常组织的损伤，最终实现"一针多治"的目的（图3-30）。

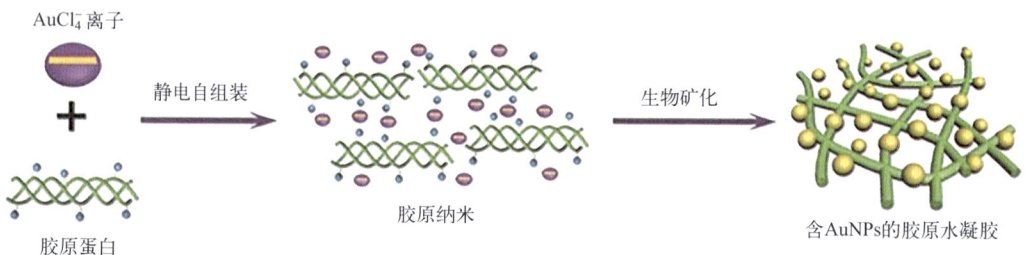

图3-29　基于生物矿化触发的自组装过程制造含有金纳米颗粒的可注射胶原蛋白水凝胶的示意图

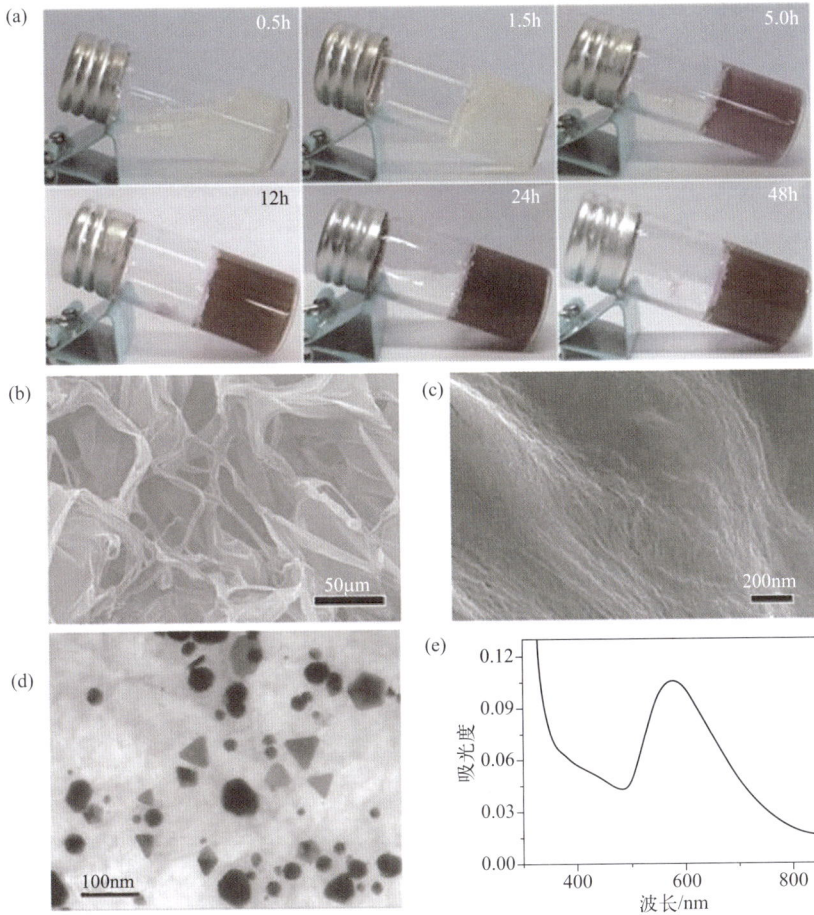

图 3-30　在环境条件下，当胶原蛋白酸性水溶液（2mg/mL）与 HAuCl₄ 溶液（0.1mol/L，最终 HAuCl₄ 浓度为 $2×10^{-3}$mol/L）等份混合时，胶原蛋白水凝胶的形成和颜色变化的照片（a）；典型的胶原蛋白水凝胶的低倍和高倍扫描电子显微镜图像（b），（c）；AuNP 在整个水凝胶网络中扩散的透射电镜图像（d）；含有 AuNPs 的胶原基水凝胶的紫外-可见吸收光谱（e）

　　建立一个乳腺（MCF-7）肿瘤移植物小鼠作为评估水凝胶性能的模型。内消旋四（N-甲基-3-吡啶基）卟吩四氯化物（TMPyP）是一种光敏药物，将含 TMPyP 的水凝胶和 TMPyP 的溶液分别以 TMPyP 等效剂量原位注射到体积为 200mm³ 的 MCF-7 肿瘤中，在瘤内使用 120h 后对切除的肿瘤进行体内荧光成像监测（图 3-31）。

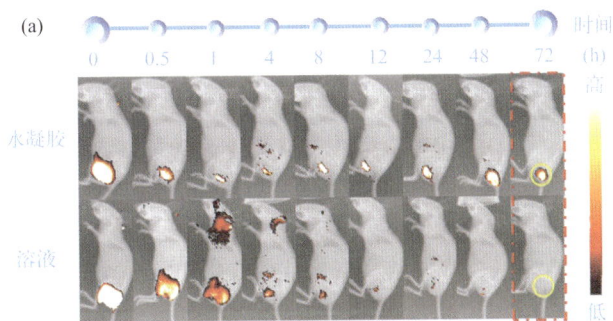

图 3-31

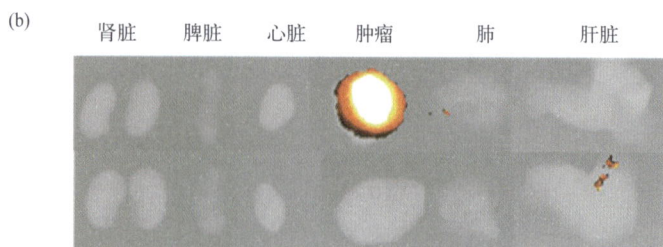

(b)　肾脏　　脾脏　　心脏　　肿瘤　　肺　　　肝脏

图 3-31　瘤内注射后通过胶原基水凝胶的局部持续药物释放

（a）注射含有 TMPyP 光敏药物胶原基水凝胶（上）或注射 TMPyP 溶液（下）的裸鼠体内荧光成像；（b）给药 120h 后，
重要器官（肝脏、脾脏、肺、心脏和肾脏）的荧光成像。上排：胶原基水凝胶组；下排：TMPyP 溶液组

3.3.2.2　含芳香取代基头基的酰胺类化合物自组装有机凝胶和药物释放能力

具有不同芳香取代基头基的新型酰胺类化合物自组装成超分子凝胶，制备得到的酰胺类化合物分子结构和缩写如图 3-32 所示。在分子骨架中，不同大小的头部基团通过酰胺键连接到苯环上，形成刚性的疏水取代基段。结果表明，在目前使用的溶剂中，所有化合物都可以在不同的溶剂中制备。有机凝胶的形态学特征显示了凝胶中各种纳米结构的聚集物。此外，还研究了不同染料浓度下的药物释放行为。

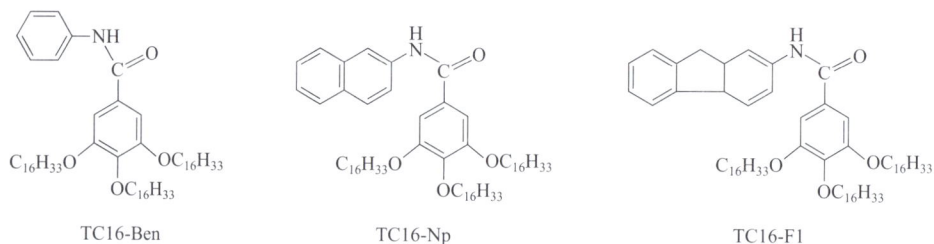

TC16-Ben　　　　　　　　　TC16-Np　　　　　　　　　TC16-Fl

图 3-32　三种酰胺衍生物的分子结构和缩写

图 3-33 展示了从 3, 4, 5- 三 (烷氧基) 苯甲酰胺化合物（简称 TC16-Fl）获得的凝胶的照片。数据表明，芳香取代基头基对当前设计的化合物的凝胶化行为有重要影响。这一结果说明，功能凝胶分子结构中较大的芳香族头基有助于有机溶剂的有序自组装和随后的凝胶作用，与以前的报道是一致的。

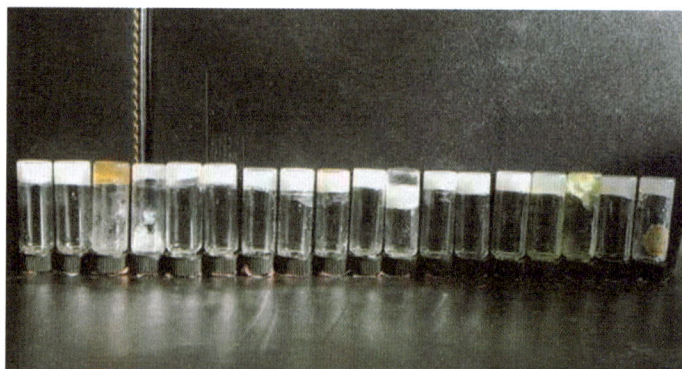

图 3-33　TC16-Fl 有机凝胶在不同溶剂中的光学影像

从左至右依次为：硝基苯、丙酮、二甲基甲酰胺、苯胺、吡啶、石油醚、正己烷、乙醇、正丙醇、异丙醇、
异辛醇、正丁醇、丙烯酸丁酯、环己酮、正戊醇、1, 3-二氧六环、环戊酮和异戊醇

　　用扫描电子显微镜和原子力显微镜研究了有机凝胶的形态和结构。从图3-34中可见，含苯基头基的3, 4, 5-三(烷氧基)苯甲酰胺化合物凝胶（简称TC16-Ben）主要表现为微米级的大皱纹或片层状聚集体。此外，如图3-35所示，含萘取代头基的3, 4, 5-三(烷氧基)苯甲酰胺化合物凝胶（简称TC16-Np）还显示出更多的纳米结构，如纤维、皱纹和片层。图3-36显示了TC16-Fl干凝胶在18种溶剂中的扫描电子显微镜图像，这表明自组装的不同微/纳米形态包括各种纳米聚集体。

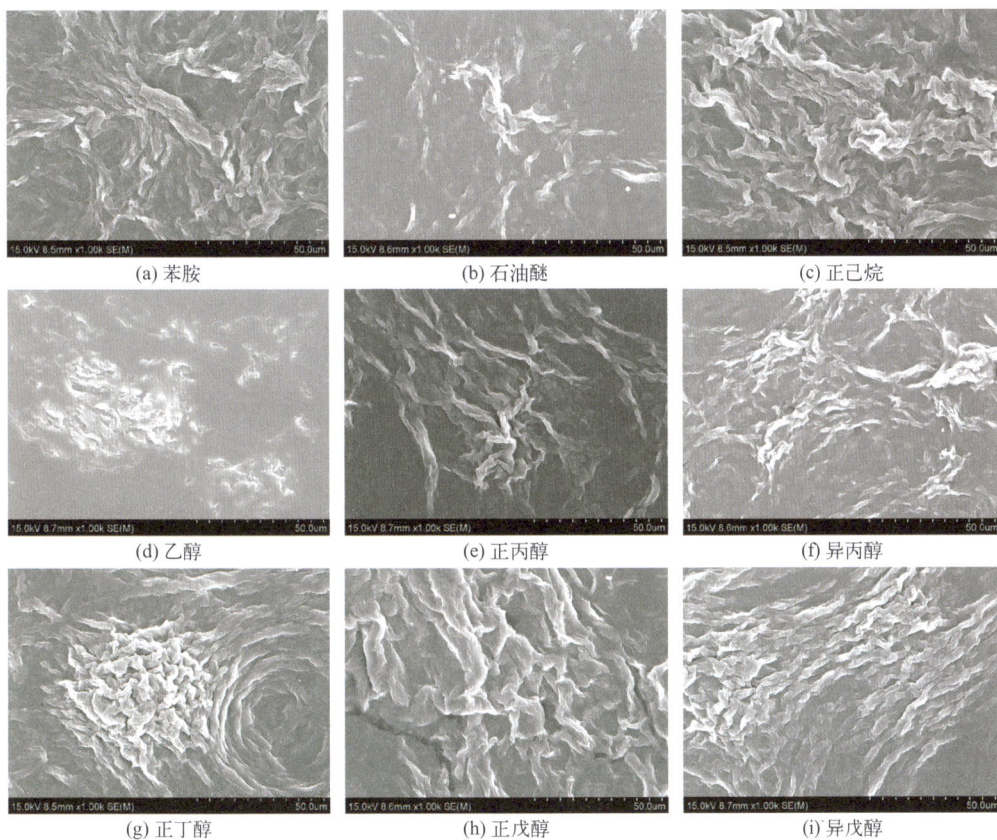

(a) 苯胺　　　　　　　　　(b) 石油醚　　　　　　　　　(c) 正己烷

(d) 乙醇　　　　　　　　　(e) 正丙醇　　　　　　　　　(f) 异丙醇

(g) 正丁醇　　　　　　　　(h) 正戊醇　　　　　　　　　(i) 异戊醇

图3-34　TC16-Ben干凝胶在不同溶剂中的扫描电子显微镜图像

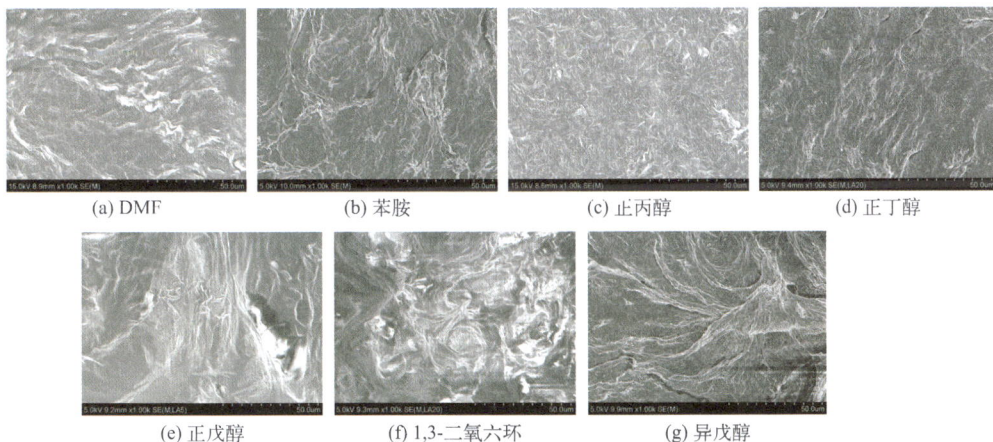

(a) DMF　　　　　(b) 苯胺　　　　　(c) 正丙醇　　　　　(d) 正丁醇

(e) 正戊醇　　　　(f) 1,3-二氧六环　　　　(g) 异戊醇

图3-35　TC16-NP干凝胶在不同溶剂中的扫描电子显微镜图像

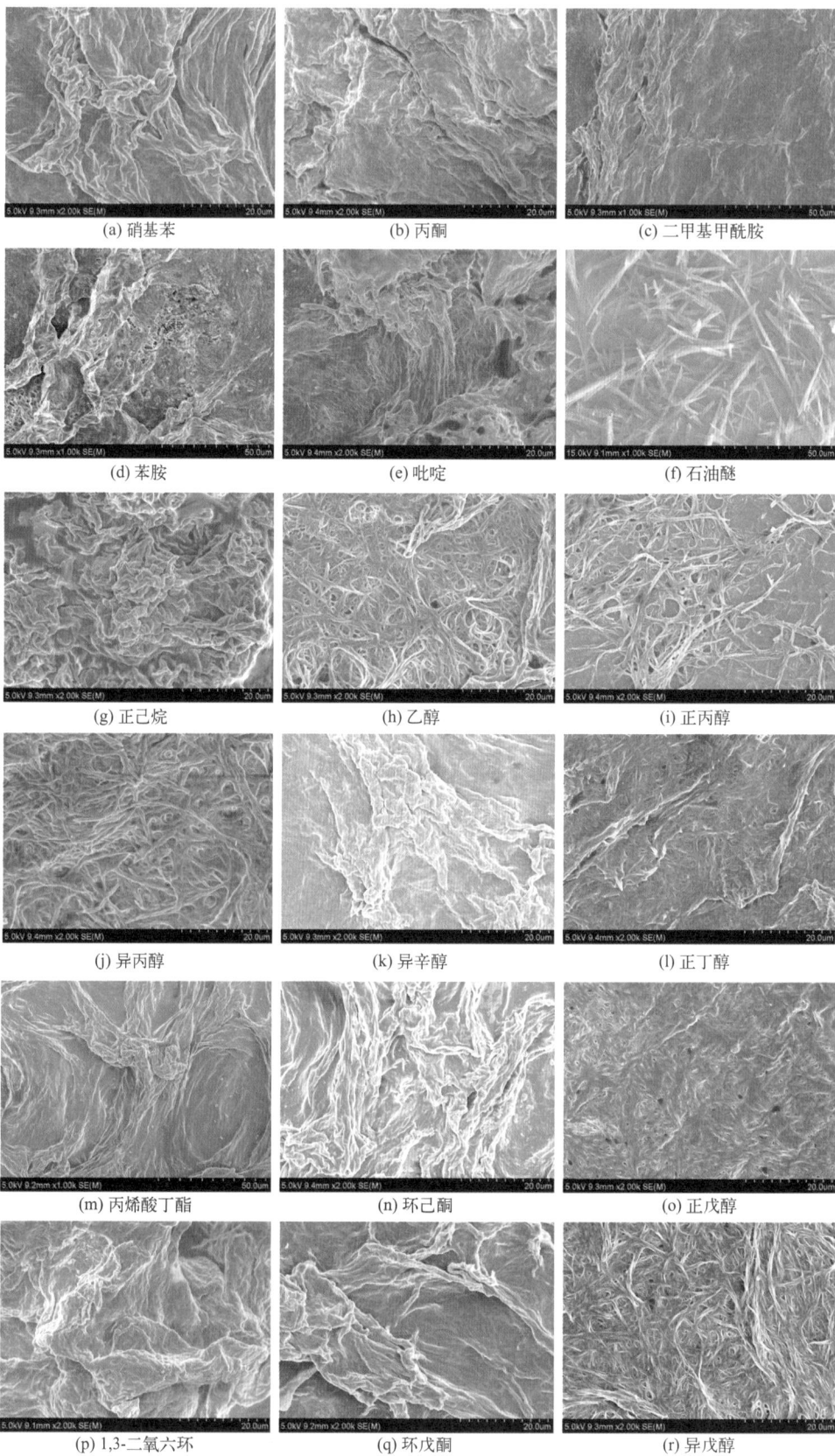

(a) 硝基苯

(b) 丙酮

(c) 二甲基甲酰胺

(d) 苯胺

(e) 吡啶

(f) 石油醚

(g) 正己烷

(h) 乙醇

(i) 正丙醇

(j) 异丙醇

(k) 异辛醇

(l) 正丁醇

(m) 丙烯酸丁酯

(n) 环己酮

(o) 正戊醇

(p) 1,3-二氧六环

(q) 环戊酮

(r) 异戊醇

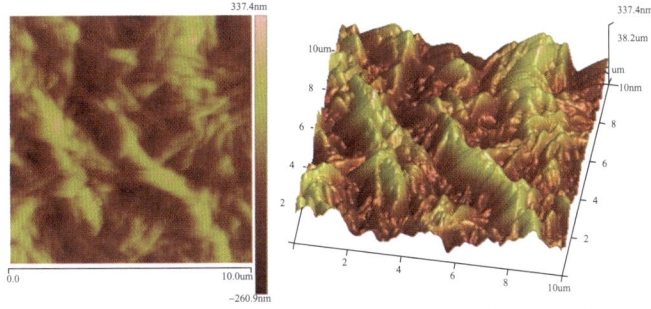

(s) 正戊醇凝胶中TC16-Fl干凝胶的二维尺度原子力显微镜图像和三维模型

图 3-36　TC16-Fl 干凝胶在不同溶剂中的扫描电子显微镜图像

　　凝胶的三维多孔结构有利于各种药物的负载，可以方便地表征其药物释放能力。考虑到刚果红（CR）独特的纳米结构和溶剂，在正戊醇中添加刚果红（CR），制备典型 TC16-Fl 凝胶作为模型药物，研究其药物释放特性。此外，图 3-37 显示了 TC16-Fl 凝胶在不同 CR 浓度的正戊醇中的释放能力。在 298K 条件下，不同 CR 浓度的正戊醇中制备的 TC16-Fl 有机凝胶的释放动力学曲线如图 3-38 所示。

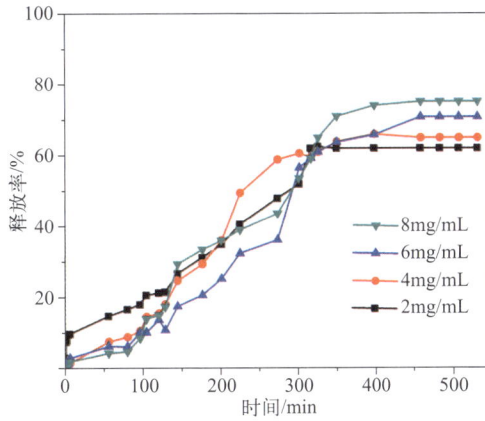

图 3-37　TC16-Fl 有机凝胶在不同 CR 浓度的正戊醇中的释放能力

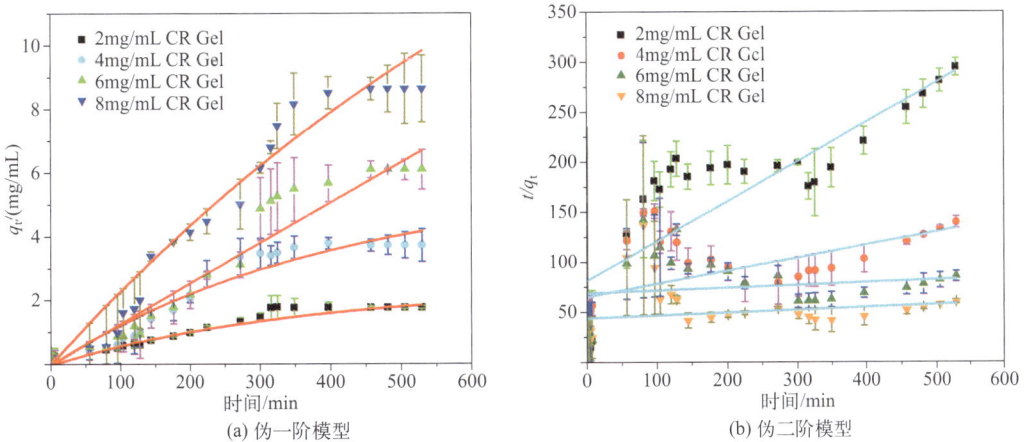

(a) 伪一阶模型

(b) 伪二阶模型

图 3-38　298K 时，在不同 CR 浓度的正戊醇中，所制备的 TC16-Fl 有机凝胶的释放动力学曲线

　　本章阐述了有机凝胶、双组分超分子凝胶、氧化石墨烯基凝胶和其他复合水凝胶等各种水凝胶。新型水凝胶的研发为新型自组装体系和纳米材料的设计和制备提供了潜在的前景，上述研究为自组装水凝胶在物理、生物传感器、催化、纳米材料、环境处理等方面的进一步探索提供了有价值的信息。

参考文献

[1] Delbecq F, Tsujimoto K, Ogue Y, et al. N-stearoyl amino acid derivatives: Potent biomimetic hydro/organogelators as templates for preparation of gold nanoparticles. Colloid Interface Sci, 2013, 390: 17-24.

[2] Oh H, Jung B, Lee H, et al. Dispersion of single walled carbon nanotubes in organogels by incorporation into organogel fibers. Colloid Interf. Sci, 2010, 352: 121-127.

[3] Wang W, Jiao T, Zhang Q, et al. Hydrothermal synthesis of hierarchical core shell manganese oxide nanocomposites as efficient dye adsorbents for wastewater treatment. RSC Adv, 2015, 5: 56279-56285.

[4] Basrur V, Guo J, Wang C, et al. Synergistic gelation of silica nanoparticles and a sorbitol-based molecular gelator to yield highly-conductive free-standing gel electrolytes. ACS Appl. Mater. Interfaces, 2013, 5: 262-267.

[5] Xing R, Jiao T, Yan L, et al. A colloidal gold-collagen protein core-shell nanoconjugate: One-step biomimetic synthesis, layer-by-layer assembled film and controlled cell growth. ACS Appl. Mater. Inter, 2015, 7: 24733-24740.

[6] Yan N, Xu Z, Diehn K, et al. Pyrenyl-linker-glucono gelators. Correlations of gel properties with gelator structures and characterization of solvent effects. Langmuir, 2013, 29: 793-805.

[7] Zhang L, Jiao T, Ma K, et al. Self-assembly and drug release capacities of organogels via some amide compounds with aromatic substituent headgroups. Materials, 2016, 9: 541.

[8] Sharma R, Kaith B, Kalia S, et al. Environ. Manage, 2015, 162: 37-45.

[9] Bai H, Zhang Q, He T, et al. Adsorption dynamics, diffusion and isotherm models of poly (NIPAm/LMSH) nanocomposite hydrogels for the removal of anionic dye Amaranth from an aqueous solution. Appl. Clay Sci, 2016, 124: 157-166.

[10] Ahmad H, Nurunnabi M, Rahman M, et al. Magnetically doped multi stimuli-responsive hydrogel microspheres with IPN structure and application in dye removal. Colloids Surf. A, 2014, 459: 39-47.

[11] Vecino X, Devesa-Rey R, Cruz J, et al. Study of the physical properties of calcium alginate hydrogel beads containing vineyard pruning waste for dye removal. Carbohydr. Polym, 2015, 115: 129-138.

[12] Xing R, Li S, Zhang N, et al. Self-assembled injectable peptide hydrogels capable of triggering antitumor immune response. Biomacromolecules, 2017, 18: 3513-3523.

[13] Xing R, Liu K, Jiao T, et al. An injectable self-assembling collagen gold hybrid hydrogel for combinatorial antitumor photothermal/photodynamic therapy. Adv. Mater, 2016, 28: 3669-3676.

[14] Xing R, Yuan C, Li S, et al. Charge-induced secondary structure transformation of amyloid-derived dipeptide assemblies from β-sheet to α-helix. Angew. Chem. Int. Edit, 2018, 57: 1537-1542.

[15] Saunders L, Ma P. Self-healing supramolecular hydrogels for tissue engineering applications. Macromol. Biosci, 2019, 19: 1800313.

[16] Zheng W, An N, Yang J, et al. Tough Al-alginate/poly(N-isopropylacrylamide)hydrogel with tunable LCST for soft robotics. ACS Appl. Mater. Inter, 2015, 7: 1758-1764.

[17] Ma C, Li T, Zhao Q, et al. Supramolecular Lego assembly towards three-dimensional multi-responsive hydrogels. Adv. Mater, 2014, 26: 5665-5669.

[18] Ma C, Lu W, Yang X, et al. Bioinspired anisotropic hydrogel actuators with on-off switchable and color-tunable fluorescence behaviors. Adv. Funct. Mater, 2018, 28: 1704568.

[19] Venuti V, Rossi B, Mele A, et al. Tuning structural parameters for the optimization of drug delivery performance of cyclodextrin-based nanosponges. Expert Opin. Drug Delivery, 2017, 14: 331-340.

[20] Cheng N, Hu Q, Guo Y, et al. Efficient and selective removal of dyes using imidazolium-based supramolecular gels. ACS Appl. Mater. Inter, 2015, 7: 10258-10265.

[21] Huang S, Yang L, Liu M, et al. Complexes of polydopamine-modified clay and ferric ions as the framework for pollutant-absorbing supramolecular hydrogels. Langmuir, 2013, 29: 1238-1244.

[22] Liu T, Jiao C, Peng X, et al. Super-strong and tough poly (vinyl alcohol)/poly (acrylic acid) hydrogels reinforced by hydrogen bonding. Mater. Chem. B, 2018, 6: 8105-8114.

[23] Weng W, Seppala J, Colquhoun H, et al. A healable supramolecular polymer blend based on aromatic π-π stacking and hydrogen-bonding interactions. J. Am. Chem. Soc, 2010, 132: 12051-12058.

[24] Lin P, Ma S, Wang X, et al. Molecularly engineered dual-crosslinked hydrogel with ultrahigh mechanical strength, toughness,

and good self-recovery. Adv. Mater, 2015, 27: 2054-2059.

[25] Sun J, Zhao X, Illeperuma W, et al. Highly stretchable and tough hydrogels. Nature, 2016, 489: 133-136.

[26] Liu M, Ishida Y, Ebina Y, et al. An anisotropic hydrogel with electrostatic repulsion between cofacially aligned nanosheets. Nature, 2015, 517: 68-72.

[27] Kouwer P, Koepf M, Le Sage V, et al. Responsive biomimetic networks from polyisocyanopeptide hydrogels. Nature, 2013, 493: 651-655.

[28] Weingarten A, Kazantsev R, Palmer L, et al. Self-assembling hydrogel scaffolds for photocatalytic hydrogen production. Nat. Chem, 2014, 6: 963-970.

[29] Draper E, Eden E, McDonald T,et al. Spatially resolved multicomponent gels. Nat. Chem, 2015, 7: 849-853.

[30] Slowing I, Vivero-Escoto J, Wu C, et al. Mesoporous silica nanoparticles as controlled release drug delivery and gene transfection carriers. Adv. Drug Deliv. Rev, 2008, 60: 1278-1288.

[31] Eeckman F, Moës A, Amighi K. Evaluation of a new controlled-drug delivery concept based on the use of thermoresponsive polymers. Int. J. Pharm, 2002, 241: 113-125.

[32] Kumar C, Mohammad F. Magnetic nanomaterials for hyperthermia-based therapy and controlled drug delivery. Adv. Drug Deliver. Rev, 2011, 63: 789-808.

[33] Jonker A, Löwik D, van Hest J. Peptide-and protein-based hydrogels. Chem. Mater. 2012, 24, 759-773.

[34] Ariga K, Mori T, Hill J. Mechanical control of nanomaterials and nanosystems. Adv. Mater, 2012, 24: 158-176.

[35] Kuang Y, Shi J, Li J, et al. Pericellular hydrogel/nanonets inhibit cancer cells. Angew. Chem. Int. Ed, 2014, 53: 8103-8107.

[36] Fleming S, Ulijn R. Design of nanostructures based on aromatic peptide amphiphiles. Chem. Soc. Rev, 2014, 43: 8150-8177.

[37] Dai H, Huang H. Modified pineapple peel cellulose hydrogels embedded with sepia ink for effective removal of methylene blue. Carbohyd. Polym, 2016, 148: 1-10.

[38] Jiao T, Ma K, Xing R, et al. Recent progress on peptide-regulated self-assembly of chromophores nanoarchitectonics and applications. J. YanShan Univ, 2017, 41: 1-12.

[39] Shen C, Shen Y, Wen Y, et al. Fast and highly efficient removal of dyes under alkaline conditions using magnetic chitosan-Fe (III) hydrogel. Water Res, 2011, 45: 5200-5210.

[40] Xing R, Jiao T, Liu Y, et al. Co-assembly of graphene oxide and albumin/photosensitizer nanohybrids towards enhanced photodynamic therapy. Polymers, 2016, 8: 181.

[41] Huang H, Xiao D, Liu J, et al. Recovery and removal of nutrients from swine wastewater by using a novel integrated reactor for struvite decomposition and recycling. Sci. Rep, 2015, 5: 10183.

[42] Xing R, Liu K, Jiao T, et al. An injectable self-assembling collagen gold hybrid hydrogel for combinatorial antitumor photothermal/photodynamic therapy. Adv. Mater, 2016, 28: 3669-3676.

[43] Zhu X, Duan P, Zhang L, et al. Regulation of the chiral twist and supramolecular chirality in co-assemblies of amphiphilic L-glutamic acid with bipyridines. Chem. Eur. J, 2011, 17: 3429-3437.

[44] Duan P, Qin L, Zhu X, et al. Hierarchical self-assembly of amphiphilic peptide dendrons: Evolution of diverse chiral nanostructures through hydrogel formation over a wide pH range. Chem. Eur. J, 2011, 17: 6389-6395.

[45] Danmark S, Aronsson C, Aili D. Tailoring supramolecular peptide-poly(ethylene glycol) hydrogels by coiled coil self assembly and self-sorting. Biomacromolecules, 2016, 17: 2260-2267.

[46] Yao H, Wu H, Chang J, et al. A carboxylic acid functionalized benzimidazole-based supramolecular gel with multi-stimuli responsive properties. New. J. Chem, 2016, 40: 4940-4944.

[47] Guo Y, Zhou X, Tang Q, et al. A self-healable and easily recyclable supramolecular hydrogel electrolyte for flexible supercapacitors. J. Mater. Chem. A, 2016, 4: 8769-8776.

[48] Kowalczuk J, Rachocki A, Bielejewski M, et al. Effect of gel matrix confinement on the solvent dynamics in supramolecular gels. J. Colloid Interf. Sci, 2016, 472: 60-68.

[49] Majumder J, Dastidar P. An easy access to organic salt-based stimuli-responsive and multifunctional supramolecular hydrogels. Chem. Eur. J, 2016, 22: 9267-9276.

[50] Trausel F, Versluis F, Maity C, et al. Catalysis of supramolecular hydrogelation. Accounts. Chem. Res, 2016, 49: 1440-1447.

[51] Jiao T, Guo H, Zhang Q, et al. Reduced graphene oxide-based silver nanoparticle-containing composite hydrogel as highly efficient dye catalysts for wastewater treatment. Sci. Rep, 2015, 5: 11873.

[52] Zhang L, Jiao T, Zhang X, et al. Preparation and adsorption capacities evaluation of supramolecular two component gels nanostructures via fluorine-containing diacid and glutamic acid amino derivative. Integr. Ferroelectr, 2018, 189: 135-146.

[53] Liu Y, Chen C, Wang T,et al. Supramolecular chirality of the two-component supramolecular copolymer gels: who determines the handedness? Langmuir, 2016, 32: 322-328.

[54] Miao W, Qin L, Yang D, et al. Multiple-stimulus-responsive supramolecular gels of two components and dual chiroptical switches. Chem. Eur. J, 2015, 21: 1063-1072.

[55] Guo H, Jiao T, Shen X, et al. Binary organogels based on glutamic acid derivatives and different acids: Solvent effect and molecular skeletons on self-assembly and nanostructures. Colloid Surf. A. Physicochem. Eng. Asp, 2014, 447: 88-96.

[56] Huo S, Meng Y, Jiao T, et al. Preparation and absorption capacities of Two Component supra-molecular gels. Curr. Nanosci, 2017, 13: 485-493.

[57] Zhu J, Wang R, Geng R, et al. A facile preparation method for new two-component supramolecular hydrogels and their performances in adsorption, catalysis, and stimuli-response. RSC Adv, 2019, 9: 22551-22558.

[58] Hou N, Wang R, Wang F, et al. Self-assembled hydrogels constructed via host-guest polymers with highly efficient dye removal capability for wastewater treatment. Colloid. Surface. A, 2019: 579.

[59] Hou N, Wang R, Geng R, et al. Facile preparation of self assembled hydrogels constructed from poly-cyclodextrin and poly-adamantane as highly selective adsorbents for wastewater treatment. Soft Matter, 2019, 15: 6097-6106.

[60] Guo H, Jiao T, Zhang Q, et al. Preparation of graphene Oxide-Based hydrogels as efficient dye adsorbents for wastewater treatment. Nanoscale Res. Lett, 2015, 10.

[61] Jiao T, Zhao H, Zhou J, et al. Self-Assembly reduced graphene oxide nanosheet hydrogel fabrication by anchorage of Chitosan/Silver and its potential efficient application toward dye degradation for wastewater treatments. ACS Sustain. Chem. Eng, 2015, 3: 3130-3139.

[62] Zhao H, Jiao T, Zhang L, et al. Preparation and adsorption capacity evaluation of graphene oxide-chitosan composite hydrogels. SCIENCE CHINA-MATERIALS, 2015, 58: 811-818.

[63] Jiao T, Wang Y, Zhang Q, et al. Organogels via gemini Amphiphile-Graphene oxide nanocomposites: Self-Assembly and symmetry effect. Sci. Adv. Mater, 2015, 7: 1677-1685.

[64] Hou C, Ma K, Jiao T, et al. Preparation and dye removal capacities of porous silver nanoparticle-containing composite hydrogels via poly(acrylic acid) and silver ions. RSC Adv, 2016, 6: 110799-110807.

[65] Liu J, Zhu K, Jiao T, et al. Preparation of graphene oxide polymer composite hydrogels via thiol-ene photopolymerization as efficient dye adsorbents for wastewater treatment. Colloid. Surface. A, 2017, 529: 668-676.

[66] Rault I, Frei V, Herbage D, et al. Evaluation of different chemical methods for cros-linking collagen gel, films and sponges. J. Mater. Sci-Mater. Med, 1996, 7: 215-221.

[67] Chevallay B, Abdul-Malak N, Herbage D. Mouse fibroblasts in long-term culture within collagen three-dimensional scaffolds: Influence of crosslinking with diphenylphosphorylazide on matrix reorganization, growth, and biosynthetic and proteolytic activities. Biomed. Mater. Res, 1999, 49: 448-459.

[68] Lee C, Singla A. Biomedical applications of collagen. Int. J. Pharm, 2011, 221: 1-22.

[69] Appel E, Tibbitt M, Webber M, et al. Self-assembled hydrogels utilizing polymer-nanoparticle interactions. Nat. Commun, 2015, 6: 6295.

[70] Tseng T, Tao L, Hsieh F, et al. An injectable, self-healing hydrogel to repair the central nervous system. Adv. Mater, 2015, 27: 3518-3524.

[71] Xing R, Liu K, Jiao T, et al. An injectable self-assembling collagen gold hybrid hydrogel for combinatorial antitumor photo-thermal/photodynamic therapy. Adv. Mater, 2016, 28: 3669-3676.

第4章

基于苯基三酰胺衍生物的超分子凝胶

超分子凝胶是一种由非共价键作用形成的三维网状凝胶，相比于高分子水凝胶，其具备许多独特的性质，在圆偏振发光、生物医药、无机纳米材料合成等领域有着广泛的应用。而基于1, 3, 5-苯基三酰胺衍生物（1,3,5-benzene-tricarboxamides, BTAs）的超分子凝胶以其独特的结构和性质吸引了大量研究者的目光。通过研究在BTAs中心核上接入不同类型的基团，在一定程度上解释了自组装的机理，这为自下而上的分子设计提供了理论基础；不同基团的接入导致形成的超分子凝胶具备多种特性，这也拓宽了超分子凝胶的应用范围。本章主要通过将苯基三酰胺侧链基团进行分类，比较系统地介绍近些年关于BTAs超分子凝胶的研究现状以及应用。

4.1 简介

"具有类似固体的流变性质并且必须在一定时间尺度范围内具有永久的宏观结构"，这是诺贝尔化学奖得主Flory给出的较具普适性的凝胶的定义。凝胶作为一类常见的物质，已经融入我们生活的方方面面，比如牙膏、果冻、隐形眼镜等。按照组成成分不同，可以将凝胶分为高分子凝胶和小分子凝胶，高分子凝胶是靠共价键交联而形成的，而小分子凝胶主要是由具有明确结构式和确定分子量的小分子化合物（凝胶因子或胶凝剂）通过非共价键作用（物理交联），在溶剂介质（有机溶剂、水和离子液体等）中自组装形成相对有序的分子聚集体并相互缠绕成三维网状结构固化溶剂后得到的一种软物质材料。

超分子凝胶主要是由小分子胶凝剂凭借非共价键作用而自组装，进而固化溶剂形成的。这些非共价键主要包括：氢键、静电作用、亲水/疏水相互作用、π-π堆积作用、配位键、范德华力、电荷转移相互作用和卤键等。通常情况下，这些驱动力往往不是单独行动的，而是由一种或多种作用力协同驱动以形成组装体。正是由于组装驱动力的多样性和协同性特点以及这种分子间的非共价相互作用往往较弱，超分子组装体往往能表现出对外界刺激的响应性、可逆性等特点，而赋予其特殊的功能。

　　超分子凝胶的构筑基元是多种多样的，如两亲分子、π共轭分子、大环化合物、金属配合物、树枝状分子、C_3对称分子，这些分子可以通过自组装形成不同的纳米结构，进而形成三维网络，胶凝化溶剂，形成超分子凝胶。C_3对称分子是一类优良的超分子构筑基元，可以在溶液、液晶和超分子凝胶等体系中通过分子间多重非共价相互作用的协同进行高效组装。在超分子凝胶体系中，C_3对称分子可以形成纳米管、纳米纤维和纳米带等纳米结构。研究最广泛的C_3对称分子是1, 3, 5-苯基三酰胺衍生物（BTAs），三条侧链以N－H或者C=O为中心的酰胺键连接到中心苯环上，分子的三个酰胺键能够形成分子间三重氢键，使分子进行一维螺旋聚集（图4-1）。自Curtius在1915年合成了第一个BTAs分子后，越来越多的人开始关注到它，并做了大量的研究。

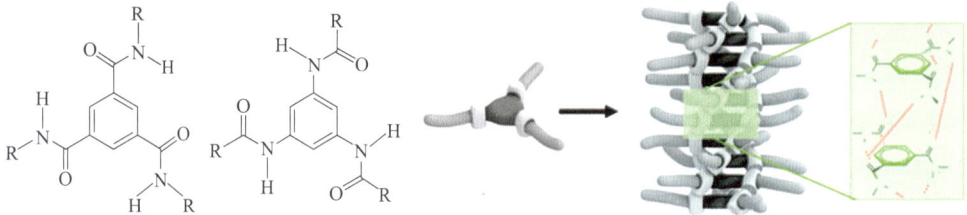

图4-1　1, 3, 5-苯基三酰胺衍生物（BTAs）的分子结构及其利用分子间三重氢键进行一维螺旋组装的示意图

4.2　分子设计

　　近年来，人们利用BTAs分子进行了许多研究，通过将不同种类的基团连接在BTAs的侧链上，可以实现不同的功能。这些侧链可以是最简单的烷基链、偶氮苯、吡啶，也可以是较为复杂的氨基酸、多肽、卟啉和芳香族稠环等。比如连接有氨基酸侧链的BTAs分子可以应用于生物医药领域，将偶氮苯基团引入BTAs分子中，可以实现多种多样的光学应用等。

4.2.1　烷基链

　　最简单的侧链基团无疑是烷基链，将不同长度的烷基引入BTAs分子侧链上，因为其结构的不同，使得在自组装过程中引起空间位阻以及范德华力的差异化，进而表现出不同的自组装规律以及所形成超分子聚合物结构的千变万化。Nagarajan等人制备了N, N′, N″-三（4-烷基苯基）-1, 3, 5苯基三酰胺衍生物（甲基到丁基）的短链类似物，并通过实验以及模拟解释了外围取代基对分子堆积的影响，并将分子组装中的这种变化归因于酰氨基相对于中心苯环平面的偏离角不同（图4-2）。在DMSO和DMSO/H_2O中，除丁基衍生物外，都可以形成超分子凝胶。母体化合物（1a）及其甲基（1b）和丁基（1e）衍生物的晶体结构分析显示其形成了柱状结构的堆积。但是在1a或1b和1e的柱状结构中观察到一个明显的差异。根据酰胺基团的偏离角度来解释这种不同的分子组装，揭示了BTAs从片状到不同柱状堆积的结构转变（Am-Ⅰ、Am-Ⅱ和Am-Ⅲ）。

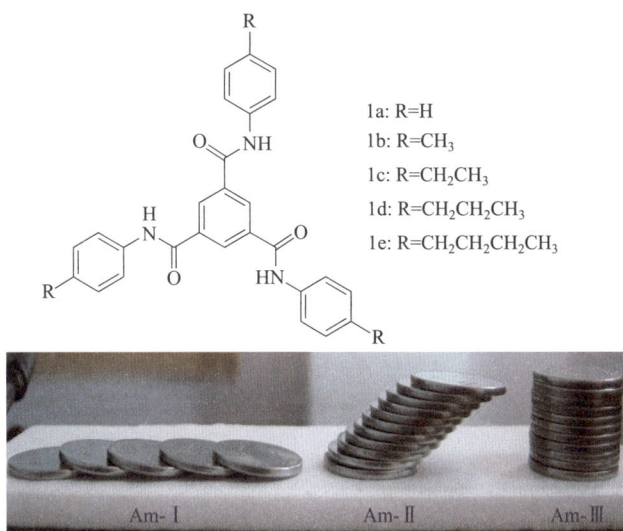

1a: R=H
1b: R=CH₃
1c: R=CH₂CH₃
1d: R=CH₂CH₂CH₃
1e: R=CH₂CH₂CH₂CH₃

图4-2　短链BTAs分子1a ~ 1e的结构式及其三种不同的组装模式

　　Wu等人从相变、分子组装结构和铁电性等方面对含（S）-3, 7-二甲基辛基链的手性 N, N', N''-三烷基-1, 3, 5-苯基三酰胺衍生物（S-3BC）进行了研究。手性 S-3BC 表现出与非手性3BC相似的相变行为，在盘状六方柱状（Colh）液晶相中观察到铁电极化-电场滞后曲线。有趣的是，由于引入了手性烷基链，S-3BC的P_r（剩余极化强度）和E_t（矫顽电场）值分别比3BC大5.5倍，小13倍，所以这是获得开关器件低电压通断比的一种有效方法（图4-3）。

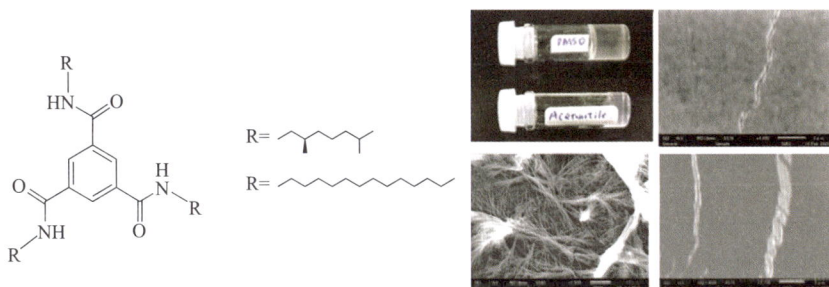

图4-3　手性S-3BC和非手性3BC的分子结构以及S-3BC的分子自组装成螺旋纤维的扫描电镜图

　　Elisabeth Weyandt等人设计了一种光响应性单酰胺官能化1, 3, 5-苯基三酰胺 (m-BTA) 单体，它们在与非手性烷基BTA（a-BTA）的共组装中发挥双重作用。虽然m-BTA不形成均聚物，但它插入a-BTA聚集体中，在叠层中诱导优选的螺旋方向。在光照作用下从E异构体到Z异构体的转变过程中，m-BTA可逆地从嵌入剂转变为封链剂，有效地减少平均链长并导致宏观的溶胶-凝胶转变。Lynes等人报道了一系列由不同的侧链官能团组成的BTAs化合物。对其自组装行为的研究揭示了侧链官能团的微小变化对形成的结构的影响程度。羧酸衍生物倾向于形成凝胶，而酯衍生物则形成具有相关热致相变的晶相。通过单晶X射线衍射和对块体材料性能的研究，阐明了侧链长度和末端官能团的影响。Zhang等人合成了一类BTAs胶凝剂，其在氯化胆碱和苯乙酸分子组成的DES（deep eutectic solvents）中形成超分子凝胶。与传统溶剂相比，所得共凝胶具有更高的稳定性。凝胶的形成归因于相邻BTAs分子的π-π堆积以及酰胺基之间的三重氢键或羧基之间的氢键。此外，BTAs和溶剂分子之间的定向氢键诱导其聚集形成一维纤维，这些纤维可以是左手的，也可以是右手的。这项研究不仅扩展了DES中的凝胶体系，而且有助于从非手性分子设计超分子手性聚合物（图4-4）。

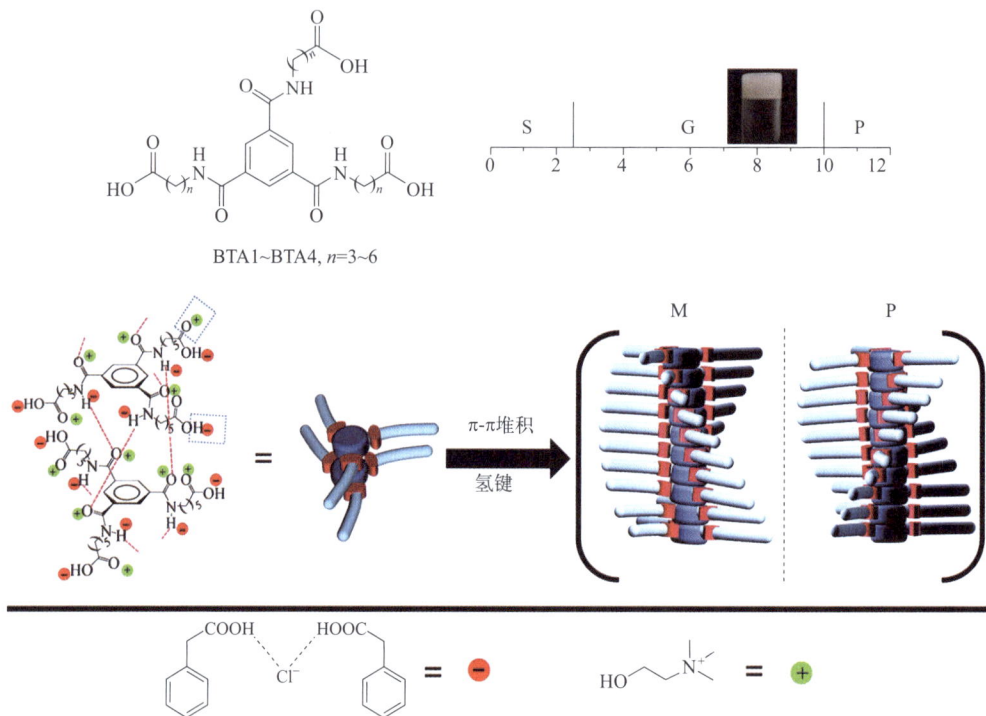

图4-4　BTAs分子在DES中通过多种非共价相互作用形成超分子凝胶

4.2.2　吡啶

吡啶，是含有一个氮杂原子的六元杂环化合物，其结构与苯环非常相似。吡啶环上的碳原子和氮原子均以sp^2杂化轨道相互重叠形成σ键，构成一个平面六元环。每个原子上有一个p轨道垂直于环平面，每个p轨道中有一个电子，这些p轨道侧面重叠形成一个封闭的大π键，π电子数目为6，符合$4n+2$规则，与苯环类似。因此，吡啶具有一定的芳香性，将吡啶或者联吡啶基团引入BTAs分子中，可以通过分子间三重氢键、π-π堆积以及其他非共价键相互作用共同驱动其自组装形成超分子凝胶。

Zheng Xu等制备了一系列简单的基于吡啶的BTAs化合物。首先，他们在生物矿化过程中发现了一种新的生长位点模式，并获得了一种超分子水凝胶/纳米片状磷酸钙的仿生复合材料。它不同于传统的有机支架，后者首先通过羧酸酯基团结合钙阳离子，然后通过静电相互作用结合磷酸根阴离子。该模式采用氮杂环和酰胺作为有机水凝胶支架中氢键的受体和供体来结合矿物阴离子，作为磷酸钙生长的生物矿化活性位点。结果表明，氢键相互作用可以为有机支架上的矿物生长中心提供足够强的结合力。这一发现将有机支架扩展为可生物降解的小分子水凝胶，并且还将矿物质的生长中心从结合Ca^{2+}的常规羧酸基团扩展到

结合 PO_4^{3-} 的酰胺和吡啶基团。这可能为设计和合成新的有机基质开辟一条新的途径，这种基质不仅对矿物离子具有高亲和力，而且还易于生物降解。其次，通过分子间氢键将 BTAs 小分子组装成一个新型的六边形微管，同时在 H_2O/THF 混合溶剂中形成凝胶体系。调整胶凝剂浓度或制备方法可以有效地控制六角管的尺寸 [图 4-5（b）]。

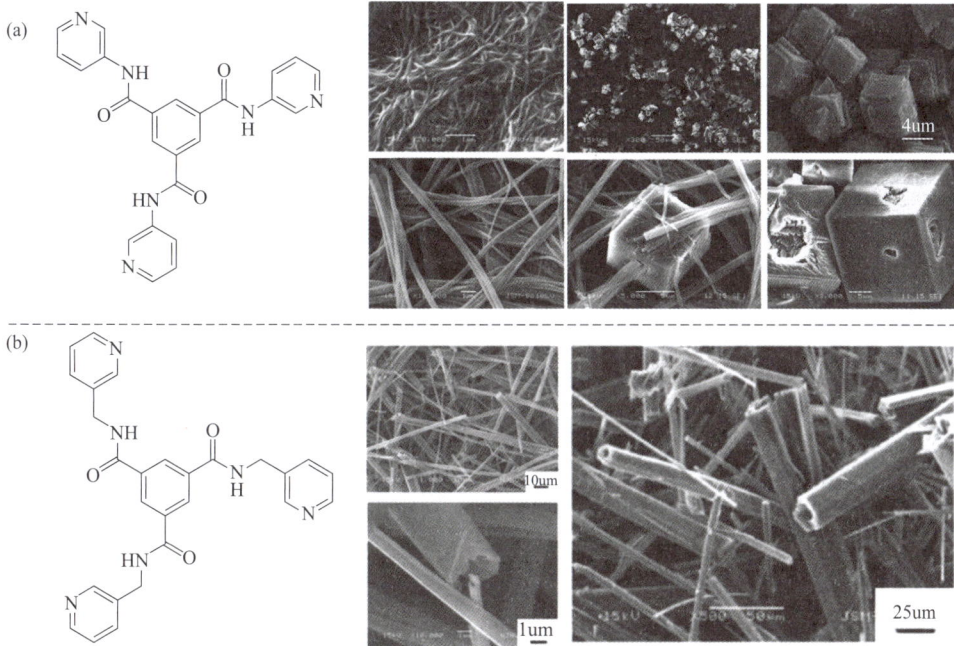

图 4-5　BTAs 分子的化学结构以及超分子水凝胶作为模板利用氢键促进矿物生长的过程（a）；BTAs 分子的化学结构以及不同浓度下其自组装成不同六角管的扫描电镜图（b）

Li 等人研究了三脚架喹啉酰胺基超分子有机凝胶（TBT 凝胶）的自组装和离子响应机制。根据研究，TBT 凝胶的自组装机制是基于强大的三重氢键和 π-π 相互作用，从而诱导 TBT 形成螺旋状纤维以及一维超分子聚合物。在 TBT 凝胶中加入 Fe^{3+} 后，Fe^{3+} 通过配位作用使一维超分子聚合物交联，形成金属凝胶（TBT-Fe 凝胶）。有趣的是，TBT 凝胶对 Fe^{3+} 和 F^- 显示出基于竞争配位机制的选择性荧光反应。Thanh-Loan Lai 等人合成了第一个基于三（3, 3′-二氨基-2, 2′-联吡啶）-1, 3, 5-苯基三酰胺核和芘单元的 BTAs 分子 **1** [图 4-6（a）]，在四氰基喹二甲烷（TCNQ）的存在下，通过给体-受体相互作用，直接调节了其凝胶性质和发光性质，为制备具有各种受体的发光给体-受体有机凝胶以及手性发光凝胶开辟了非常有趣的前景。Shilpa Sharma 等人通过在酰基腙键合单元的外围引入喹啉基团，获得了一种多功能胶凝剂 L1，它可以在 DMSO/H_2O 混合物（比例 1∶1，体积比）中形成凝胶。形成的有机胶凝剂可以选择性地感应凝胶和溶液相中的氰离子。该配体已经成功地用于识别食品样品中的氰离子，涂有有机凝胶的低成本棉签显示出对氰离子的快速识别 [图 4-6（b）]。

Satirtha Sengupta 等人合成了一种新型的基于吡啶-吡唑的苯基三酰胺配体 TPPBT，该配体可在水的存在下使银盐胶凝化，并且形成的凝胶对热和应力高度稳定。此外，银离子不仅充当胶凝剂，还参与纳米颗粒的形成。三维配体-银凝胶基质为这些银纳米粒子的生长提供了极好的平台。银纳米粒子不仅为凝胶网络提供高强度和稳定性，而且在硼氢化钠的存在下，对还原4-硝基苯酚和亚甲蓝染料表现出优异的催化性能，除此之外，干凝胶还表现出对气体和染料优异的吸附性能。

图4-6　BTAs分子**1**与TCNQ的化学结构以及对其成胶性质的调节（a）；L1的分子结构和其对于氰离子的识别（b）

4.2.3　偶氮苯

早在1937年，英国化学家Hartley就发现偶氮苯的饱和溶液暴露在光照下时，其可见光吸收发生了变化，进而发现偶氮苯分子具有两种几何构型［图4-7（a）］。随着偶氮苯分子研究的进一步展开，人们发现偶氮苯分子在紫外线照射下会发生反式到顺式的构型转变，而在可见光照射或者加热条件下则重新从顺式变为反式构型。由此，偶氮苯基团的这一性质被人们逐渐重视起来，并广泛研究。反式构型偶氮苯的基态能级要比顺式构型偶氮苯的基态能级低50kJ/mol，所以反式构型的偶氮苯稳定性要优于顺式构型的偶氮苯，这也使得顺式构型的偶氮苯既可以在低能量的可见光照（$\lambda \approx 450\text{nm}$）条件下发生光异构化，也可以在避光条件下经过热作用自发回到反式构型。而反式构型的偶氮苯则需要在高能量的紫外光照（$\lambda \approx 360\text{nm}$）条件下才会转变为顺式构型。因此，偶氮苯分子可以在顺式和反式两个异构体间进行可逆的转换。

　　Sumi Lee 等人发现了一种含偶氮苯的 BTAs 衍生物（Azo-1），其可以在有机溶剂中通过自组装形成纳米纤维（DMSO/H₂O）、凝胶（DMF/H₂O）以及空心球（THF/H₂O）结构。在 DMSO/H₂O 中形成的纳米纤维经紫外线照射后完全消失，而在可见光照射后又再组装成纳米纤维结构。除了这种光诱导和可逆的转变外，Azo-1 超分子聚合物在暴露于 DMSO 或 THF/H₂O 中时，显示出纤维到球体的可逆转变，分子间氢键在这种转变当中起着重要的作用［图4-7（b）］。Kwang-Un Jeong 等合成了一系列基于光响应性偶氮苯的 BTAs 化合物并研究了其组装性质，开拓了其在光响应领域的性质。通过编程超分子的自组装，可以构建出多层次结构，用于制作远程可控的驱动和可重写薄膜。为了实现这一概念，他们设计并合成了一种 BTAs 衍生物（BTA-3AZO），该衍生物在 BTA 核心周围含有光响应性偶氮苯基团。BTA-3AZO 首先自组装成纳米柱，主要由 BTA 核之间的分子间氢键驱动，这些自组装的纳米柱进一步横向自组织，形成低有序的六角柱状液晶。调节光的波长，通过 BTA-3AZO 中偶氮苯部分的构象变化远程控制 3D 网络化薄膜的形状和颜色。

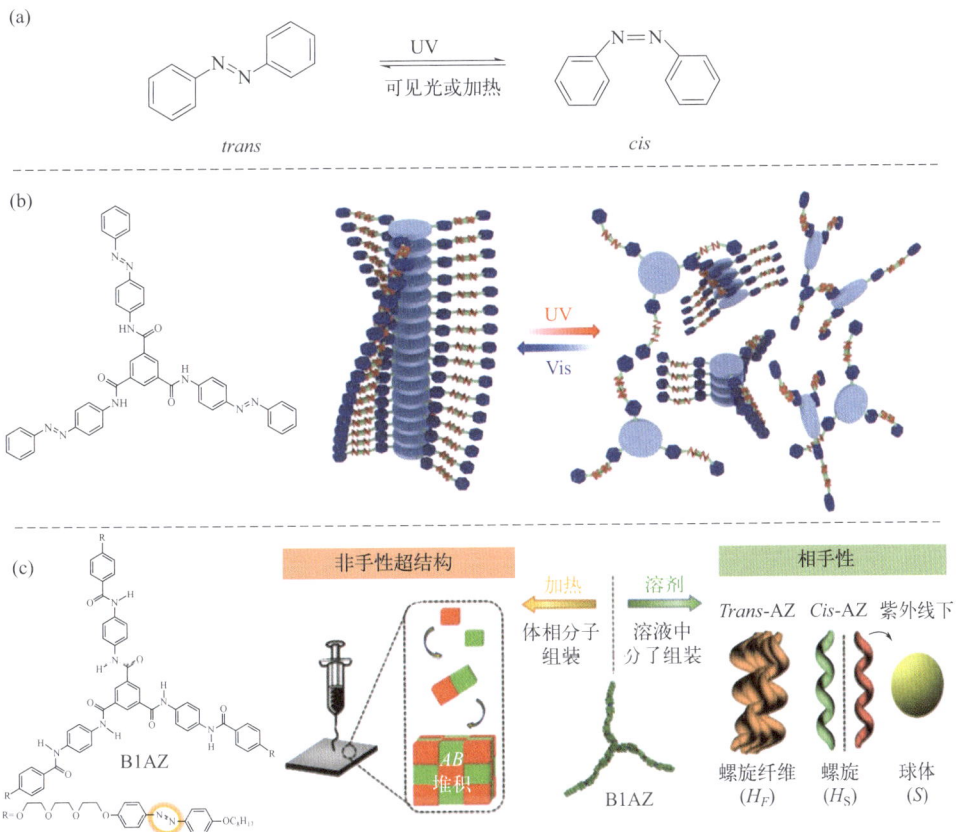

图4-7　偶氮苯分子的光致顺反异构现象（a）；Azo-1分子结构以及超分子光致可逆相变示意图（b）；非手性化合物B1AZ的化学结构以及其在不同条件下的分子堆积结构（c）

　　他们还合成了一种非手性的 BTAs 凝胶因子（B1AZ），B1AZ 自组装成片状柱状结构，其在香豆素手性溶剂中通过横向堆积形成螺距为 400nm 的单手螺旋原纤维，即使去除手性溶剂，其螺旋形态和手性性质也被精确地保存下来。由于强烈的横向堆积，单手螺旋原纤维对紫外线不敏感。为了远程控制螺旋形态，利用顺式 B1AZ 溶胶形成了具有 18nm 螺距的单螺旋。在紫外线照射下，由于偶氮苯的光致顺反异构化，单螺旋转化为球状纳米结构 [图4-7（c）]。

4.2.4　氨基酸

　　氨基酸是一类同时具有氨基和羧基的两性化合物，对其氨基或羧基简单衍生就可以得到酰胺等具有氢键位点的基团，所以在大多数含氢键位点的小分子胶凝剂中都可以找到氨基酸基团的影子。而氢键作用是超分子化学中最重要的非共价作用之一，也是形成小分子凝胶的基本驱动力之一。更为重要的是，氨基酸是组成蛋白、多肽等生物活性分子的基本单元，这就使得氨基酸特别是天然氨基酸衍生物胶凝剂具有较高的生物相容性，在生物医药等领域具有重要的应用前景。

　　Gaetan Basuyaux等合成了一种基于色氨酸的BTAs（BTA-Trp），其内部有一个三重氢键网络，外围有一个涉及吲哚基团的第二个氢键网络，该分子可以自组装形成纳米螺旋结构。由于引入了这一额外的氢键网络，BTA-Trp形成了相比于一系列酯和烷基BTAs更黏稠的溶液。Dai等人合成了含二肽侧链的BTAs分子，其可以自组装成螺旋超分子聚合物。这些二肽由甘氨酸和丙氨酸经过改变序列组成，目的是调节空间位阻和检测空间位阻对组装的影响。由甘氨酸和缬氨酸形成的二肽进一步说明了这种空间位阻效应。他们分别在不同的有机溶剂和不同的温度下进行超分子聚合，研究发现，二肽基序的微小变化与溶剂结构和溶液浓度共同作用导致了超分子组装的不同表达（图4-8）。Oleksandr Zagorodko等报道了一系列水溶性1,3,5-苯基三酰胺的二肽和三肽衍生物，用小体积的末端铵盐进行修饰，以诱导其自组装成扭曲的一维高阶纳米纤维。纳米纤维的形态强烈依

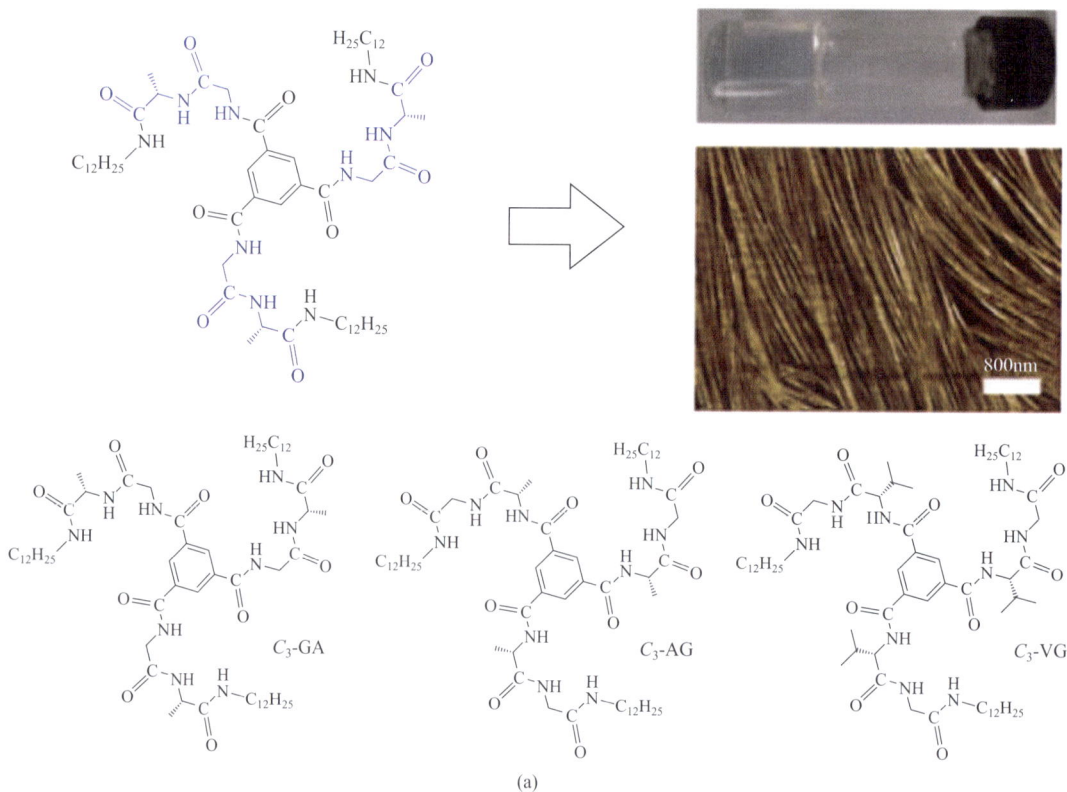

(a)

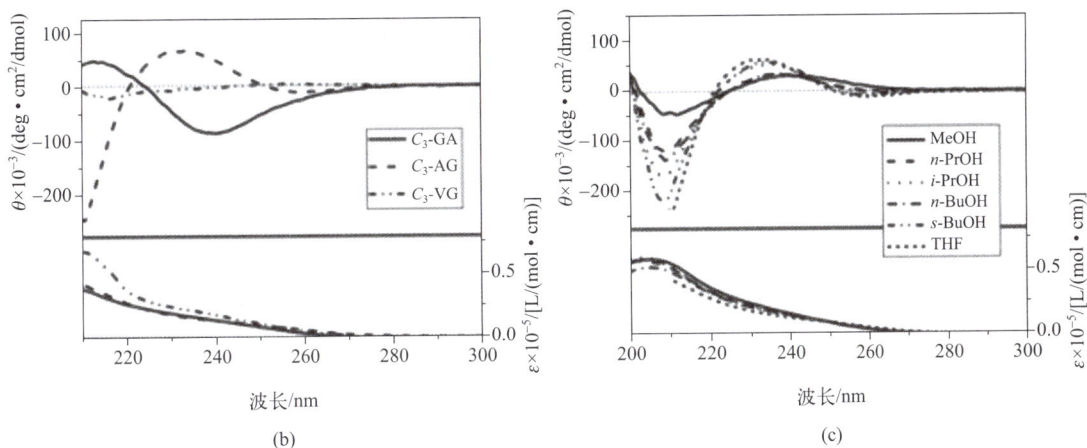

图 4-8　三种单体 C_3-GA、C_3-AG 和 C_3-VG 的化学结构和 C_3-GA 凝胶及其纳米纤维结构（a）；在 25℃ 下，C_3-GA、C_3-AG 和 C_3-VG 在 THF 中的 CD 和 UV/Vis 光谱（b），以及 C_3-AG 在不同溶剂中的 CD 和 UV/Vis 光谱（c=2.28×10^{-4}mol/L）（c）

赖于短肽片段中氨基酸的性质、顺序和数量，并且形成的纳米结构可以由简单的圆柱形变化到复杂的螺旋形。

　　Wang Jun 等人开展了通过氢键和金属离子配位作用驱动四肽（Gly-Ala-Gly-Ala）BTAs 形成超分子组装体的研究。他们选择了一个 Gly-Ala 肽序列，因为它是蚕丝中最丰富的重复单元，并且已知通过有效的分子间氢键形成 β 片状结构。这些肽在溶剂中形成长螺旋纤维主要是由于强氢键作用。然而，在二价金属离子存在的情况下，这些螺旋纤维的手性通过金属配位得到增强，并且可以转化为含有过量离子的纳米球。不同的金属离子表现出不同的调节超分子手性性质，甚至可以根据不同的配位作用产生超分子手性反转（图 4-9）。

4.2.5　芳香基团

　　芳香基团是指任何从简单芳香环衍生出的官能团或取代基。通过将多种多样的芳香基团引入 BTAs 体系中，π-π 共轭相互作用随即也将参与到驱动胶凝剂分子自组装的过程中。Shen 等人设计合成了一种非手性的 BTAs 衍生物（BTAC），分子间三重氢键使该分子易于螺旋组装，分子侧链上空间位阻较大的肉桂酸共轭基团也有助于分子间的螺旋堆积。首先，探索了其胶凝化性质，然后借助 CD 光谱和 SEM，发现该非手性分子可以组装成螺旋纳米带并形成手性的超分子凝胶；而且通过掺杂手性有机胺分子，成功调控了螺旋纳米带的手性和凝胶的超分子手性。最后，合成了一系列基于肉桂酸基团的分子，研究了分子结构对超分子凝胶体系中对称性破缺的影响规律。该工作不仅在实验上证明超分子凝胶体系中对称性破缺的可行性，还为理解和调控超分子凝胶体系中对称性破缺提供了理论指导（图 4-10）。Richard C.T.Howe 等合成了一系列基于 BTAs 的芳香羧酸衍生物，其通过 π-π 相互作用和氢键堆积成纤维结构，进而可以在较低浓度下形成凝胶网络。Sang 等人设计合成了一个 BTAs 分子（BTANM），其中，甲酯萘通过酰胺键共价连接到核心苯环上。研究发现，该分子可以自组装成各种层次的纳米结构，如纳米螺旋、纳米颗粒和纳米带，其中扭曲的纤维表现出超分子手性以及圆偏振发光。

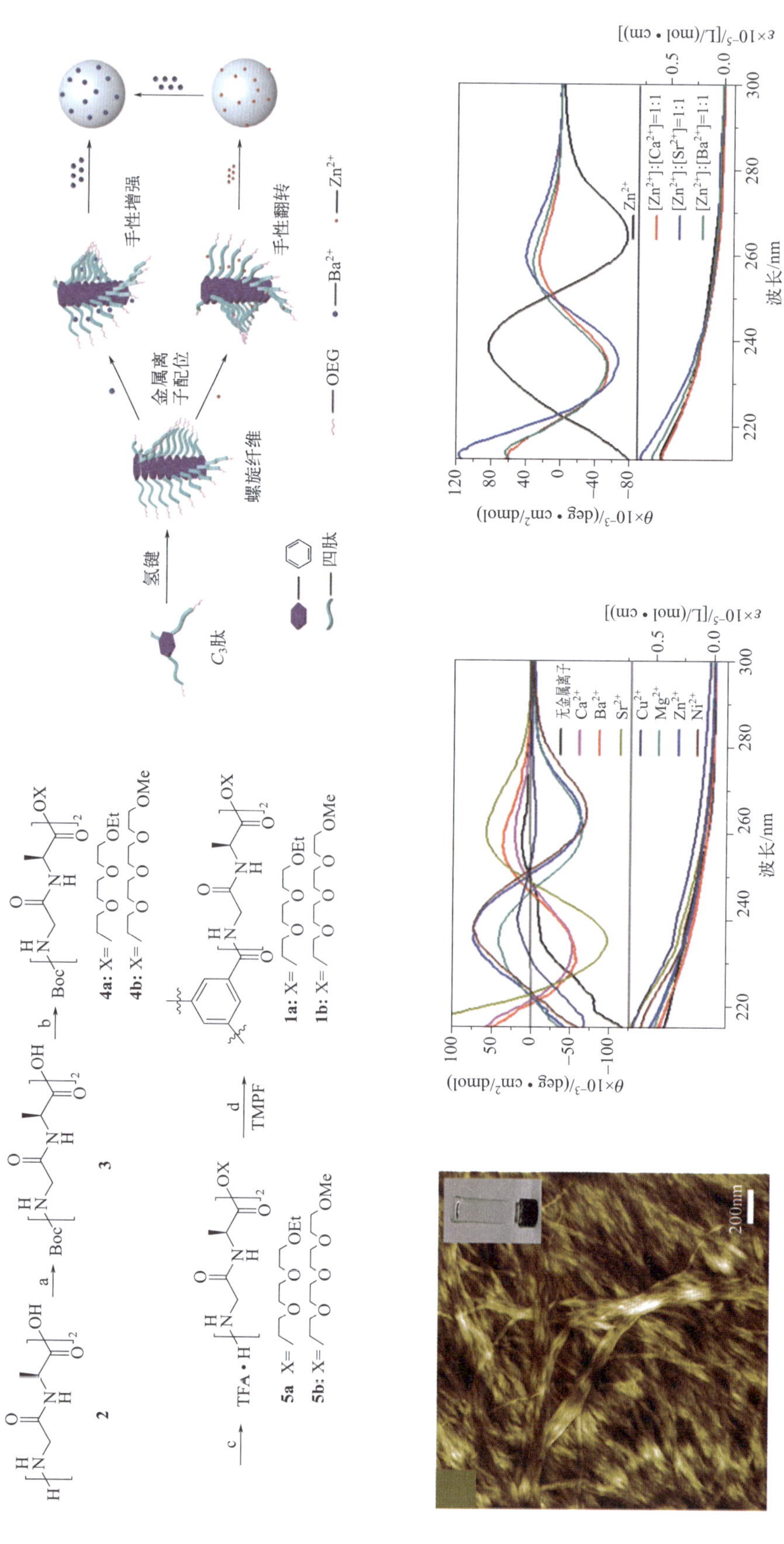

图4-9 基于肽的BTAs的分子式及合成步骤以及不同金属离子介导的超分子组装

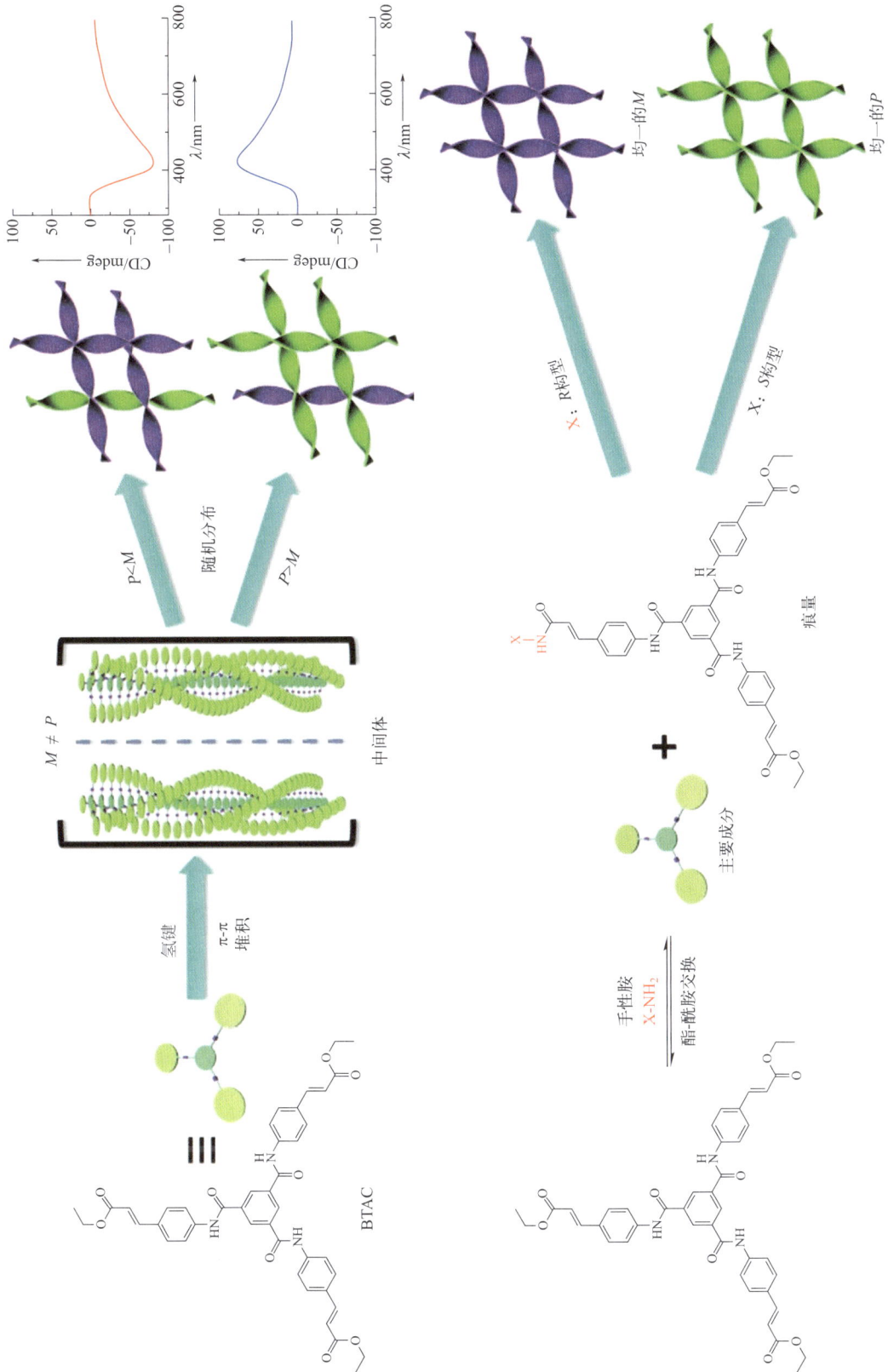

图 4-10　BTAC 结构单元分级自组装形成旋光活性的螺旋纳米带及其手性调控示意图

　　Ding等设计了一种BTAs胶凝剂（BTTPA），其由BTA中心单元与三种氰基苯乙烯官能团结合而成，在DMSO/H$_2$O混合溶剂中形成两种凝胶。根据水的体积含量，凝胶表现出完全不同的聚集诱导发射增强特性，其中一个发射绿色荧光（G-gel），另一个发射蓝色荧光（B-gel）。这种差异的主要原因是水影响氢键和π-π相互作用，进而导致凝胶因子的不同堆积模式。此外，根据紫外线照射下氰基苯乙烯的反-顺式光异构化反应，只有G-凝胶表现出凝胶-溶胶转变并伴有荧光开关。由于其紧密的六角形排列，B-凝胶没有表现出任何变化，因为这种堆积方式限制了分子所处的空间，抑制了氰基苯乙烯构型的转变。这些现象强调了在有机固态发光材料中，填充模式和分子构型在调节荧光性质和光响应行为方面的无可比拟的地位（图4-11）。Feng等人设计并合成了一种具有扭曲构象的星形TBTCH分子，其外围的三苯胺单元和中心的苯环通过酰肼基团连接，该化合物在氯仿中表现出优异的凝胶化能力和良好的热可逆性，其显示出惊人的多功能光学性能。Ma等人研究了一种含氟酰基腙的BTAs分子，其在DMSO-乙二醇混合溶剂中形成凝胶，与Al^{3+}混合后可发出明亮的蓝光，又可被F$^-$擦除，从而形成可擦除凝胶。Li等人合成了一种C_3对称的二芳基乙烯修饰的BTAs分子，该分子可能具有可逆的光致变色异构化，从而产生可调的自组装形态。它可以在甲苯溶剂中通过氢键和π-π堆积作用自组装成纳米棒状结构，通过光刺激组装结构发生可逆的解组装和重组装的形态变化。

　　Kuang等人设计合成并表征了一种新型BTAs分子，其尾部由三个相同的柱芳烃修饰。该化合物在室温下经超声处理后可在低浓度[0.2%（质量分数）]下使乙腈胶凝化，而通过常规加热-冷却过程只能获得沉淀。凝胶和沉淀是由缠结的、高深宽比的柔性纳米纤维束构成的，其通过分子间氢键、π-π堆积（H-聚集体）和外围基团的疏水相互作用，形成了具有纳米纤维形态的手性聚集体[图4-11（b）]。

　　Poulami Jana等人开发了一种新型基于苯基三酰胺的小分子胶凝剂，它在中性条件下通过分子间自互补的两性离子相互作用形成一种热可逆和pH可切换的透明水凝胶。此外，化合物**1**能够在pH值为6的水介质中包裹疏水客体分子，如染料尼罗红，这使得其有望应用在药物输送和控制释放领域（图4-12）。

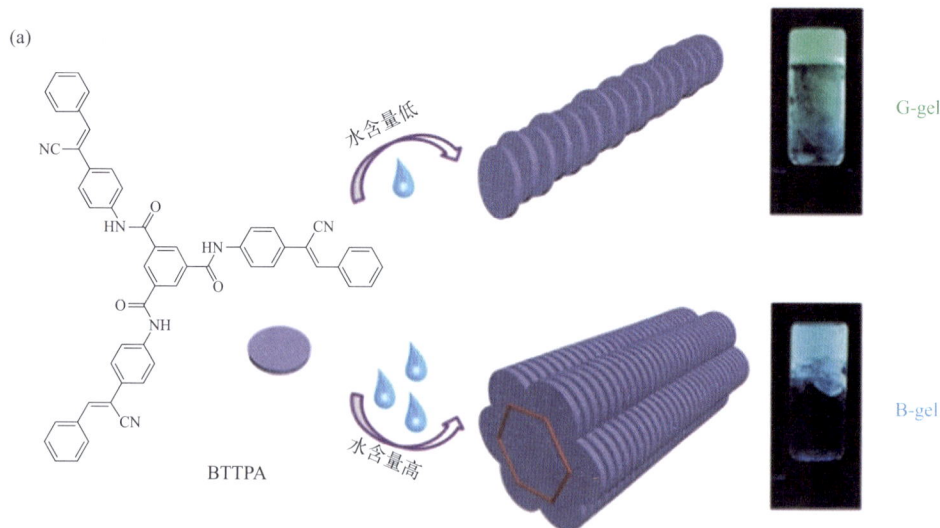

(a) BTTPA

水含量低 → G-gel

水含量高 → B-gel

(b)

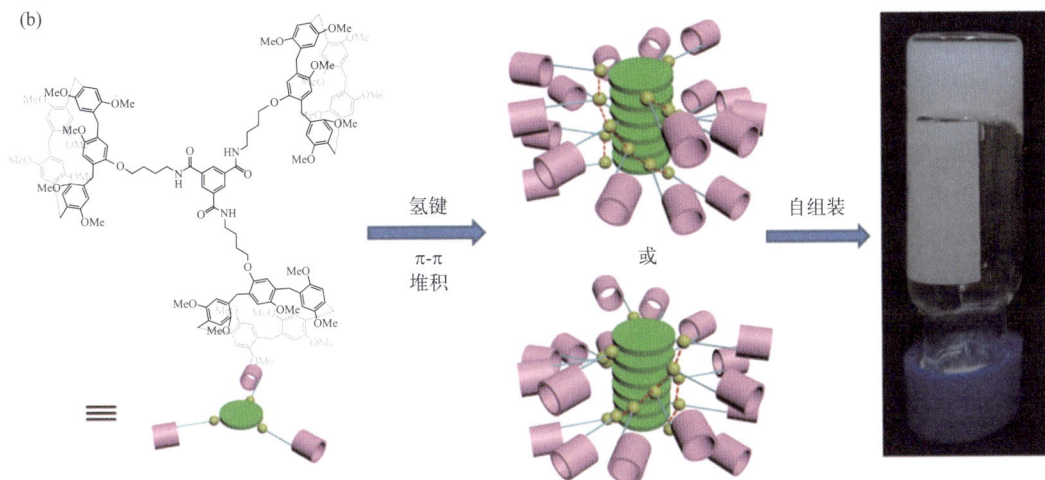

图4-11　BTTPA的结构式以及G-凝胶和B-凝胶不同的自组装行为（a）；非手性BTAs分子通过手性螺旋堆积形成旋光活性超分子凝胶（b）

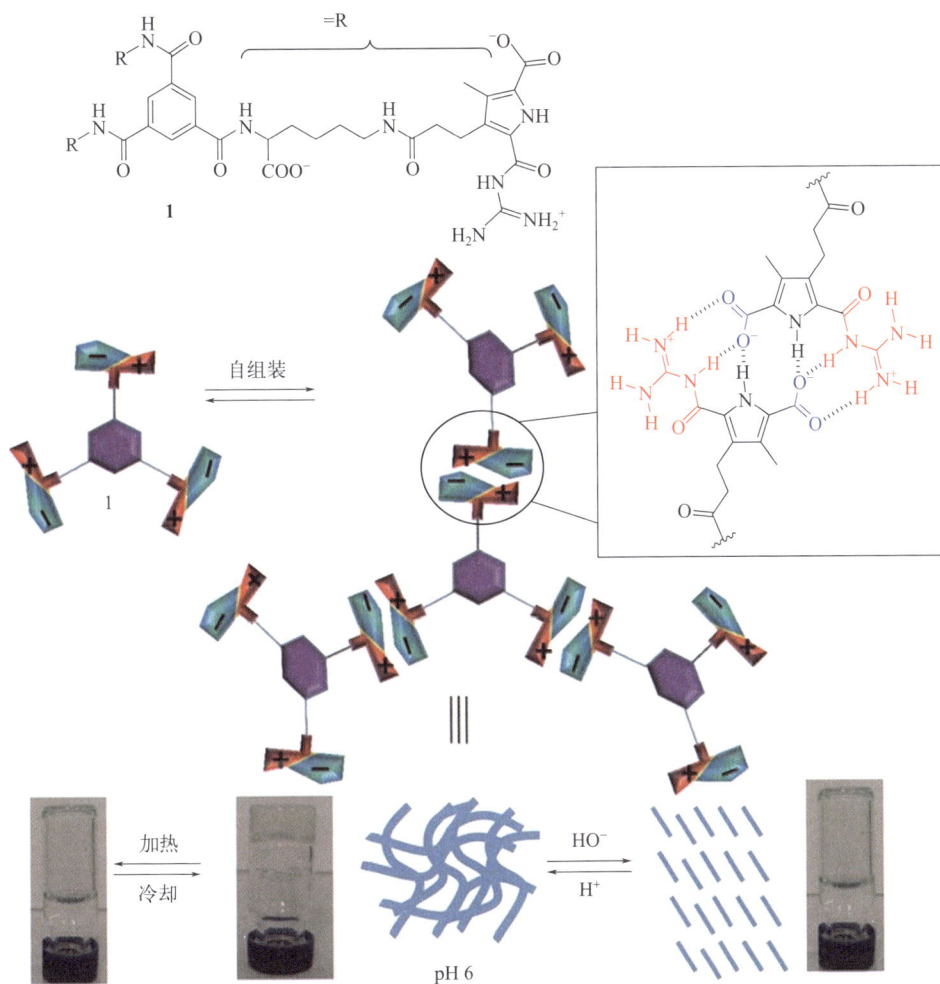

图4-12　化合物1的自组装导致其在水中形成多响应性超分子凝胶

自组装不仅可以通过温度进行切换，还可以通过添加酸或碱进行切换

4.3 应用

超分子凝胶体系在最近二十几年得到了飞速发展，在其功能化方面已经有大量的文献进行了报道和综述，其在圆偏振发光、无机纳米材料合成、生物医用、超分子催化和分子识别等领域展现了独特的优势和应用前景。

4.3.1 圆偏振发光

圆偏振发光（circularly polarized luminescence，CPL）材料在显示器件、传感器和生物探针等领域有着重要的潜在应用，最近其发展受到了科学家们的广泛关注。手性金属配合物、手性聚合物、手性液晶和手性有机小分子（溶液或固态）等手性分子体系都可以被用来制备圆偏振荧光材料。虽然圆偏振发光（CPL）材料的重要性已得到广泛认可，但对超分子凝胶的CPL响应研究却很少。此外，因其特殊的优势和重要的应用，开发基于超分子凝胶的CPL材料具有重要的意义。

Shen等设计合成了一种非手性的C_3对称的1, 3, 5-苯基三酰胺衍生物（BTAC）来研究超分子凝胶体系中对称性破缺现象，分子间三重氢键和侧链上共轭基团间π-π作用的协同有助于分子间的螺旋堆积。研究表明，该非手性分子在DMF/H_2O混合溶剂中自组装形成螺旋纳米带，对称性破缺导致其超分子凝胶不仅显示超分子手性，还可发射较强的圆偏振荧光，这也表明除了手性分子体系外，非手性小分子的手性组装体也可以实现激发态超分子手性，而且这种新颖的圆偏振荧光凝胶具有优良的可调控性，通过掺杂手性小分子有机胺或者溶液-凝胶转变过程中施加涡流搅拌的方法，就可以调控该超分子凝胶的手性方向和所发射圆偏振荧光的手性方向及强度（图2-27）。Han等人开发了一种由非手性芳香分子或聚集诱导发射化合物（AIEgens）制备一维圆偏振发光纳米材料的普适方法，发现C_3对称的手性胶凝剂可以单独形成六方纳米管结构并包封客体分子。当非手性AIEgens通过有机凝胶被封装到受限纳米管中时，AIEgens将发射圆偏振发光。此外，CPL的方向可以由纳米管的超分子手性控制。值得注意的是，该方法是通用的，可以通过掺杂各种类型的AIEgens实现全色可调控的圆偏振发光［图2-18（a）］。

4.3.2 手性纳米模板

由有序纳米超结构组成的手性材料在光子学和传感领域有着广阔的应用前景。这些材料的手性性质的可靠定制仍然是一个重要的目标，因此，Sung Ho Jung等人报道了一个定制化的方案，该方案利用模块化凝胶因子成分来控制长尺度上纳米纤维的螺旋度和形成，从而产生水凝胶模板。通过超分子模板上Au（Ⅰ）离子的UV还原，实现了金纳米粒子在沿纳米纤维的空间排列位置的受控生长。发现所得材料具有显著的颗粒间相互作用和明确的螺旋度，从而提供高质量的手性活性材料。利用这种新方法，可以高产率地实现具有可预测手性性质的纳米粒子超结构的定制组装（图4-13）。

Gong等将肽序列N_3-GVGV-OMe（G：甘氨酸；V：缬氨酸）连接到BTAs中心上，得到C_3对称的人工寡肽。这种寡肽的关键特征是结合位点位于中心，而具有强烈组装

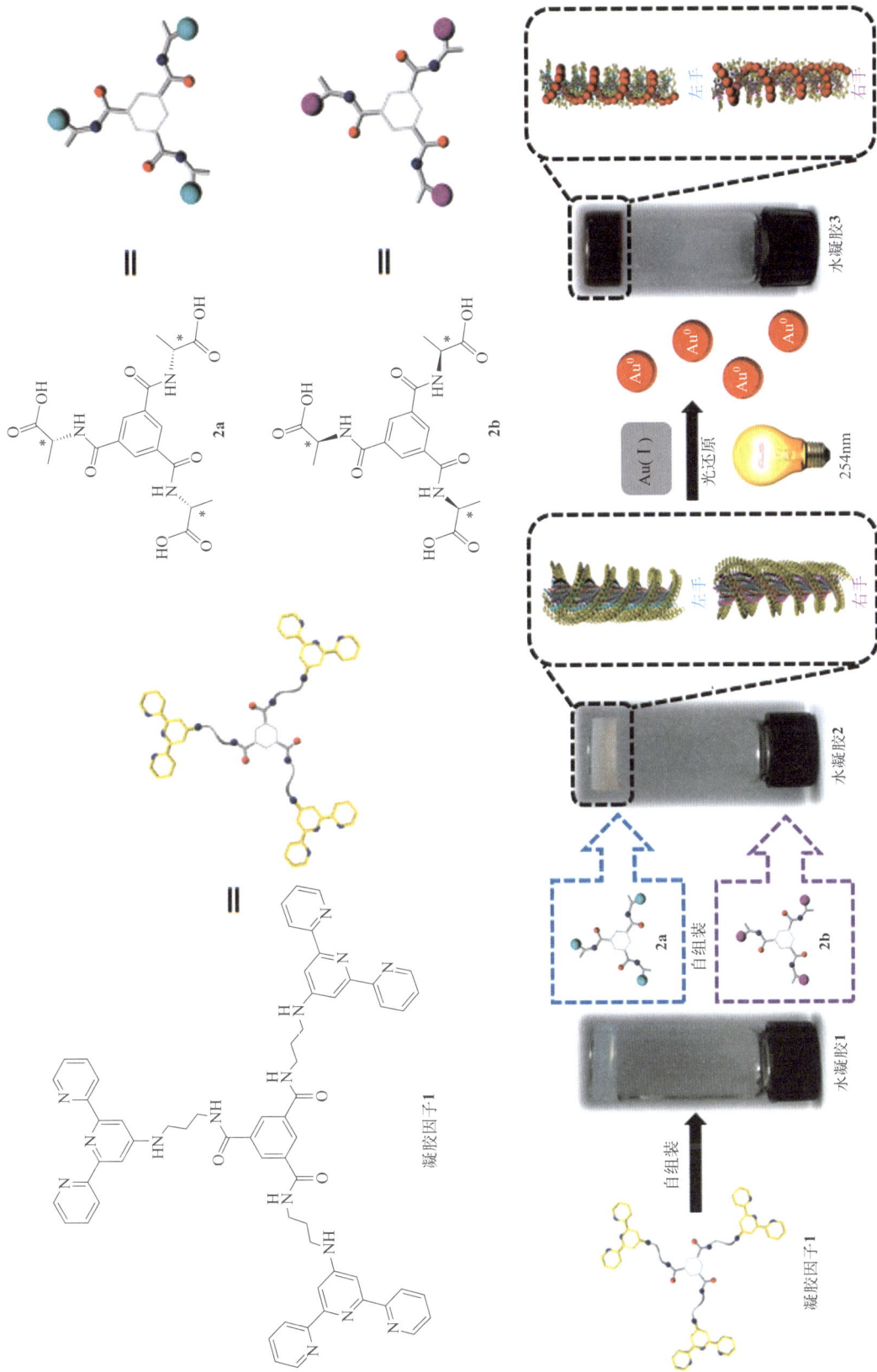

图 4-13　通过超分子模板上 Au（Ⅰ）离子的 UV 还原，实现金纳米粒子在沿纳米纤维的空间排列位置的受控生长

倾向的三个寡肽臂位于其周围，这为通过自组装容纳纳米粒子提供了内部空间。观察到在 C_3 对称的人工寡肽组装体的纳米纤维内部包含铜纳米簇并形成一维阵列，这与通常观察到的纳米粒子通过位于外部的配位基团在预先组装的寡肽纳米纤维表面上生长截然不同，为设计其他含有无机纳米粒子的稳定的有机-无机杂化一维阵列提供了一种新思路（图 4-14）。

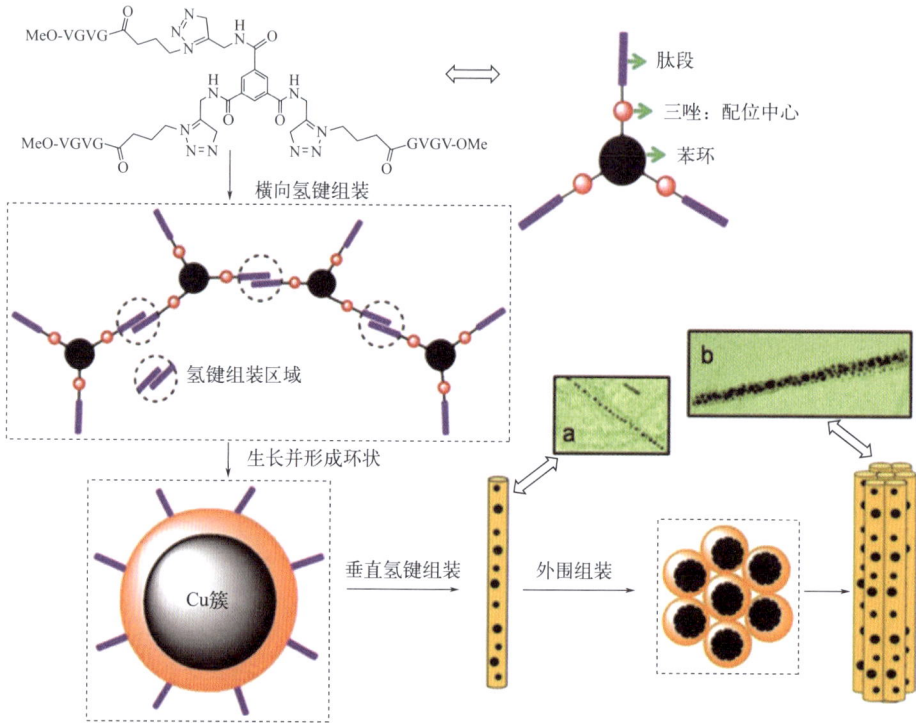

图 4-14　BTA-C_3-GVGVOMe 组装的一维 Cu 纳米团簇阵列的堆叠模型

4.3.3　生物医药

Liu 等人合成了一种含三个吡啶单元的 C_3 对称酰腙基低分子量胶凝剂（BHTP），发现其在 DMSO/H_2O 混合溶剂中形成稳定的超分子凝胶。BHTP 可以在较宽的 pH 值（1～11）范围内形成耐酸碱的超分子凝胶。由于组装体中酰腙单元的存在，凝胶能够选择性地响应 OH⁻。BHTP 凝胶还可以有效地包封和释放各种小分子，并具有良好的释放效率。曹海等人合成了一种基于谷氨酸乙酯的 BTAs，利用反溶剂法诱导该凝胶因子瞬时成胶，凝胶因子通过六方堆积形成纳米管结构，并且通过瞬时成胶可以实现在纳米管内包裹各类客体分子（图 4-15）。

4.3.4　其他

基于苯基三酰胺的超分子凝胶在其他方面也表现出一定的优越性，例如，可以对特定的离子进行识别鉴定，还可以形成导电凝胶，比如 Ion Danila 等人合成了胶凝剂 4b，其分子结构包含刚性的盘状中心核和能够参与氢键及 π-π 堆积相互作用的氨基-2,2′-联吡啶基团。

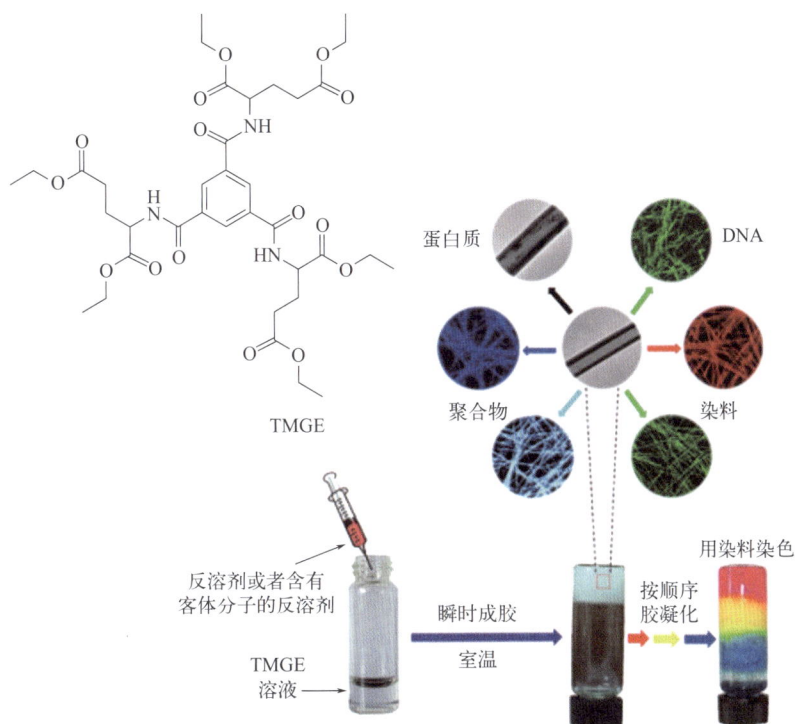

图4-15　胶凝剂TMGE的分子结构以及反溶剂法诱导即时形成凝胶的示意图

化合物还具有C_3对称性，可在氯化溶剂中形成凝胶，凝胶纤维网络由厚纤维和薄纤维的复杂网络构成。该材料的碘掺杂诱导了电荷转移的混合价体系的形成，掺杂后凝胶的形态没有改变。研究表明，较厚的纤维比较薄的纤维导电性更强，这可能是前者具有更好的有序性或更有效的纤维间接触的结果（图4-16）。

参考文献

[1] Cantekin S, De Greef T F A, Palmans A R A. Benzene-1,3,5-tricarboxamide: a versatile ordering moiety for supramolecular chemistry. Chemical Society Reviews, 2012, 41(18): 6125-6137.

[2] Nagarajan V, Pedireddi V R. Gelation and structural transformation study of some 1,3,5-benzenetricarboxamide derivatives. Crystal Growth & Design, 2014, 14(4): 1895-1901.

[3] Wu J, Takeda T, Hoshino N, et al. Ferroelectric low-voltage ON/OFF switching of chiral benzene-1,3,5-tricarboxamide derivative. Journal of Materials chemistry C, 2020, 8(30): 10283-10289.

[4] Weyandt E, Ter Huurne G M, Vantomme G, et al. Photodynamic control of the chain length in supramolecular polymers: switching an intercalator into a chain capper. Journal of the American Chemical Society, 2020, 142(13): 6295-6303.

[5] Lynes A D, Hawes C S, Ward E N, et al. Benzene-1,3,5-tricarboxamide n-alkyl ester and carboxylic acid derivatives: tuneable structural, morphological and thermal properties. CrystEngComm, 2017, 19(10): 1427-1438.

[6] Zhang Y, Wang H, Li Q, et al. Gelation behavior and supramolecular chirality of a BTA derivative in a deep eutectic solvent. Soft Matter, 2022, 18(16): 3241-3248.

[7] Shi N, Yin G, Han M, et al. Anions bonded on the supramolecular hydrogel surface as the growth center of biominerals. Colloids and Surfaces B: Biointerfaces, 2008, 66(1): 84-89.

[8] Shi N, Yin G, Li H, et al. Uncommon hexagonal microtubule based gel from a simple trimesic amide. New Journal of Chemistry, 2008, 32(11): 2011-2015.

[9] Li Z H, Yang H L, Adam K M, et al. Theoretical and experimental insights into the self-assembly and ion response mechanisms of tripodal quinolinamido-based supramolecular organogels. ChemPlusChem, 2021, 86(1): 146-154.

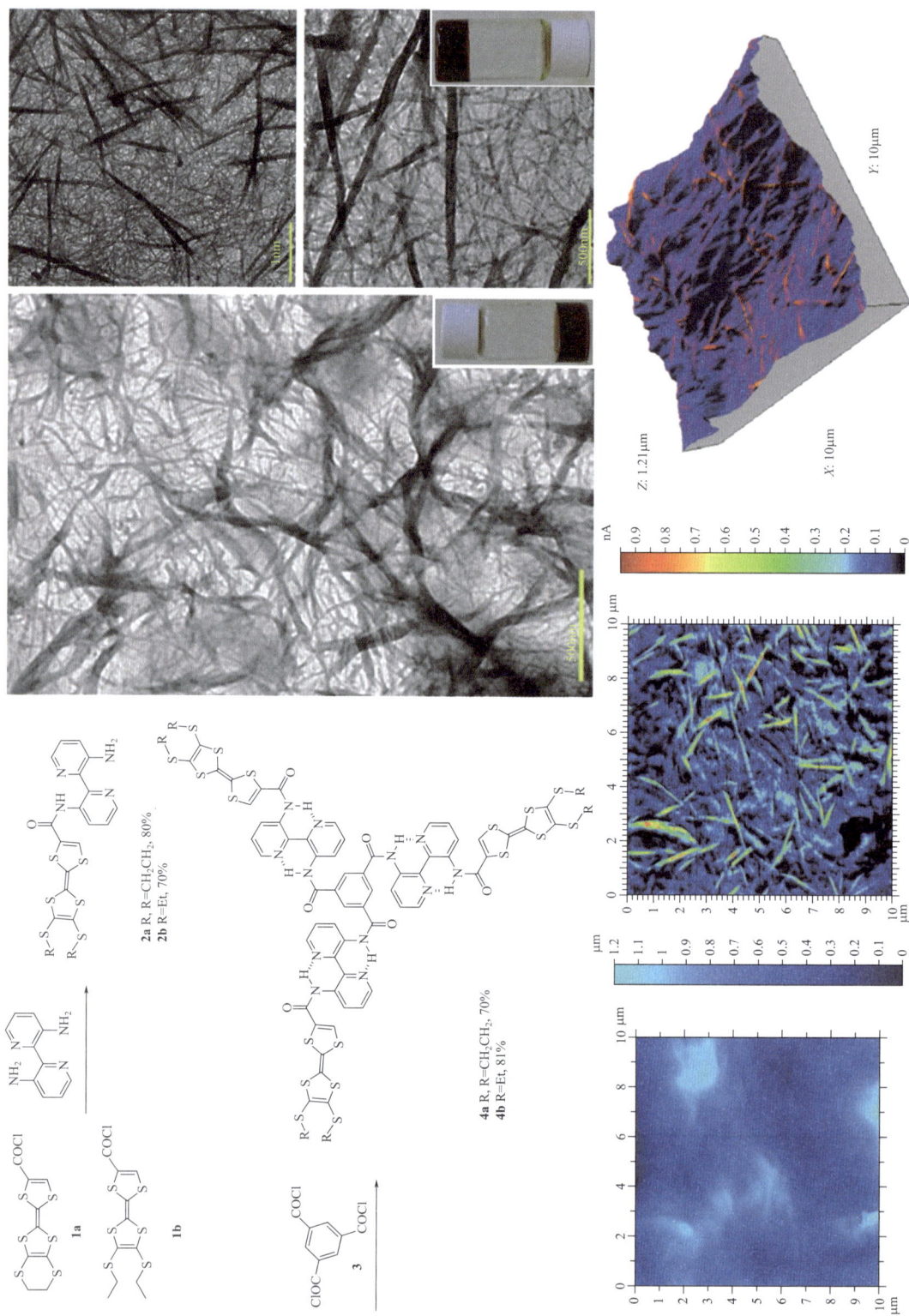

图4-16 胶凝剂 **4b** 的合成以及溶液和凝胶状态下的 SEM 图片和导电特性分析

[10] Lai T L, Pop F, Melan C, et al. Triggering gel formation and luminescence through donor-acceptor interactions in a C_3-symmetric tris(pyrene) system. Chemistry-A European Journal, 2016, 22(17): 5839-5843.

[11] Sharma S, Kumari M, Singh N. A C_3-symmetrical tripodal acylhydrazone organogelator for the selective recognition of cyanide ions in the gel and solution phases: practical applications in food samples. Soft Matter, 2020, 16(28): 6532-6538.

[12] Sengupta S, Goswami A, Mondal R. Silver-promoted gelation studies of an unorthodox chelating tripodal pyridine-pyrazole-based ligand: templated growth of catalytic silver nanoparticles, gas and dye adsorption. New Journal of Chemistry, 2014, 38(6): 2470-2479.

[13] Hartley G S. The *cis*-form of azobenzene. Nature, 1937, 140(3537): 281.

[14] 王明皓, 陈明森, 许国锋, 等. 偶氮苯高分子的光致可逆固液转变. 化学通报, 2020, 83(7): 600-609.

[15] Lee S, Oh S, Lee J, et al. Stimulus-responsive azobenzene supramolecules: fibers, gels, and hollow spheres. Langmuir, 2013, 29(19): 5869-5877.

[16] Choi Y J, Kim D Y, Park M, et al. Self-assembled hierarchical superstructures from the benzene-1,3,5-tricarboxamide supramolecules for the fabrication of remote-controllable actuating and rewritable films. ACS Applied Materials & Interfaces, 2016, 8(14): 9490-9498.

[17] Choi Y J, Yoon W J, Kim D Y, et al. Stimuli-responsive liquid crystal physical gels based on the hierarchical superstructures of benzene-1,3,5-tricarboxamide macrogelators. Polymer Chemistry, 2017, 8(12): 1888-1894.

[18] Choi Y J, Yoon W J, Park M, et al. Construction of light-responsive phase chirality from an achiral macrogelator. Journal of Materials Chemistry C, 2019, 7(11) : 3231-3237.

[19] Veld M a J, Haveman D, Palmans A R A, et al. Sterically demanding benzene-1,3,5-tricarboxamides: tuning the mechanisms of supramolecular polymerization and chiral amplification. Soft Matter, 2011, 7(2): 524-531.

[20] Basuyaux G, Desmarchelier A, Gontard G, et al. Extra hydrogen bonding interactions by peripheral indole groups stabilize benzene-1,3,5-tricarboxamide helical assemblies. Chemical Communications, 2019, 55(59): 8548-8551.

[21] Vonk K M, Meijer E W, Vantomme G. Depolymerization of supramolecular polymers by a covalent reaction; transforming an intercalator into a sequestrator. Chemical Science, 2021, 12(40): 13572-13579.

[22] Knoll K, Leyendecker M, Thiele C M. L-valine derivatised 1,3,5-benzene-tricarboxamides as building blocks for a new supramolecular organogel-like alignment medium. European Journal of Organic Chemistry, 2019, 2019(4): 720-727.

[23] Raynal M, Li Y, Troufflard C, et al. Experimental and computational diagnosis of the fluxional nature of a benzene-1,3,5-tricarboxamide-based hydrogen-bonded dimer. Physical Chemistry Chemical Physics, 2021, 23(9): 5207-5221.

[24] Dai Y, Zhao X, Su X, et al. Supramolecular assembly of C_3 peptidic molecules into helical polymers. Macromolecular Rapid Communications, 2014, 35(15): 1326-1331.

[25] Zagorodko O, Melnyk T, Rogier O, et al. Higher-order interfiber interactions in the self-assembly of benzene-1,3,5-tricarboxamide-based peptides in water. Polymer Chemistry, 2021, 12(23): 3478-3487.

[26] Wang J, Shao F, Li W, et al. Metal-ion-mediated supramolecular assembly of C_3-peptides. Chemistry-An Asian Journal, 2017, 12(5): 497-502.

[27] Shen Z, Wang T, Liu M. Macroscopic chirality of supramolecular gels formed from achiral tris(ethyl cinnamate) benzene-1,3,5-tricarboxamides. Angewandte Chemie-International Edition, 2014, 53(49): 13424-13428.

[28] Howe R C T, Smalley A P, Guttenplan A P M, et al. A family of simple benzene 1,3,5-tricarboxamide (BTA) aromatic carboxylic acid hydrogels. Chemical Communications, 2013, 49(39): 4268-4270.

[29] Sang Y, Duan P, Liu M. Nanotrumpets and circularly polarized luminescent nanotwists hierarchically self-assembled from an achiral C_3-symmetric ester. Chemical Communications, 2018, 54(32): 4025-4028.

[30] Ding Z, Ma Y, Shang H, et al. Fluorescence regulation and photoresponsivity in AIEE supramolecular gels based on a cyanostilbene modified benzene-1,3,5-tricarboxamide derivative. Chemistry-A European Journal, 2019, 25(1) : 315-322.

[31] Feng X, Chen Y, Lei Y, et al. Multifunctional properties of a star-shaped triphenylamine-benzene-1,3,5-tricarbohydrazide fluorescent molecule containing multiple flexible chains. Chemical Communications, 2020, 56(88): 13638-13641.

[32] Ma X, Zhang Z, Xie H, et al. Emissive intelligent supramolecular gel for highly selective sensing of Al^{3+} and writable soft material. Chemical Communications, 2018, 54(97): 13674-13677.

[33] Li T, Li X, Wang J, et al. Photoresponsive supramolecular assemblies based on a C_3-symmetric benzene-1,3,5-tricarboxamide-anchored diarylethene. Advanced Optical Materials, 2016, 4(6): 840-847.

[34] Kuang X J, Wajahat A, Gong W T, et al. Supramolecular gel from self-assembly of a C_3-symmetrical discotic molecular bearing pillar[5]arene. Soft Matter, 2017, 13(22): 4074-4079.

[35] Jana P, Schmuck C. Self-assembly of a tripodal triszwitterion forms a pH-switchable hydrogel that can reversibly encapsulate hydrophobic guests in water. Chemistry-A European Journal, 2017, 23(2): 320-326.

[36] Shen Z, Wang T, Shi L, et al. Strong circularly polarized luminescence from the supramolecular gels of an achiral gelator: tunable intensity and handedness. Chemical Science, 2015, 6(7): 4267-4272.

[37] Han J, You J, Li X, et al. Full-color tunable circularly polarized luminescent nanoassemblies of achiral AIEgens in confined chiral nanotubes. Advanced Materials, 2017, 29(19) : 1606503-160654.

[38] Jung S H, Jeon J, Kim H, et al. Chiral arrangement of achiral Au nanoparticles by supramolecular assembly of helical nanofiber templates. Journal of the American Chemical Society, 2014, 136(17): 6446-6452.

[39] Gong R, Li F, Yang C, et al. Inclusion of Cu nano-cluster 1D arrays inside a C_3-symmetric artificial oligopeptide via Co-assembly. Nanoscale, 2015, 7(48): 20369-20373.

[40] Liu Y, Tan Y, Liu Z, et al. Construction of a hydroxide responsive C_3-symmetric supramolecular gel for controlled release of small molecules. Soft Matter, 2021, 17(30): 7227-7235.

[41] Cao H, Duan P, Zhu X, et al. Self-assembled organic nanotubes through instant gelation and universal capacity for guest molecule encapsulation. Chemistry: A European Journal, 2012, 18(18): 5546-5550.

[42] Danila I, Riobe F, Puigmarti-Luis J, et al. Supramolecular electroactive organogel and conducting nanofibers with C_3-symmetrical architectures. Journal of Materials Chemistry, 2009, 19(26): 4495-4504.

第 5 章

生物聚合物基超分子凝胶

自工业革命以来，人类活动对水资源造成了严重污染。随着全球范围内饮用水的日益减少，水资源的保护与污水净化受到人们的高度关注。传统的污水净化处理方法主要有超滤法、化学或电化学沉淀法、离子交换法、吸附法等。因吸附法具有去除率高、操作简便等特点，被公认为最有效且最具经济价值的方法。

近年来，聚合物凝胶因具有高孔隙度和多功能性等独特的物理和化学特性而成为新的研究热点。天然生物聚合物如纤维素、甲壳素等，具有可再生、制备简单、低成本等优点，被广泛用作水处理吸附材料。本章综述了用纤维素和甲壳素合成生物聚合物基超分子凝胶（水凝胶和气凝胶）的研究进展及其在水修复中的应用，重点介绍了水凝胶和气凝胶的合成过程，并讨论了凝胶去除水中重金属和有机染料的吸附方法及机理。

5.1 生物聚合物基超分子凝胶简介

凝胶是一种三维交联聚合物网络的软弹性材料，其微孔和纳米孔由介质填充。根据填充介质的不同，可分为水凝胶、有机凝胶和气凝胶。水凝胶具有超亲水聚合物骨架，以水作为填充介质；有机凝胶出超疏水聚合物骨架构成，以有机液体为填充介质；气凝胶通常采用冷冻干燥或超临界干燥方法，在保证凝胶的聚合物网络几乎没有收缩（＜15%）的前提下，去除水凝胶或有机凝胶的溶剂而制得。在非超临界的条件下，利用普通烘干或真空干燥法去除溶剂会导致气凝胶明显收缩（约90%），聚合物骨架严重塌陷，变成干凝胶。水凝胶和气凝胶具有相互连接的多孔结构、亲水性好和吸水能力强等优点，被广泛应用于农业、个人护理产品和水修复吸附剂等与水相关的行业中。各种富含羟基、羧基、酰胺基团的聚合物，如聚乙二醇（PEG）、聚乙烯醇（PVA）、聚丙烯酰胺、纤维素和甲壳素等被大量用于合成水凝胶和气凝胶。在这些聚合物中，纤维素和甲壳素因良好的生物降解性、生物相容性和来源丰富等特点，在水凝胶和气凝胶的制备方面应用广泛。

纤维素是木质材料的主要细胞壁成分，是以β-1,4-糖苷键为重复单元的多糖（图5-1），主要通过制浆工艺制得。甲壳素是生物圈中第二丰富的多糖，是一种(1,4)-连接的N-乙酰基-β-D-氨基葡萄糖，主要存在于真菌、藻类和节肢动物（虾、垃圾和昆虫）的壳中。纤维素、甲壳素及其衍生物水凝胶和气凝胶具有丰富的表面官能团，能够通过配位从水中捕获阳离子和阴离子，以净化污水。

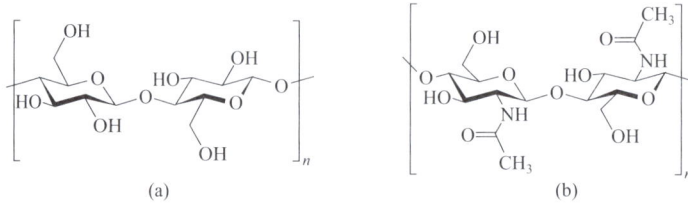

图5-1　纤维素化学结构（a）；甲壳素化学结构（b）

5.2　生物聚合物基水凝胶

水凝胶通常由聚合物溶液一步凝胶化制成，其中，聚合物链通过化学交联或物理相互作用结合在一起（图5-2）。化学交联通过共价键形成永久连接，从而产生机械强度高的水凝胶，是不可逆的。相反，物理交联是一个可调节的过程，涉及聚合物链之间各种瞬态连接的发展，包括分子纠缠和次级力（如氢键、范德华力、离子相互作用、静电引力、微晶缔合和疏水相互作用）。因此，物理交联的水凝胶力学性能相对较弱。

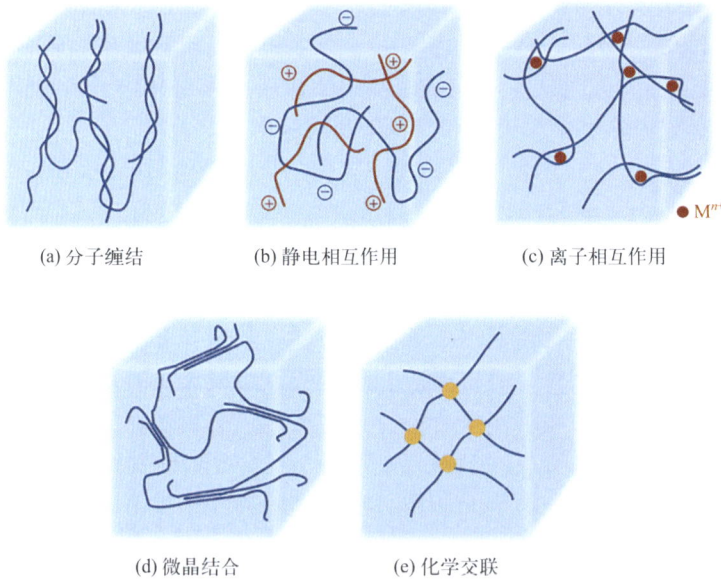

图5-2　水凝胶交联后的结构示意图

纤维素和甲壳素聚合物链的分子间和分子内都存在较强的氢键，不溶于常规溶剂。因此，以纤维素和甲壳素为原料，通常需要溶解和凝胶化两步过程制备生物聚合物基水凝胶。为了获得良好的生物聚合物溶液或悬浮液，目前的研究主要聚焦在以下三个领域：

　　① 开发天然纤维素和甲壳素的高效、低危害溶剂体系；

　　② 将天然纤维素和甲壳素化学改性为具有良好溶解性的衍生物；

③ 将天然纤维素和甲壳素制备成易于水分散的纳米纤维和纳米晶体。

5.2.1　纤维素（甲壳素）基水凝胶

目前为止，科研人员仅开发出几种特定的溶剂系统用于溶解天然纤维素和甲壳素，例如极性有机溶剂、离子液体、深共熔溶剂和强碱溶剂（表5-1）。这些溶剂以提供氢键受体（如：OAc^-、Cl^-、$N-O$）或供体（如：$-NH_2$）破坏生物聚合物链间的氢键网络。溶液中的纤维素和甲壳素呈聚合物链状或卷曲状，溶液条件轻微变化即可形成固体凝胶。例如，Song 等人将微晶纤维素（MCC）在80℃溶于离子液体（[C_2mim][OAc]）中形成纤维素溶液，并通过降温到25℃以诱导凝胶化；Lu 和 Zhang 在 −5℃下将纤维素溶解在 NaOH/硫脲水溶液中制备透明纤维素溶液，然后升温到30℃得到纤维素水凝胶。除了调节温度外，调节pH值、去除或添加离子以及溶剂交换也可促进纤维素和甲壳素溶液的凝胶化，制备物理交联水凝胶。此外，纤维素和甲壳素溶液也可通过添加交联剂制备化学交联水凝胶。Chang 等人通过循环冻融将甲壳素溶解到 NaOH/尿素水溶液中，并加入环氧氯丙烷（ECH），搅拌得到了透明且力学性能好的化学交联甲壳素水凝胶。

表5-1　天然纤维素和甲壳素的典型溶剂体系

极性有机溶剂	N-甲基吗啉氧化物(NMMO)、氯化锂/二甲基乙酰胺(LiCl/DMAc)、多聚甲醛/二甲基亚砜（PF/DMSO）、三乙基氯化铵/二甲基亚砜（TEAC/DMSO）、四丁基氟化铵/二甲基亚砜（TBAF/DMSO）、氯化锂/N-甲基-2-焦烷酮（LiCl/NMP）
离子液体	1-乙基-3-甲基咪唑乙酸(OAm)、1-丁基-3-甲基咪唑氯（C_4mimCl）、1-烯丙基-3-甲基咪唑氯(Cl)、1-烯丙基-3-甲基咪唑溴化铵(Br)、1-丁基-3-甲基咪唑(OAc)
深共熔溶剂	氯化胆碱/尿素、氯化胆碱/硫脲
强碱溶剂	碱、碱/尿素、碱/硫脲

5.2.2　纤维素（甲壳素）衍生物基水凝胶

纤维素（甲壳素）具有丰富的羟基（−OH），取代−OH 或接枝可获得多种纤维素衍生物（图5-3）。纤维素衍生物如甲基纤维素（MC）、羟乙基纤维素（HEC）、羟丙基纤维素（HPC）和羟丙基甲基纤维素（HPMC），因其具有良好的水溶性而被广泛用于制备凝胶。虽然纤维素−OH 可被取代为疏水基团[例如，$-CH_3$、$-CH_2CH(OH)CH_3$]以降低其亲水性，但−OH 的消耗会导致聚合物链之间的氢键作用减弱，从而增强纤维素衍生物的水溶性。

纤维素衍生物的凝胶化受氢键（相邻纤维素链和水分子的−OH 之间）和疏水区域（疏水基团之间）的相互作用控制。在50 ～ 70℃时，水分子和纤维素−OH 之间的氢键被破坏，暴露出更多的疏水区域。这些疏水区域通过疏水结合进行重排和聚集，从而形成水凝胶。此外，离子诱导（例如 NaCl、KCl 和 K_2HPO_4），即向聚合物溶液中引入盐离子，往往会影响水分子与纤维素−OH 之间的氢键作用，进而促进纤维素衍生物的凝胶化。在碱性溶液中，以环氧氯丙烷（ECH）为交联剂，由 CMC（Carboxymethyl cellulose，羧甲基纤维素）制备的化学交联高吸水性水凝胶对水和盐水（如 NaCl、KCl、NH_4Cl）都表现出了优异的吸附性能。

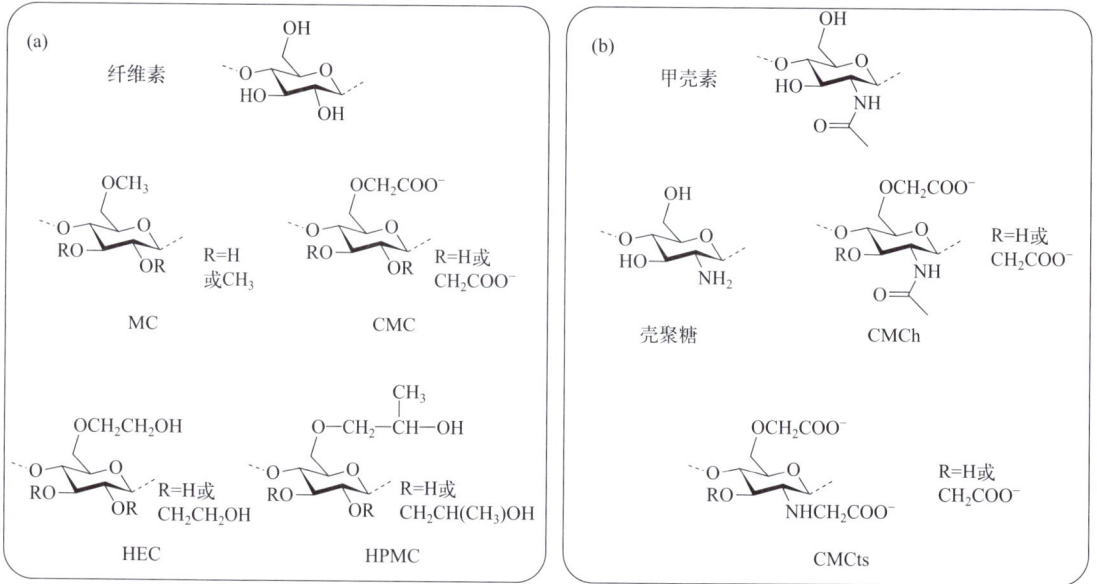

图5-3　纤维素（a）和甲壳素（b）衍生物

甲壳素是一种不溶于水的生物高聚物，表面含有大量乙酰氨基，而碱性脱乙酰化可以将甲壳素转化为水溶性壳聚糖。与甲壳素相比，壳聚糖含有丰富的表面游离氨基（—NH_2）[图5-3（b）]，并且对pH值具有响应性。在稀酸溶液中，氨基质子化（—NH_2—→—NH_3^+）使聚合物链产生静电排斥，壳聚糖溶解；溶液的pH值增加，氨基发生去质子化（—NH_3^+—→—NH_2）使聚合物链聚集起来，因此在碱性介质中可制得壳聚糖水凝胶。由于壳聚糖聚合物链具有丰富的—NH_3^+，因此被认为是阳离子聚电解质。除了碱性溶液，聚阴离子和阴离子聚电解质（如Na_2CO_3、柠檬酸钠、三聚磷酸盐、β-甘油磷酸盐和氧化石墨烯）都可和带正电（—NH_3^+）的壳聚糖发生静电相互作用，激活壳聚糖的凝胶化。羧甲基甲壳素（CMCh）和羧甲基壳聚糖（CMCts）是甲壳素衍生物的两种形式[图5-3（b）]，被广泛应用于水凝胶的制备。与壳聚糖相比，羧甲基甲壳素/壳聚糖表面带有负电荷的羧基（—CH_2COO^-）被认为是阴离子聚电解质。聚合物链间—CH_2COO^-的静电斥力可以使羧甲基甲壳素/壳聚糖在碱性溶液中溶解。因此，羧甲基甲壳素/壳聚糖可以通过添加酸、聚阳离子或阳离子聚电解质诱导实现凝胶化。为了获得较高的机械强度，壳聚糖溶液可以与化学交联剂（如戊二醛和乙二醇二缩水甘油醚）化学交联制备化学水凝胶。这些化学交联剂与壳聚糖的氨基反应形成亚胺或酰胺键，连接聚合物壳聚糖链，以构建三维水凝胶网络。

5.2.3　生物高分子纳米材料基水凝胶

水分散性丝状纳米纤维素（NC）或纳米甲壳素（NCh）可通过机械或化学剥离天然纤维素或甲壳素获得。这些丝状纳米材料，如：纳米原纤维（NFs）和纳米晶体（NCs）具有比表面积大、亲水性强、机械强度优异和表面特性可调节等特点，被广泛应用于制备生物高分子纳米材料基凝胶。

纳米原纤维和纳米晶体的制备方法、尺寸和刚度不同（图5-4）。纤维素或甲壳素纳米原纤维（CNFs 或 ChNFs）是长且柔韧的长丝（长度 0.5 ～ 10μm，直径 4 ～ 100nm），一般通过高能机械均质化制备，或通过 TEMPO 氧化或酶处理后高能均质化制备。纤维素或甲壳素纳米晶体则是比纳米原纤维短的刚性纳米棒（长度 50 ～ 500nm，直径 3 ～ 5nm），一般通过浓酸（如硫酸或盐酸）水解制得。值得注意的是，纳米（纤维素、甲壳素）的制备过程中常常会引起纤维素和甲壳素聚合物链的表面衍生化 [图 5-4 （b）、（d）]。例如，硫酸水解的纤维素纳米晶（CNC）通常含有带阴离子电荷的硫酸根基团（$-SO_3^-$）。TEMPO 氧化 CNF 也因 C_6 羟基（$-OH$）氧化为羧酸基团（$-COO^-$）而表面带负电荷 [图 5-4（b）]。这些带电荷的表面官能团通过纤维素微纤丝之间的静电排斥不仅可促进纤维素除颤过程，而且还能提高纤维素纳米原纤维和纳米晶体悬浮液的稳定性。另外，由于 C_6 羟基衍生为羧酸基团（$-COO^-$），因此，可通过 TEMPO 氧化甲壳素获得带阴离子电荷的甲壳素纳米原纤维和纳米晶体。此外，可通过盐酸水解或部分脱乙酰（浓碱处理）方法将乙酰氨基转化为 $-NH_3^+$ 基团，从而生产带阳离子电荷的纳米甲壳素。

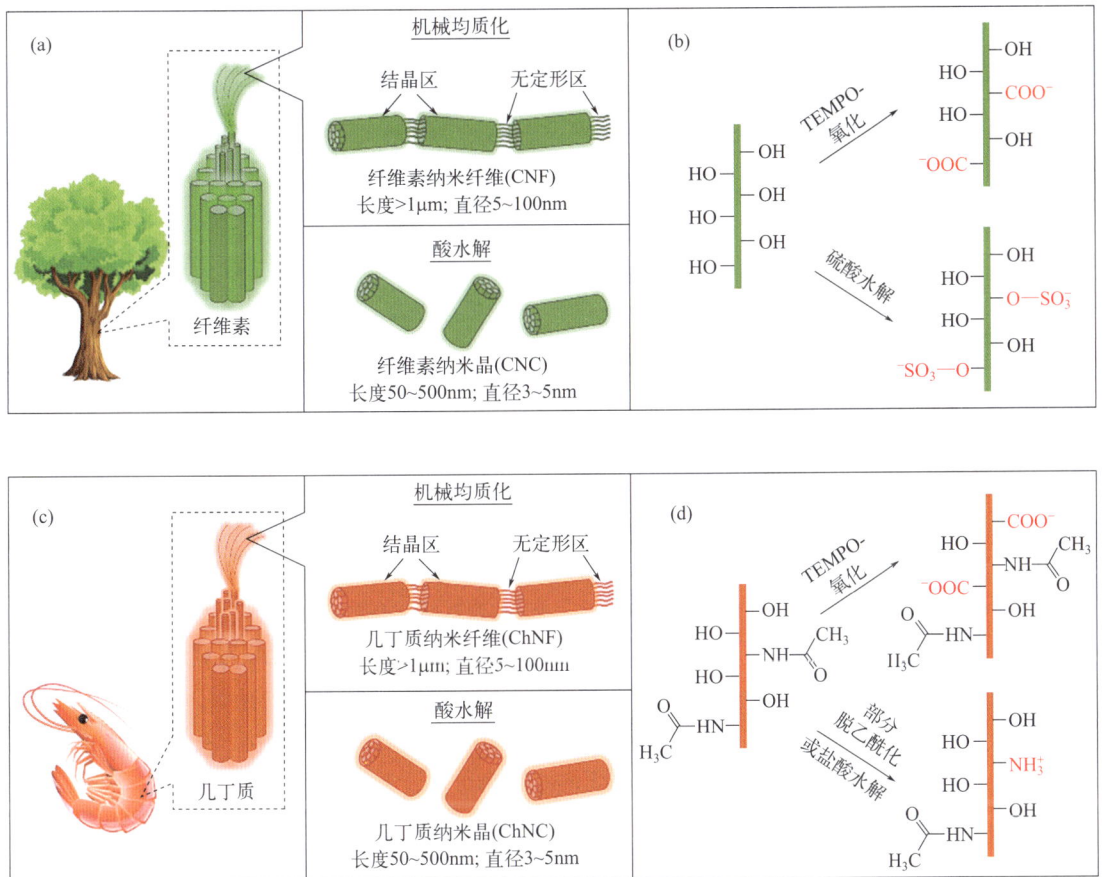

图5-4　通过物理或化学剥离过程从纤维素和甲壳素中制备 NFs 和 NCs
（a）将纤维素剥离成 CNF 和 CNC；（b）通过最常用的纤维素提取方法获得的 NC 的独特表面化学；
（c）将甲壳素剥离成 ChNF 和 ChNC；（d）通过最常用的甲壳素提取方法获得的 NCh 的独特表面化学性质

（1）非共价交联纳米（纤维素、甲壳素）基水凝胶

与纤维素和甲壳素溶液一样，纳米（纤维素、甲壳素）可以通过几种物理凝胶方法转化为水凝胶。由于（纤维素、甲壳素）纳米原纤维长径比高且柔韧性良好，在非常低的浓度[<0.5%（质量分数）]下即可通过均质化制备水凝胶，其中，聚合物链之间的物理缠结和氢键起物理交联作用。相反，在没有任何化学刺激（即酸、碱或离子）的情况下，由于（纤维素、甲壳素）纳米晶体的长宽比相对较低，纤维素或甲壳素纳米晶体的悬浮液需要更高的纳米晶体浓度通过氢键相互作用转变为凝胶（图5-5）。

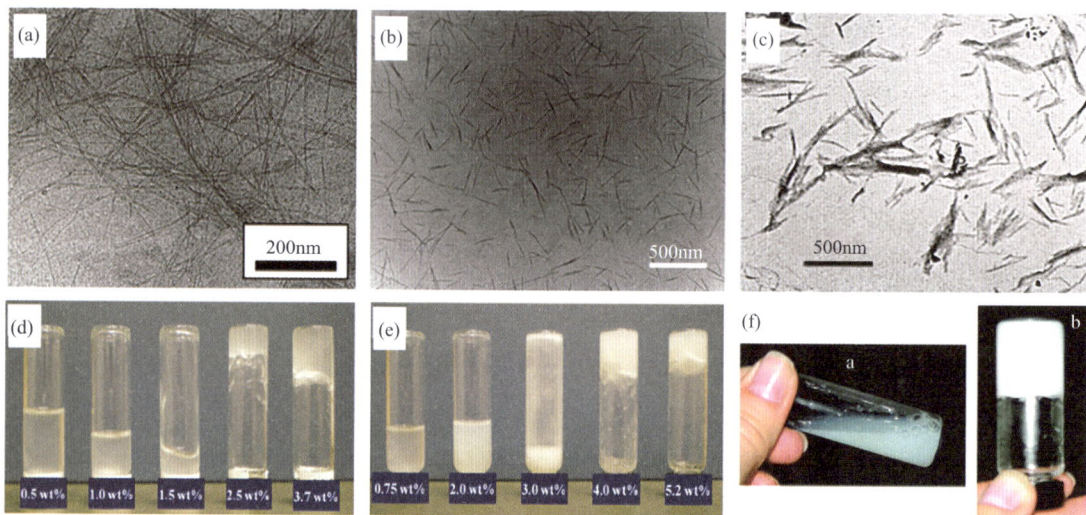

图5-5　长宽比 > 100 的 CNF 透射电子图像（a）；长宽比为14.7的 CNC 透射电子图像（b）；长宽比为1.35 的 ChNC 透射电子图像（c）；柳枝稷的 CNC 照片（d）；不同 CNC 浓度下，棉花 CNC 悬浮液的照片（e）；ChN（纳米几丁质纤维）水分散体在低浓度[1.8%（质量分数）]下表现出液态行为，在高浓度[5%（质量分数）]下表现出转化 ChN 水凝胶（f）
图（e）中柳枝稷 CNC 具有更高的长宽比（39）和更低的凝胶浓度[2.5%（质量分数）]，而棉花 CNC 的长径比较低，为13，凝胶浓度较高，为4.0%（质量分数）

　　另外，通过调节pH值或添加盐改变表面电荷行为也可轻松实现纳米（纤维素、甲壳素）的凝胶化。例如，向TEMPO氧化的纳米纤维素、纳米甲壳素悬浮液中添加金属阳离子会抑制纳米纤维聚合物链之间的静电排斥，并产生吸引力作用（例如氢键和范德华力）致使凝胶化[图5-6（a）和图5-7（a）]。向胺改性的纳米纤维素[图5-7（c）]、酸水解或部分脱乙酰化的纳米甲壳素悬浮液中添加碱也具有类似的作用机制导致凝胶化[图5-6（b）]。多价离子交联是表面带电纳米（纤维素、甲壳素）凝胶化的另一种常用方法[图5-7（c）]。经研究发现，电荷数较高和离子半径较大的阳离子不仅可促进凝胶化进程，还能增加水凝胶的机械强度。Zhu等人将二价过渡金属阳离子（即 Zn^{2+}、Cu^{2+} 和 Co^{2+}）作为交联剂，使TOCNF（TEMPO氧化的纳米纤维素）悬浮液转化为水凝胶，经冷冻干燥脱水后，获得了具有过渡金属阳离子修饰的CNF气凝胶，该气凝胶对有机染料表现出良好的吸附性能。类似地，其他研究也报道了部分脱乙酰化NCh的离子诱导凝胶化。此外，阴离子（CO_3^{2-}）也可用来连接带正电的ChNC（表面有 $-NH_3^+$ 基团）。

　　除多价离子外，多价聚电解质也可用于纳米（纤维素、甲壳素）凝胶化。Zhang等人的研究发现，将两种带有相反电荷的纳米纤维悬浮液混合，1min内即可完成凝胶化[图5-7（d）]，静电吸引和氢键相互作用都有助于交联。Dai等人则发现TOCNF和阳离子瓜尔胶通过 $-COO^-$ 和 $-N^+(CH_3)_3$ 之间的静电作用自组装制得NC复合水凝胶。

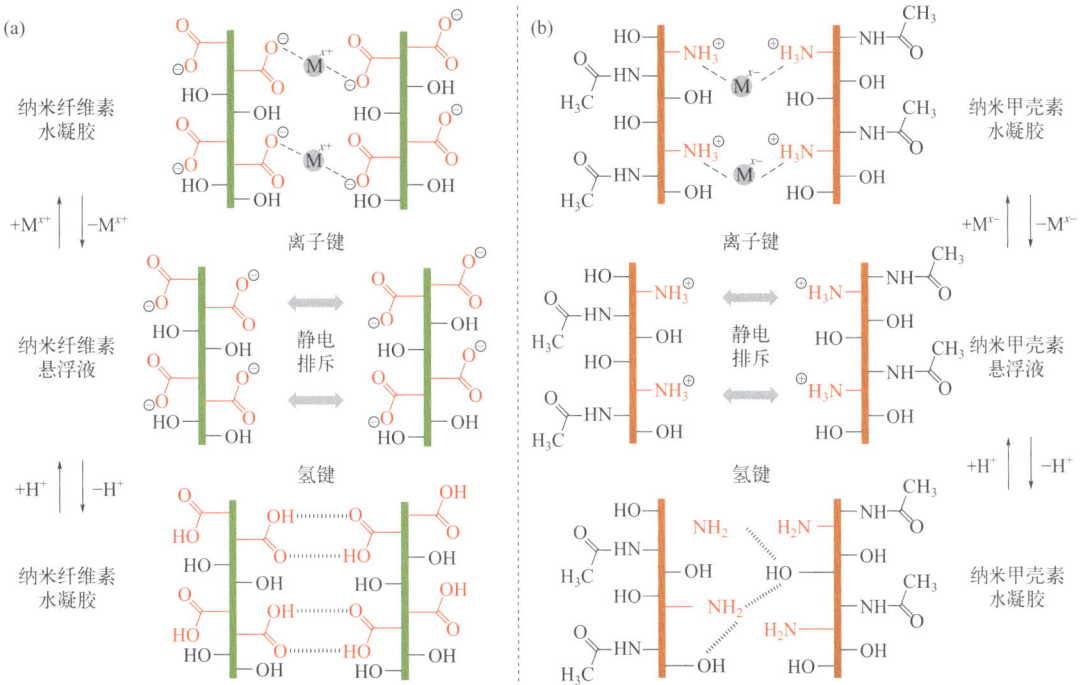

图5-6　通过调节pH值和添加离子NC（a）和NCh（b）悬浮液的凝胶机制示意图

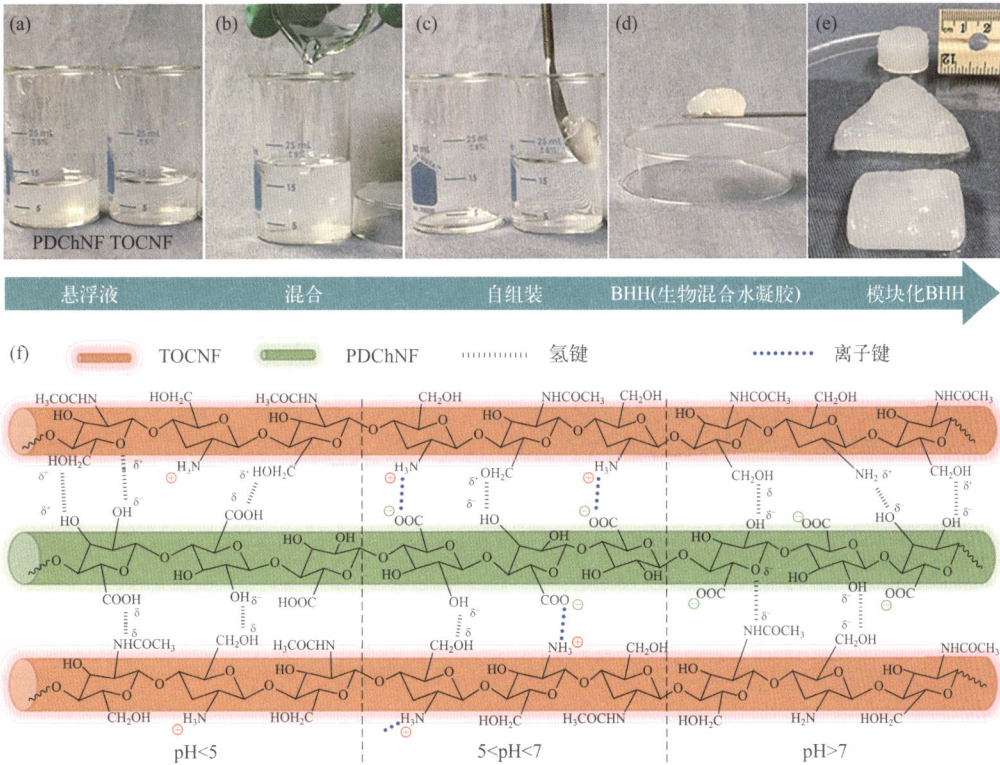

图5-7　由NC和NCh制备的物理交联水凝胶

（a）通过添加酸使TEMPO氧化CNC凝胶化；（b）通过添加碱性溶液使胺改性CNC凝胶化；（c）离子介导的凝胶化1.27%（质量分数）TOCNF分散液；（d）由TOCNF［0.03%（质量分数）］和PDChNF［0.03%（质量分数）］悬浮液制备的生物混合水凝胶；（e）模块化BHH（生物混合水凝胶）；（f）自组装BHH的机制示意图

　　此外，利用水热处理技术亦可将纳米（纤维素、甲壳素）悬浮液转化为水凝胶。水热处理可消除纳米（纤维素、甲壳素）上的表面电荷基团，抑制纳米（纤维素、甲壳素）聚合物链的静电排斥，实现凝胶化。例如，Lewis等人发现CNC在60℃条件下处理20h可脱硫，使得CNC之间表面斥力损失，形成交联网络结构。Suenaga和Osada利用水热处理技术，水解TOCNF的葡萄糖醛酸基团，减少聚合物链之间的排斥力，并通过物理缠结和二次力吸引（例如范德华力、疏水作用和氢键）形成了凝胶网络（图5-8）。

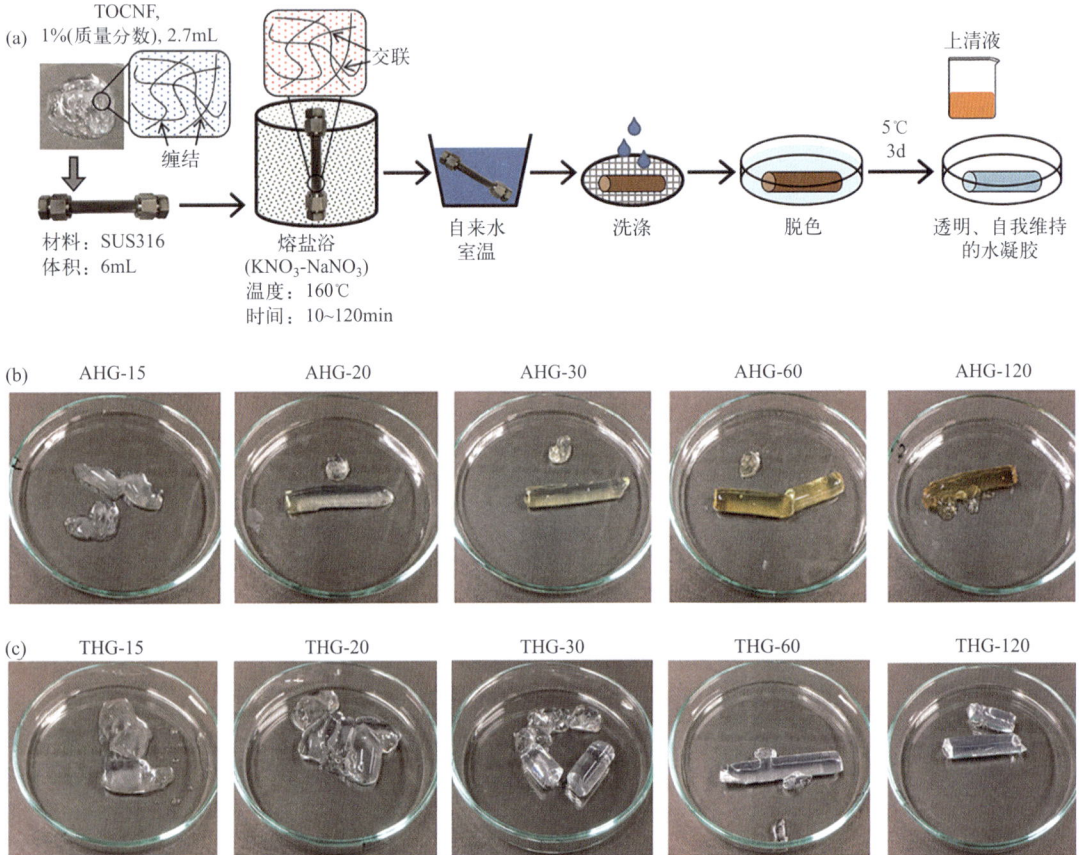

图5-8　使用不锈钢反应器的TOCNF水热凝胶过程和回收水凝胶的脱色过程（a）；通过水热处理（AHG-x，x代表处理时间）获得的TOCNF水凝胶（b），以及通过浸入蒸馏水脱色后的TOCNF水凝胶（c）

（2）共价交联纳米（纤维素、甲壳素）基水凝胶

　　为了从纳米（纤维素、甲壳素）中获得结构稳定的水凝胶，通常采用多种化学交联剂与纳米（纤维素、甲壳素）的基团（—OH或—NH₂）反应，形成连接聚合链的共价键，从而产生交联网络。一般而言，化学交联剂根据反应机理可分为两类：醚化交联剂和酯化交联剂。醚化交联剂包括能与纳米（纤维素、甲壳素）聚合物链形成醚键（R—O—R）或仲胺键（R—NH—R）的环氧化物和有机氯；而酯化剂包括柠檬酸、琥珀酸酐和戊二醛，它们与纳米（纤维素、甲壳素）纳米纤丝形成酯键（—COOR）或肽键（—CONH—）。Zhang等人向TOCNF碱性溶液中加入环氧氯丙烷，60℃持续加热搅拌，得到高吸水性CNF水凝胶（图5-9）。Liu等人以戊二醛为交联剂，通过冰模板技术制备了一系列超强化学交联ChNF水凝胶和气凝胶。

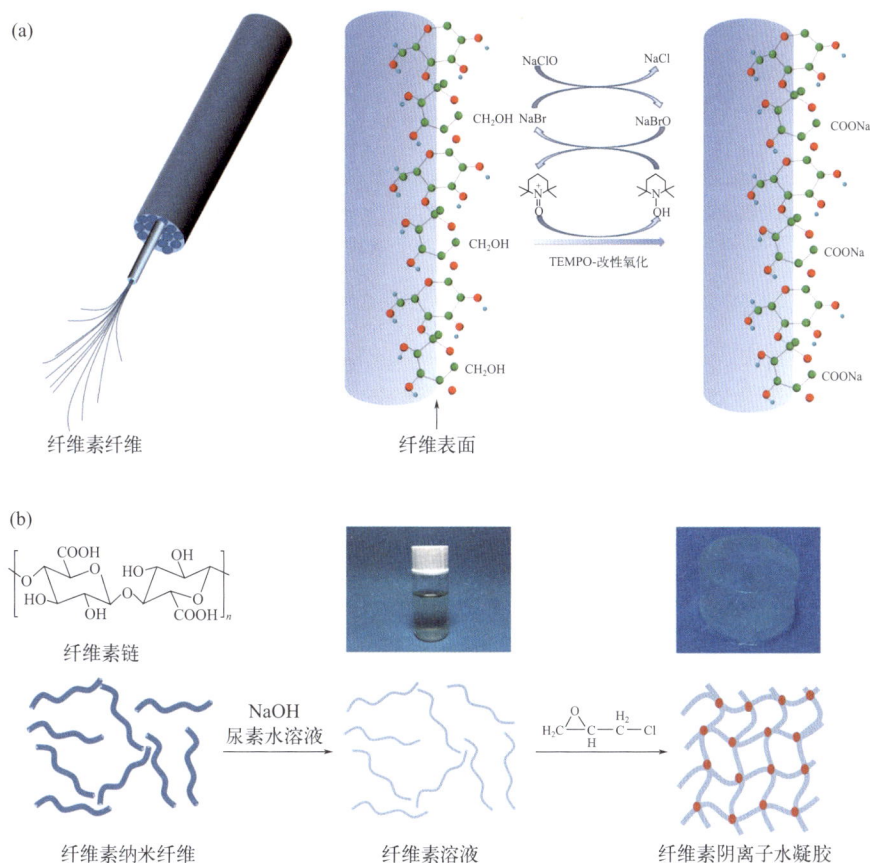

图5-9　纤维素纳米纤维（a）和纤维素阴离子水凝胶（b）的制备示意图

5.3　生物聚合物基气凝胶

气凝胶是一种具有大比表面积、丰富表面官能团和高孔隙度的轻质三维网络材料，是水修复领域中优异的吸附剂或过滤材料。气凝胶通常通过去除水凝胶或聚合物溶液/悬浮液中的溶剂而制得。合成气凝胶的关键在于去除溶剂的过程中保持多孔结构。近年来，纤维素、甲壳素及其衍生物被广泛用于生物聚合物气凝胶的制备，其主要的溶剂去除技术是超临界干燥法和冷冻干燥法。

二氧化碳（CO_2）常被用作超临界干燥的超临界流体。在CO_2超临界干燥之前，需要用中间溶剂（如乙醇或2-丙醇）进行溶剂交换。除了溶剂交换外，CO_2超临界干燥还需要较大的工作压力（≥72.9atm❶）和较高的设备成本。因此，与冷冻干燥相比，CO_2超临界干燥在纤维素或甲壳素基气凝胶的生产中使用率较低。

冷冻干燥包括冷冻和升华两个步骤，其中，冷冻至关重要，直接影响冰晶的生长，并最终影响气凝胶的结构和孔隙率。一般来说，缓慢冷冻会造成水和分散相的分离，导致生成的气凝胶收缩。而液氮（−196℃）快速冷冻可以更好地保持原始水凝胶或溶液/悬浮液的

❶ 1atm=101325Pa。

形状和结构。与CO_2超临界干燥相比，冷冻干燥可直接将纤维素或甲壳素基溶液/悬浮液转化为气凝胶。这是因为分散的纳米纤丝或聚合物链在冷冻过程中可随着冰晶的生长而自组装成交联结构。

5.4 生物聚合物基凝胶的应用——水修复

自工业革命以来，人口的迅速增长以及农业和工业活动产生的各种污染物（如重金属、营养物质、有机物和无机离子）排放到环境中。在海上石油生产和运输过程中，油轮或船舶沉没和工业废水排放造成的石油和石化产物泄漏事件层出不穷。由此造成的水质恶化对人类健康和水生生态系统构成了严重威胁。近年来，全球水资源短缺问题日益严重，迫切需要开发高效的废水修复技术。在传统的水处理技术（如超滤、化学或电化学沉淀、离子交换、吸附等）中，吸附法因其去除效率高、操作简便，被公认为一种经济有效的水修复方法。

生物聚合物的水凝胶和气凝胶由于其独特的物理和化学性质，在水处理方面引起了广泛关注。其互连通道的多孔结构为扩散和吸附提供了充足的离子或分子传输通道。此外，与天然纤维素或甲壳素相比，凝胶的比表面积相对较高，可通过物理吸附吸收更多的有毒分子和离子。并且，凝胶丰富的表面官能团（$-NH_2$、$-OH$和$-COOH$等）可以通过螯合或静电吸附离子或分子。

5.4.1 去除重金属

重金属是指原子量高、相对密度大于5.0的金属元素。虽然重金属自然存在于地壳中，但人类活动排放了大量的重金属，在全球范围内造成严重的水污染，影响人类健康及环境。例如，铅会损害人类的中枢神经系统和生殖系统，砷会导致心脏病和癌症，铜会导致水生生物的死亡。大多数重金属以阳离子的形式存在于水中，而砷、铬则以阴离子化合物的形式存在于水中。

纤维素和甲壳素凝胶在吸附水中重金属方面受到了广泛关注。据报道，纤维素和甲壳素基凝胶吸附重金属有各种机制，包括静电吸附、络合（或螯合）和微沉淀。静电吸附通常发生在质子化羟基和氨基（即$-OH_2^+$和$-NH_3^+$）与各种阴离子之间，或去质子化羧基（$-COO^-$）与金属阳离子之间。O和N的孤对电子与重金属离子之间可能发生络合，络合后可能会产生微沉淀，其中，螯合金属充当结晶的成核位置。

物理交联水凝胶的强度较低，浸泡在水中容易分解，限制了其在水修复中的应用。化学交联水凝胶虽然具有较高的强度和稳定性，但由于表面官能团（如$-OH$、$-NH_2$和$-COOH$）的损耗和润胀能力的降低，其吸附能力通常会降低。因此，制备具有良好水稳定性的物理交联水凝胶和具有良好润胀能力的化学交联水凝胶仍是研究重点。

在中性或酸性溶液中，天然纤维素和甲壳素溶液的结合可产生具有高水稳定性的水凝胶，用于吸附重金属离子。在碱溶剂体系下［6%（质量分数）NaOH/5%（质量分数）硫脲］，Zhang通过纤维素和甲壳素混合溶液凝胶化制备了复合水凝胶，复合水凝胶珠对金属离子的亲和力顺序为$Pb^{2+} > Cu^{2+} > Cd^{2+}$，并具有良好的可重复使用性。随后，该研究团队用更强的碱性溶剂体系［7%（质量分数）NaOH/12%（质量分数）尿素水溶液］将生物聚合物溶解制备纤维素/甲壳素水凝胶膜。复合膜对Hg^{2+}有较好的选择吸附性，其次是Pb^{2+}和Cu^{2+}。

CMC因其水溶性高和表面羧甲基基团丰富（$-CH_2-COOH$），被广泛用于制备水凝胶，捕获水中的重金属离子。重金属的吸附取决于pH值，提高溶液的pH值有助于$-CH_2-COOH$去质子化形成羧酸盐离子（$-CH_2-COO^-$），从而通过静电吸附增强对阳离子重金属离子的吸附。此外，在CMC水凝胶中加入含有活性$-NH_2$和$C=O$基团的聚丙烯酰胺，可使得CMC水凝胶对重金属离子的吸附能力提高1.5～3.6倍。在壳聚糖水凝胶中引入聚丙烯酰胺，不仅可使Hg^{2+}吸附量增加一倍，而且对Pb^{2+}的选择吸附性也提高了。

壳聚糖作为最常见的甲壳质衍生物，具有丰富的表面氨基和羟基以及良好的可溶解性，可用于合成水凝胶去除阳离子（重金属）和阴离子（营养物、砷化合物）。壳聚糖溶液在碱性浴中凝固生成壳聚糖水凝胶珠，在中性和碱性溶液中具有良好的水稳定性，对Cu^{2+}的吸附量可达87.7mg/g。但利用化学交联剂交联后，$-NH_2$或$-OH$基团的损耗和润胀比下降导致吸附量显著降低（表5-2）。Guo等人报道了以聚多巴胺接枝改性戊二醛交联的壳聚糖气凝胶珠。在pH=2.0和5.5时，对pH敏感的气凝胶珠分别对Cr（Ⅵ）和Pb^{2+}表现出优异的吸附能力。Pal等人报道了在壳聚糖水凝胶（CS）珠表面修饰十二烷基硫酸钠后，对Cd^{2+}吸附量可达125.0mg/g（图5-10）。

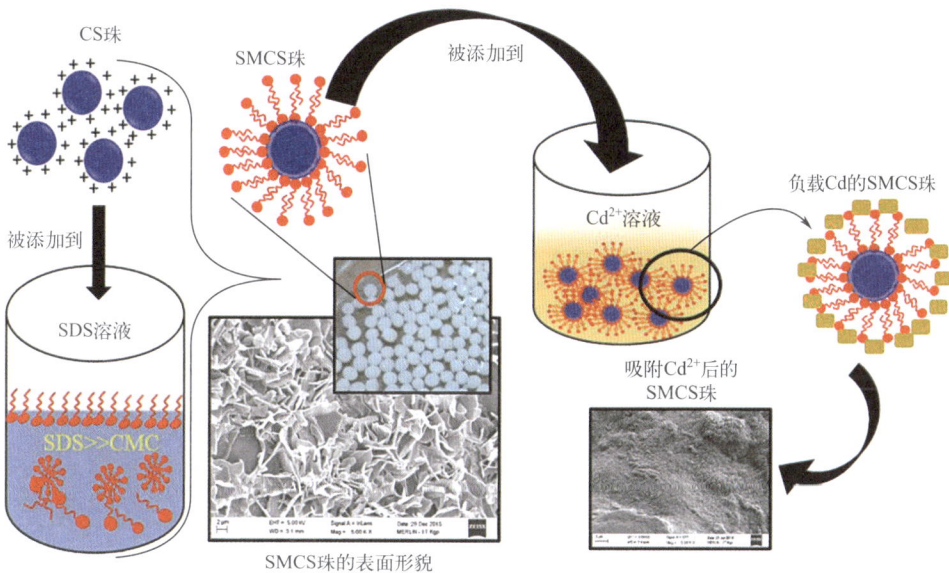

图5-10 CS珠表面活性剂改性及其对Cd^{2+}吸附的示意图

Li等人利用静电吸引力作用，将TOCNF和聚乙烯亚胺（PEI）物理交联，经冷冻干燥后得到复合气凝胶。该气凝胶对Pb^{2+}和Cu^{2+}的Langmuir吸附量分别为175.4mg/g和357.1mg/g，且可重复利用性优异。在TOCNF/纤维素/木质素复合水凝胶中，TOCNF和纤维素充当了木质素纳米粒子沉积的骨架，该复合水凝胶表现出了优异的机械强度，对Cu^{2+}吸收能力达到540.7mg/g。Zhang等人报道了一种通过CNFs表面的羧基和ChNF表面的氨基之间的静电相互作用自组装成型的生物杂化水凝胶。经冻干制得的气凝胶具有良好的稳定性和较高的亚砷酸盐吸附能力。

表5-2　不同纤维素和/或甲壳素基凝胶吸附剂对重金属吸附的对比

凝胶吸附剂	凝胶化方法	初始浓度/（mg/L）	温度/℃	pH	时间	吸附量[①]q_e/(mg/g)
TOCNF/PDChNF	自组装	10～1000	25	7	2h	As（Ⅲ）217
TOCNF/阳离子胶	自组装	1000～3500	35	NA	24h	Cu^{2+} 498.5, Ni^{2+} 231.4
十二烷基硫酸钠改性壳聚糖	水:甲醇:NaOH=4:5:1凝胶	10～100	20～40	7	48min	Cd^{2+} 125
CMC	ECH交联[③]	约10～3100	25	7	72h	Cu^{2+} 412.1, Ni^{2+} 231.4, Pb^{2+} 1065.1
壳聚糖	用10% NaOH凝结后GA交联	50～600	NA	2.0	24h	Cr（Ⅵ）263.6
壳聚糖				5.5		Pb^{2+} 295.4
壳聚糖/聚多巴胺				2.0		Cr（Ⅵ）263.6
壳聚糖/聚多巴胺				5.5		Pb^{2+} 295.4
纤维素	用5%Na_2SO_4凝固	约64～1000	约25	5	24h	Hg^{2+} 140.4, Cu^{2+} 17.2, Pb^{2+} 155.3
甲壳素						Hg^{2+} 481.7, Cu^{2+} 149.2, Pb^{2+} 393.3
纤维素/甲壳素						Hg^{2+} 461.38, Cu^{2+} 111.1, Pb^{2+} 455.4
壳聚糖	（1）用1mol/L NaOH凝结；（2）EDGE交联	10～200	约25	4	15h	Hg^{2+} 181.8
壳聚糖/聚丙烯酰胺					1h	Hg^{2+} 322.6
纤维素/甲壳素	用5% H_2SO_4凝固	50～280	约25	4或5	4～5h	Pb^{2+} 175.0, Cu^{2+} 32.4, Cd^{2+} 69.7
CMC	Ca^{2+}	25～500	-25	5.5	24h	Cu^{2+} 99.0, Pb^{2+} 87.0, Cd^{2+} 172.4
CMC/聚丙烯酰胺	MBA交联[②]					Cu^{2+} 227.3, Pb^{2+} 312.5, Cd^{2+} 255.4
CMC/聚乙烯醇	冻融	100	15	1.6	24h	Ag^+ 8.4, Ni^{2+} 5.0, Cu^{2+} 5.5, Zn^{2+} 5.3[M]
壳聚糖	用0.1mol/L NaOH凝结	0～14	约25	6	1h	Cu^{2+} 80.71
壳聚糖	GA交联[④]					Cu^{2+} 59.67
壳聚糖	ECH交联					Cu^{2+} 62.47
壳聚糖	EDGE交联[⑤]					Cu^{2+} 45.62
纤维素/TOCNF/木质素	用1mol/L HCl凝胶	50～250	25	NA	1h	Cu^{2+} 540.72
纤维素/壳聚糖	在水浴中凝固	约50～2000	25	5.8	10h	Cu^{2+} 25.7, Zn^{2+} 19.5, Cr（Ⅵ）13.0, Ni^{2+} 13.0, Pb^{2+} 25.9
CMC/壳聚糖	精氨酸交联	50～500	约40	5.5	1h	Pb^{2+} 182.5, Cd^{2+} 168.5
纤维素/丙烯酸	MBA交联	200～2000	30	5	6h	Pb^{2+} 825.7, Cd^{2+} 562.7, Ni^{2+} 380.1
MOF改性纤维素/壳聚糖	机械均匀化	1000	25	6	24h	Cu^{2+} 200.6, Cr(Ⅵ)152.1[M]
CNF/聚多巴胺/聚乙烯亚胺	80℃热处理	50～1200	NA	5	12h	Cu^{2+} 103.5

① 吸附容量是根据文章中报告的Langmuir吸附量（无标记）或最大吸附量(用[M]标记)获得的。

② MBA：N，N'-亚甲基双(丙烯酰胺)。

③ ECH：环氧氯丙烷。

④ GA：戊二醛。

⑤ EGDE：乙二醇二缩水甘油醚。

5.4.2　去除有机污染物

纺织、造纸和塑料制造等行业消耗了大量的水资源，并向水中排放了大量有机污染物，包括染料、表面活性剂和杀虫剂。这些有机污染物给水生生物和全球环境带来了巨大的影响。其中，染料污染物化学需氧量（COD）高，对水中溶解氧（DO）水平有负面影响，且对氧化剂具有抵抗性。同时，染料颜色鲜艳并具有很高的毒性，会抑制阳光的穿透。因此，修复水生生物的水生环境迫在眉睫。常见的染料污染物修复过程可分为三种类型，即物理分离、化学过程和生物降解。氧化、膜分离和吸附等为主要去除染料污染物的方法。其中，吸附因成本低、效率高和操作简便广泛应用于实际工艺中。

理想的有机污染物吸附剂需要具备易得、吸附速率快、成本低、表面积大和吸附容量高等优点。水凝胶具有较强的溶胀能力、吸附能力、物理化学稳定性、机械稳定性及可重复使用性，因此在废水处理中表现优异。而气凝胶是除去水凝胶中溶剂后的一类固体材料，具有更低的密度、更高的孔隙率和更大的内表面积。现已研究了各种材料作为水凝胶和气凝胶吸附剂来去除废水中的有机污染物。其中，纤维素和甲壳素基水凝胶和气凝胶被认为是具有前景的材料。纤维素是世界上最重要的天然多糖，具有优异的物理和力学性能。它含有大量羟基，可结合染料分子。甲壳素是世界上第二重要的天然聚合物。壳聚糖则是甲壳素最重要的脱乙酰化衍生物，其C_2位上有丰富的氨基，可作为螯合位点，因此，对染料污染物也具有良好的吸附能力。染料一般可分为两类，即离子型染料和非离子型染料，其中离子型染料可以进一步分为阳离子型和阴离子型染料。阳离子染料带正电荷，阴离子染料则带负电荷。表5-3列出了一些在染色和纺织工业中广泛使用的染料。如前所述，纤维素和甲壳素可通过预处理或与其他化学物质接枝，赋予其离子特性，从而与离子、分子和染料反应。这些衍生物具有良好的水溶性，因此在添加或不添加物理交联剂的情况下，也更容易制成水凝胶和气凝胶。

纤维素和甲壳质基水凝胶和气凝胶对染料污染物的吸附是一个复杂的过程，涉及纤维素和壳聚糖与染料之间不同种类的相互作用，例如离子交换、螯合、氢键、疏水吸引、范德华力、物理吸附、聚集机制、静电相互作用和染料-染料相互作用。染料分类和分子结构如表5-3所示。

表5-3　染料分类和分子结构

染料类别	商业名	分子结构
阳离子染料	亚甲基蓝（MB）	
	孔雀石绿（MG）	
	罗丹明6G（RH）	

染料类别	商业名	分子结构
阳离子染料	罗丹明B（RB）	
	硫黄素T	
阴离子染料	靛蓝胭脂红（IC）	
	C.I.酸性红73（AR73）	
	甲基橙(MO)	
	刚果红（CR）	
	日落黄（SY）	
	活性蓝19（RB19）	

续表

染料类别	商业名	分子结构
阴离子染料	酸性红112（AR112）	
	酸性蓝92（AB92）	
	酸性红13（AR13）	
	酸性蓝93（AB93）	

　　目前，研究人员尚未对纤维素和甲壳素基水凝胶和气凝胶上染料吸附机理得到统一的结论。多数论点是表面吸附、化学吸附、扩散和吸附-络合，但这些吸附机理取决于不同的研究和实验条件。此外，各种预处理或制备方法也增加了不确定性。活性化学物质的加入、pH值的变化以及与纤维素和甲壳素螯合的不同配体的存在，也使染料去除机制的解释变得复杂。总而言之，通过研究溶液的酸碱度、接触时间、温度、初始染料浓度、活性功能位点、溶胀表面积、孔径和总孔体积等对吸附过程的影响，可阐明纤维素和甲壳素基水凝胶和气凝胶吸附染料的机理。

　　凝胶在吸附染料的过程中有以下四个步骤：①大量染料污染物从溶液向吸附剂表面扩散；②染料通过边界层向吸附剂表面的薄膜扩散；③孔隙扩散或颗粒内扩散，将染料从表面输送到颗粒的孔隙中；④通过静电作用、离子交换、络合或螯合等方式将染料吸附在吸附剂表面的活性部位。前三个步骤是物理吸附，最后一个则是化学吸附。化学吸附在吸附过程中通常占主导地位。染料吸附过程包括：吸附剂-吸附质、吸附剂-溶剂、染料-溶剂、溶剂-溶剂的相互作用，可能还有其他的相互作用。尽管染料的吸附过程复杂，但可用双参数等温线模型描述，例如：Langmuir模型和Freundlich模型。Langmuir等温线是一个由单层吸附组成的理论模型，假设吸附剂的同质性具有相同的结合位点。而Freundlich等温线是一个经验模型，假设吸附质的非均质表面和多层吸附的可能性。但双参数等温线模型的假设是理想化的吸附过程，而非基于实际吸附过程。此外，这两个模型是基于物理吸附而不是化学吸附的假设，但实际上染料去除主要是化学吸附。因此，三参数的Redlich-Peterson和Sips等温线是吸附过程模拟的优选。Sips等温线是Langmuir和Freundlich模型的组合，可描述更全面的非均质表面。当染料浓度较低时，它转变为Freundlich等温线，而在高染料浓度时，它转变为单层Langmuir等温线吸附。纤维素和甲壳素基水凝胶和气凝胶吸附剂去除各种染料污染物的最新研究见表5-4，表中概述了吸附剂的种类、染料、比表面积、温度、酸碱度、吸附动力学和吸附量。

表5-4 使用纤维素和甲壳素基的凝胶吸附剂进行各种染料去除的批量化研究

凝胶吸附剂	凝胶法	初始浓度/(mg/L)	温度/℃	pH值	时间	吸附量[①]q_e/(mg/g)
壳聚糖/GO/CMC	酸性凝固	100～600	50	6	72h	MB 3610
TOCNF/PDChNF	自行凝结	10～200	25	10	24h	MB 530.76
双交联生物质杂化（纤维素和壳聚糖）气凝胶珠	采用顺序物理交联和化学交联	500 2300	NA	10 6	24h 24h	MB 653.3[M] CR 559.6[M]
TOCNF/阳离子瓜尔胶	自组装	200～1280	35	NA	24h	TT 430.2 MO 134.3[M]
CNF/聚多巴胺/聚乙烯亚胺	在80℃下进行热处理	20～1200	NA	4	12h	MO 265.9
壳聚糖/纤维素/白藜芦醇	ECH交联[⑤]	10～500	NA	NA	约12h	CR 165.10
CMC/黏土	ECH交联	10～200	30	1～11	40h	MB 1065
胺改性CMC	EGDMA交联[③]	10～4000	NA	3	12h	MO 1825
胺改性纤维素	PEGDE[⑥]	10～1200	20～50	7	24 h	AR13 430, AB92 447, AR112 322
CNC/聚酰胺	（1）用0.1mol/L HCl NaOH凝结；（2）在150℃下进行热处理	1～300	约25	4.8～5.5	12h	MB 358.4
磺丙基改性CMC	MBA交联	25～2000	25	6	24h	MB 1675
壳聚糖/聚丙烯酰胺	ECH交联	5～1280	25	5.5	6h	MB 750[S]
纤维素/丙烯酸	MBA交联[②]	400～2000	30	5.5	36h	MB 2377
壳聚糖-铁(Ⅲ)	GA交联[④]	25～200	NA	12	约10min	AR73 294.5
壳聚糖/聚合物纳米颗粒	用6%的NaOH进行凝固	20～1000	25	NA	NA	IC 118[M], RH 75[M], SY 70[M]

续表

凝胶吸附剂	凝胶法	初始浓度 /(mg/L)	温度 /℃	pH 值	时间	吸附量[①] Q_e/(mg/g)
甲壳素	ECH 交联	73 ~ 510	30	7	48h	MG 33.5
UiO-66/纳米纤维素	机械搅拌和冰块试制	50	NA	NA	6h	MO 71.7[M], MB 51.8[M]
CNC/海藻酸盐	与 Ca^{2+} 的离子凝胶作用	600 ~ 2000	25	7	1h	MB 255.4
纤维素/丙烯酸/丙烯酰胺	MBA 交联	200 ~ 2500	25	7	1.5h	MB1814, AB93 1602

① 吸附能力分别为 Langmuir 吸附量（无标记）、Sips 模型吸附量（用[S]标记）或文章中报告的最大吸附量（用[M]标记）。
② MBA：N, N'-亚甲基双（丙烯酰胺）。
③ EGDMA：乙二醇二甲基丙烯酸酯。
④ GA：戊二醛。
⑤ ECH：环氧氯丙烷。
⑥ PEGDE：聚乙二醇二缩水甘油醚。

迄今为止，静电吸附是报道最普遍的吸附机制之一。溶液的pH值对于整个吸附过程起着重要作用。pH值会影响吸附剂的表面电荷、吸附剂的电离程度以及活性位点上不同官能团的释放等，因此，吸附过程对其变化敏感。在低pH值下，溶液发生质子化，过量的氢离子存在于体系中，有利于水凝胶形成大量的阳离子基团，易于吸附阴离子染料；当溶液的pH值增加到碱性条件时，会发生去质子化，水凝胶表面由于电离平衡的转移而变成负电荷，导致阳离子染料更容易吸附。因此，质子化和去质子化过程决定了吸附剂的表面电荷。

Qiu等人通过双交联法制备了双交联生物杂交（纤维素与壳聚糖）气凝胶生物吸附剂（DCBA气凝胶珠）。具备双交联网络结构的DCBA气凝胶珠同时具备带负电的羧基与带正电的氨基，可用于同时捕获阳离子染料MB和阴离子染料CR（图5-11）。

附着在纤维素和甲壳素基水凝胶和气凝胶上的官能团可成为吸附活性位点与染料分子结合。例如，甲壳素基水凝胶与铁离子结合后，铁螯合效应增加了染料吸附活性位点表面密度，从而初始吸附率较高，且吸附平衡时间较短。初始染料浓度在吸附过程中也起着重要作用。平衡时的pH值随着初始染料浓度的增加而降低。当更多的染料被吸附在吸附剂上

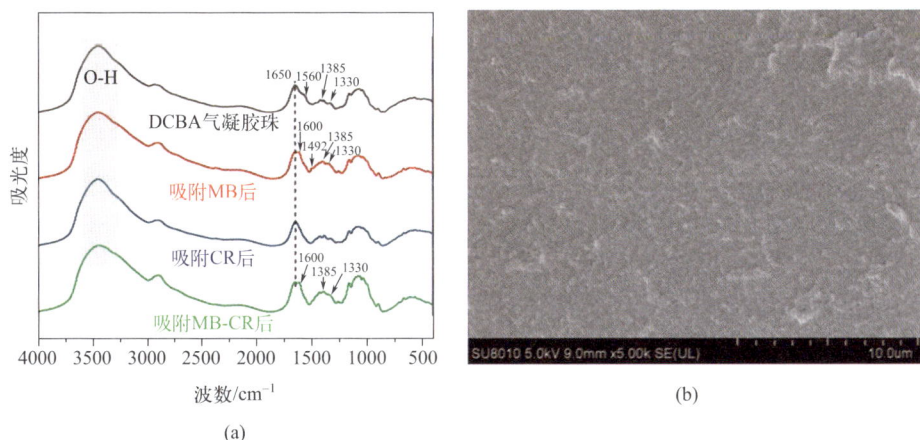

图 5-11

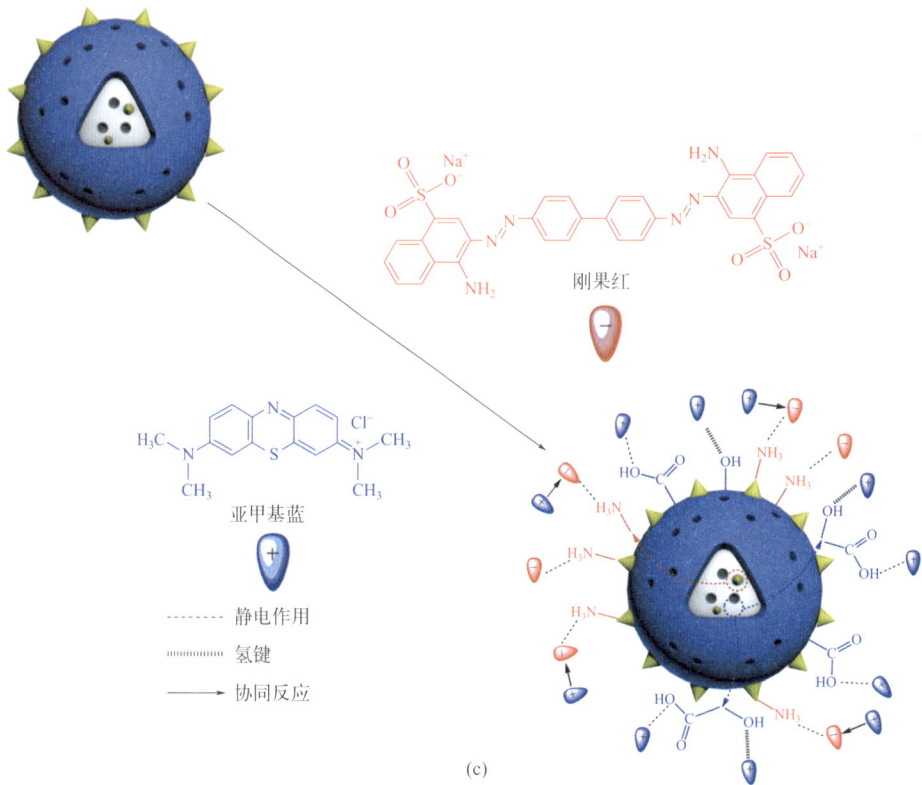

图 5-11　DCBA气凝胶珠吸附MB、CR、MB-CR前后的红外光谱（a）；吸附MB-CR染料后DCBA气凝胶珠的SEM图像（b）；DCBA气凝胶珠对MB、CR和MB-CR的吸附机理示意图（c）

时，更多的氢离子被释放出来，导致pH值下降。然而，随着越来越多的染料分子被吸附在吸附剂上，染料分子发生排斥，致使吸附率下降。当排斥力和驱动吸附力平衡时，则反应达到平衡。一旦达到反应平衡，吸附时间便不会影响吸附性能。因此，吸附等温线已被普遍用于评估纤维素和甲壳素基水凝胶和气凝胶吸附剂对染料的吸附性能，以阐明吸附机理。

尽管由甲壳素、纤维素及其衍生物制备的纯水凝胶和气凝胶对有机染料有良好的吸附性能，但仍可以将其他无机物或聚合物与之结合，从而获得具有更优力学性能和吸附性能的新型复合凝胶。例如，Tu等人用纤维素和壳聚糖制备了一种ECH交联的复合水凝胶，并使用无机黏土（蒙脱石）作为增强剂以增强机械强度和吸附能力。该水凝胶对阴离子染料的吸附量高达165.1mg/g。Peng等人还将无机黏土（蒙脱石）纳入ECH交联的CMC水凝胶中。黏土增强的CMC水凝胶表现出强劲的阳离子吸附能力，吸附量为1065mg/g。此外，Huang等人制备了一种由壳聚糖、GO和CMC组成的复合气凝胶。该复合气凝胶在25℃和50℃时对甲基溴的吸附量分别为3190mg/g和3610mg/g（图5-12）。

5.4.3　溢油修复

除了农业和工业活动会产生各种污染物对水环境造成污染，溢油所产生的水污染也逐渐引起了人们的广泛关注。随着全球能源需求的增加，原油消费量持续上升。在海上石油生产和运输过程中，油轮或船舶沉没和工业废水排放造成的石油和石化泄漏事件层出不穷。因来

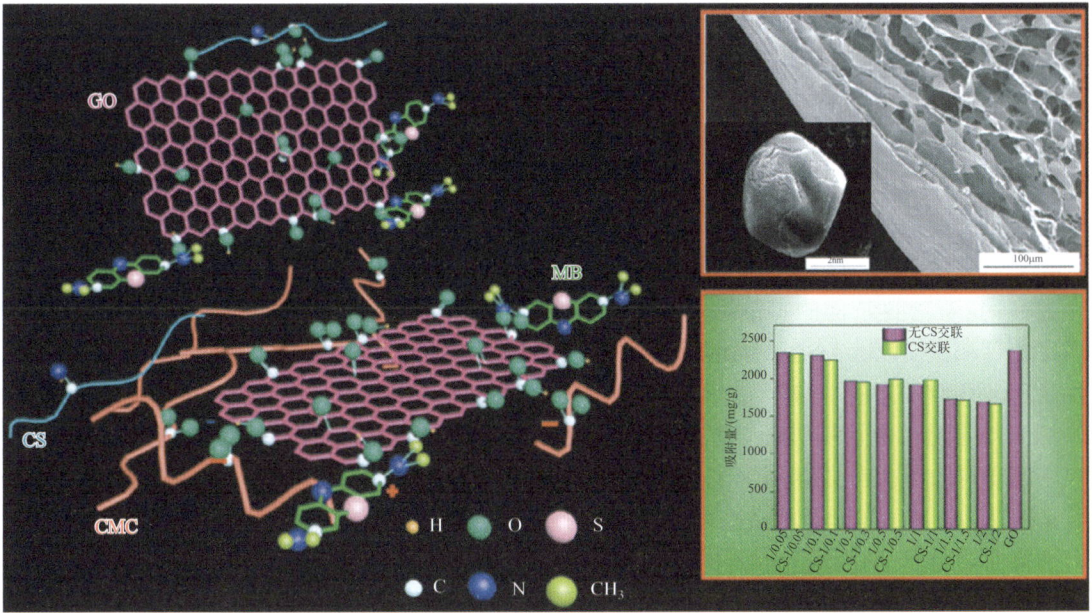

图5-12 氧化石墨烯复合气凝胶球的形貌及其对亚甲基蓝的吸附机理示意图

源复杂、石油与水的顽强亲和力以及乳状液的形成，含油废水的处理是目前全世界处理环境污染的难题和最具挑战性的问题之一，特别是在发展中国家。石油泄漏可能会持续很长时间，在此期间，泄漏的石油会经历几个渐进的物理化学过程，包括扩散、溶解、水-油乳剂的形成、蒸发、光解和缓慢的生物降解。各种先进的材料和对策已被用于清理溢油，具体可分为三类：①原地燃烧或分散（化学方法），通过分散剂将油分散在水中进行碳氢化合物自然降解；②采用细菌和微生物帮助分解油颗粒（生物方法）；③机械收集或吸附水面上的油（物理方法）。其中，物理吸附油污是最有希望且最实用的清理方法之一，因为其方便、经济实惠，而且不会产生二次污染。文献中各种油污清理方法的比较见表5-5。理想的吸油剂应满足多种要求，如高疏水性和亲油性、高吸油率和保留能力、良好的油/水选择性和生物可降解性等。生物基气凝胶吸附剂功能化的主要目的是降低其表面能，改变其形态，并提高其机械强度。

表5-5 文献中各种油污清理方法的比较

种类	方法	实例	优势	限制条件	环境影响	费用
化学	原地燃烧	燃烧	有效地快速清除油量	环境和安全问题	形成大量有害的烟雾和黏稠的燃烧后的残留物	最低
	化学处理	分散性；固化剂	操作简单，适合处理一个大污染区	对非常黏稠的油的影响很小。在平静的水面上没有效果，初始投入和运行成本高	对水生生物有害	高
生物学	生物修复	微生物退化	良好的除油效率，低运营成本	在有大面积溢出的情况下，效果不佳。可能影响水生生物	友好	低
物理	机械	撇渣机；吊杆	高效	劳动密集型，耗费时间	友好	最高
	吸附	使用吸油剂	良好的除油效率，操作简单，实际上是可行的，较少二次污染	劳动密集型	友好，其生物降解取决于所使用的吸收剂	低

　　一般来说，疏水功能化是通过化学气相沉积（CVD）、原子层沉积（ALD）、冷等离子体处理、溶胶-凝胶、酯化、氟化或引入增加表面粗糙度的硅烷化处理实现的。CVD是将气态前体流入一个具备一个或多个加热装置的腔室，气态前体在加热的样品表面发生化学反应并沉积为薄膜涂层的表面改性方法［图5-13（a）］。CVD表面改性分为两个步骤：①硅烷前体的水解和—Si—OH基团的生成；②—Si—OH和可用的—OH基团之间的反应。据报道，硅烷中水解的—Si—OH键对—OH基团有很强的反应活性，可形成Si—O—C键。这一点在$1272cm^{-1}$处的FTIR吸收峰被证实［图5-13（b）］，该吸收峰归因于C—Si—O单元中C—Si不对称拉伸的特征振动。此外，硅烷醇基团本身也可以在基材表面凝聚，产生具有稳定Si—O—Si键的刚性聚硅氧烷。沉积在细胞壁内的聚硅氧烷涂层也可能有助于弹性变形，并导致聚硅氧烷涂层相邻表面的—CH_3基团之间产生排斥作用。

　　常用的疏水剂包括TiO_2、SiO_2、烷氧基硅烷、氯硅烷和烷基酮二聚体等。最近研究中常用的疏水剂见表5-6。Jiang和Hsieh用三乙氧基（辛基）硅烷通过CVD处理亲水的纳米纤维素气凝胶，制得疏水气凝胶。同时，Sun用MTMS对纳米纤维气凝胶的骨架进行CVD处理，使其具有表面疏水性。据报道，与硅烷连接的烷基链越长，聚合物的疏水性越强。疏水性的程度由气凝胶表面的静态和动态接触角（CA）表示。根据CA值，表面被分为亲水、

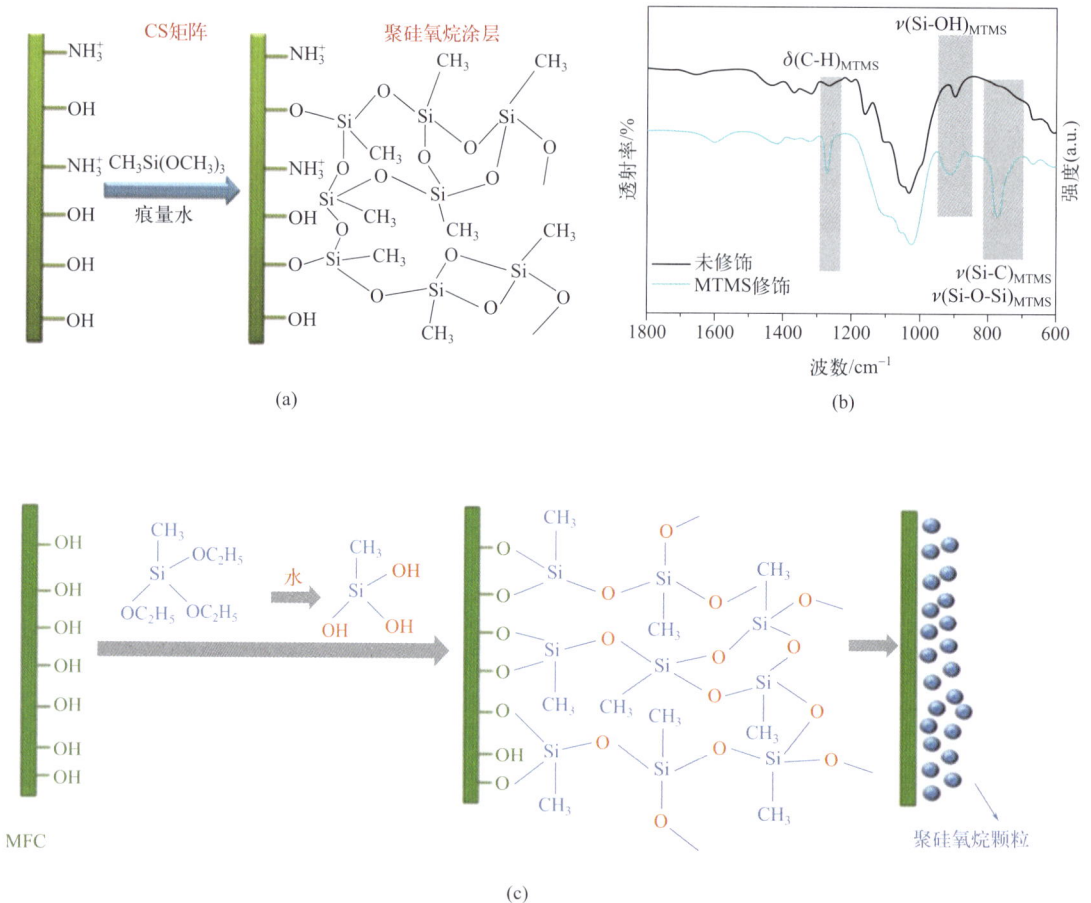

(a)

(b)

(c)

图5-13　MTMS和甲壳素气凝胶表面的—OH基团之间可能的化学反应示意图（a）；未修饰和MTMS修饰的气凝胶的FITR图谱（b）；硅烷和纤维素之间的反应（c）

表5-6 用于溢油补救的气凝胶：前体、功能化、基本特性和吸油性能

前体	改性剂①	干燥方法	密度/(mg/cm³)	孔隙率/%	比表面积②/(m²/g)	硅含量（原子分数）/%	平衡时间	可重复使用性（循环次数，保留容量）	pH	接触角/(°)	油的吸收能力/(g/g)③
纤维素	N.A.	FD	N.A.	N.A.	399.9	N.A.	N.A.	10, 79.8%	N.A.	153	DO, SBO; 95~145
	MTMS	FD	N.A.	97.2~99.4	N.A.	N.A.	N.A.	N.A.		150.8~153.5	MO, MLO; 高达95
	PLA	FD	13~233	N.A.	N.A.	N.A.	4h	N.A.		100~125	SFO; 12~34
	MTMS, HDTMS	FD	2.9~15.6	至多99.81	N.A.	4.47~5.27	30s	>30, 71.4%~81%		159	DO, 汽油（E95）, MO (5w40), CO, LSO; 70~150
	DHC, 十八烷基胺	FD	6	N.A.	93.1	N.A.	80s	4, 50%		152.5	MLO; 110
	MTMS	FD	2.4~24.2	98.42~99.84	N.A.	1.86	30s	30, 高达61%		152~154	PO, WO, MO, SO; 178~228
	MTES	FD④	3.41~5.08	99.7	94.8~195.5	0~5.35	≤25 s	30, 约70%	5.5	151.8	汽油, PO, MIO, SO, MO; 125~160
	HMDC	FD	13.4~27.6	N.A.	N.A.	N.A.	N.A.	3, 41.5%~54.3%		138.7	汽油, MO, SFO; 47.1~55.8
	KH570, TEOS	FD	N.A.	N.A.	139~157	4.98	<10s	9, N.A.		155	SBO, PO, DO; 75~112
细菌纤维素	TMCS	FD	≤5.77	约99.6	≥169.1	1.13	12~20s	10, >95%		145.5	高达185
	MTES	FD	2.6	N.A.	N.A.	N.A.	60s	N.A.		152	汽油, PTO, PO, MO; 8~14

续表

	改性剂①	干燥方法	密度/(mg/cm³)	孔隙率/%	比表面积②/(m²/g)	硅含量（原子分数）/%	平衡时间	可重复使用性（循环次数、保留容量）	pH	接触角/(°)	油的吸收能力/(g/g)③
纤维素/素	MTMS	AD	58	>95.5	1.5～5	N.A.	10min	5, 30%～50%		137	EO、汽油、WEO、HO、OO; 12～16
微纤维纤维素	热裂解	FD	10	99	至多521	N.A.	<200s	10, >95%	N.A.	149	CAO、DO、PRO、PO; 55～87
纳米纤维素	SDS	FD	1.5	N.A.	47.5～151.2	N.A.	N.A.	N.A.		N.A.	PO; 145.2
维素	油酸	FD	9.2	N.A.	397.5	N.A.	N.A.	N.A.		N.A.	PO; 33.2
	HDTMS	FD	11～17.5	98.8～99.3	261.9～297.7	N.A.	N.A.	20, N.A.		121～139	MO、SFO; 78.8～162.4
纤维素/纳米纤维(CNF)	氧化石墨	FD	N.A.	N.A.	128～219	N.A.	N.A.	4,100%		N.A.	SO
	三乙氧基(辛基)硅烷	FD	1.7～8.1	99.5～99.9	10.9	0.2	2min	6, 48%～61%		N.A.	PO、SBO; 220～240
CNF/聚乙烯醇(PVA)	MTCS	FD	13～14.2	98.9～99.0	75～172	4.44	在几分钟内	N.A.		150.3	DO、汽油、CDO、CNO、PO; 45.7～64.5
	MTMS	FD	10.2	99.4	23.4	N.A.	在几分钟内	35, 84%		142	汽油、DO、PO、CNO、MIO、MO; 55～83
CNF/单宁酸	CDA	FD	15.5	N.A.	75.7	0.2		N.A.		121	DO、PO; 70～83
羧酸盐CNF	MTCS	FD	N.A.	高达95.5	N.A.	N.A.	最多16s	10,92.4%		148.7	CAO、PO、SO; 19～24

续表

前体	改性剂①	干燥方法④	密度/(mg/cm³)	孔隙率/%	比表面积②/(m²/g)	硅含量（原子分数）/%	平衡时间	可重复使用性（循环次数，保留容量）	pH	接触角/(°)	油的吸收能力/(g/g)③
纤维素纳米晶/PVA	MTCS	FD	22.5~35.1	97.7~98.7	最高可达38	N.A.	N.A.	10,89%		144.5	MIO, PO, CAO; 21~27
壳聚糖	MTMS	FD	27.1	95.8	20.6	N.A.	5s	10, 95%		152.3	CNO, VO; 40~43
琼脂糖/壳聚糖	琼脂糖	FD	N.A.	N.A.	N.A.	N.A.	N.A.	N.A.	N.A.	N.A.	DO, CVO, HCO
莴苣	PDMS	FD	N.A.	N.A.	15.02	N.A.	高达217s	N.A.		144.2	DO, CDO, PNO, EO; 3~11
木头	MTMS	FD	31.8	N.A.	N.A.	N.A.	N.A.	10,88%		154.7	MO, OO, DO, PO, 汽油, CAO; 22.3~23.6
石墨烯	N.A.	FD	N.A.	97.6	N.A.	N.A.	N.A.	5, 95%		150.5	MO, 汽油; 22~26
还原氧化石墨烯	HFTCS	FD	14.4~14.6	83.68~84.57	278~295	0.23	1.5s	10,89%		144	PO; 50

① 改性剂的缩写：MTES（甲基三乙氧基硅烷），MTMS（甲基三甲氧基硅烷），TMCS（三甲氯硅烷），MTCS（甲基三氯硅烷），KH570（γ-甲基丙烯酰氧基丙基三甲氧基硅烷），TEOS（四乙氧基硅烷），PLA（聚乳酸），HDTMS（十六烷基三甲氧基硅烷），HMDC（六甲基二异氰酸酯），CDA（cardanol-derived siloxane，腰果酚衍生的硅氧烷），SDS（十二烷基硫酸钠），PDMS（聚二甲基硅氧烷），HFTCS［三氯（$1H$, $1H$, $2H$, $2H$-十七氟癸基）硅烷］，DHC（dopamine hydrochloride，盐酸多巴胺）。

② 表面积是根据 N_2 等温线测试的。

③ 油的缩写：PO（泵油），MIO（矿物油），SO（硅油），MO（机油），SBO（大豆油），DO（柴油），SFO（葵花籽油），MLO（机器润滑油），CO（蓖麻油），LSO（亚麻籽油），WO（白油），PTO（植物油），CAO（菜籽油），CNO（棕榈油），CDO（原油），VO（真空油），EO（发动机油），HO（液压机油），OO（橄榄油），CVO（粗制植物油），HCO（高度污染油），PNO（花生油），PRO（石蜡油）。

④ FD：冷冻干燥。

疏水和超疏水。若CA小于90°，该表面为亲水；若CA位于90°和150°之间，该表面为疏水；若CA大于150°，该表面为超疏水。在热力学平衡状态下，气凝胶表面的表观CA和粗糙度之间的关系可以用Wenzel的模型来表示，计算公式见式（5-1）。

$$\cos \theta_w = r \cos \theta \qquad (5\text{-}1)$$

式中　θ_w——表面的静态和动态接触角；

　　　r——粗糙度系数；

　　　θ——杨氏角。

经疏水处理后，生物基前体的表面能有所下降，但生物基前体被保留下来，并保持了高表面粗糙度。因此，疏水处理后的表面具有较高的CA。

尽管CVD工艺可以使改性气凝胶获得优异的疏水性，但仍有三个主要缺点：①气凝胶的制备和疏水化为两个独立步骤，时间长，不适合大规模应用；②CVD形成的疏水基团在气凝胶中的分布不均匀；③制备条件，包括试剂的初始量、温度、压力和CVD反应的时间都需精确控制。为解决这些问题，Tingaut等通过在酸水解的MTMS存在下对纤维素纳米纤维悬浮液进行一步冷冻干燥，制得疏水纤维素纳米纤维（NFC）气凝胶（图5-14）。与CVD法相比，一步冻干法可产生分散均匀的疏水剂，并扩散到孔隙中。Sai利用稀硫酸的催化作用将扩散到基体中的水溶性硅酸钠（Na_2SiO_3）产生疏水性反应［图5-14（e）］，首先，Na_2SiO_3扩散到BC水凝胶的三维网络中。然后，SiO_3^{2-}转化为SiO_2纳米颗粒（用蓝球表示），因为H^+扩散到BC三维网络中，这些纳米颗粒与硅胶骨架组装在一起，形成与BC网络的IPN结构。最后，用冷冻干燥的方法将湿凝胶干燥，得到CAs。Gao等人以十八胺（ODA）为疏水剂，将纤维素纳米纤维浸入多巴胺/陶瓷ODA乳液中，降低其表面能并有效封住亲水性的−OH基团，随后冷冻干燥获得具有均匀且完整结构的超疏水气凝胶。Xu采用了不同的疏水处理方法，将气凝胶直接浸入乙醇/MTES溶液中，然后进行真空干燥。MTES成功地均匀扩散到孔隙中，并在改性气凝胶的表面发生硅烷醇的自聚合，形成了直径为200nm左右的疏水性聚硅氧烷颗粒［图5-14（c）］。各种研究证实，不同类型疏水涂层的形成取决于硅烷反应条件（即冻干前或冻干后）。硅烷在干燥条件下形成自组装或共价连接的单层，而在潮湿条件下形成共价连接的交联聚合纤维层。

疏水剂的选择会影响取代度（DS），进而决定硅烷化水平，而通过X射线光电子能谱（XPS）可确定硅烷化水平。在Sai等人的研究中，只有一个活性基团的疏水剂被用来修饰纤维素或甲壳素气凝胶。因为分子一旦与纤维素或甲壳素的羟基反应就不会相互凝结，所以可用Si的含量来评估DS。

除硅烷化外，研究人员还发现了一些其他方法。例如，热解法通过提高表面粗糙度和降低表面能量，可提高生物基气凝胶的疏水性和孔隙率。除此之外，Tang等人通过在三聚氰胺气凝胶表面引入羧基和烷基修饰的SiO_2纳米颗粒，制造了新型的超疏水性和超亲水性可转化气凝胶（图5-15）。随着pH值的改变，改性SiO_2纳米颗粒发生质子化和去质子化，使得该pH响应型气凝胶在酸性和中性环境中为超疏水，而在碱性环境中则逐渐变为超亲水。在最近的研究中，十二烷基硫酸钠（SDS）是一种常见的阴离子表面活性剂，因其含有一个连接到硫酸基疏水性的12碳尾，可用于纳米纤维素气凝胶的制备并赋予其疏水性。

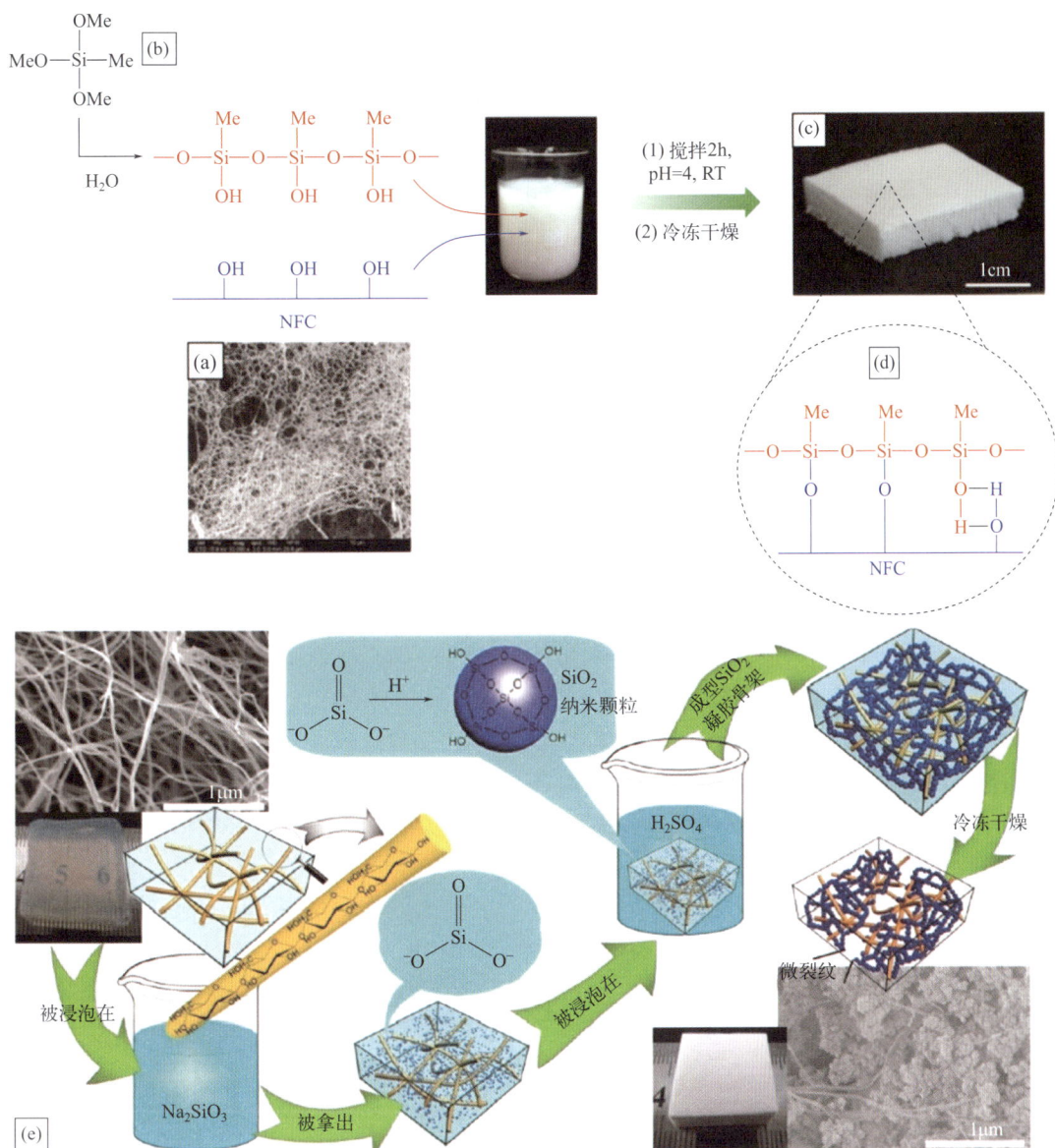

图5-14　硅化NFC气凝胶的合成示意图

（a）NFC的SEM显微照片（比例尺为10μm）；（b）聚硅氧烷溶液的制备；（c）硅化NFC海绵的图像；
（d）聚硅氧烷溶液和NFC表面之间可能的相互作用；（e）由细菌纤维素（BC）和二氧化硅
复合材料制备的复合气凝胶（CAs）的形成机制示意图

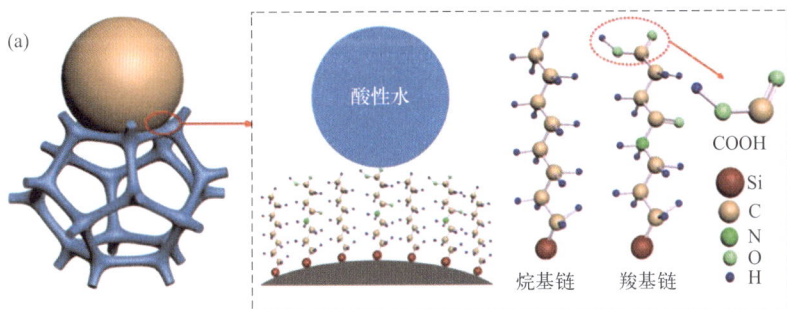

图5-15

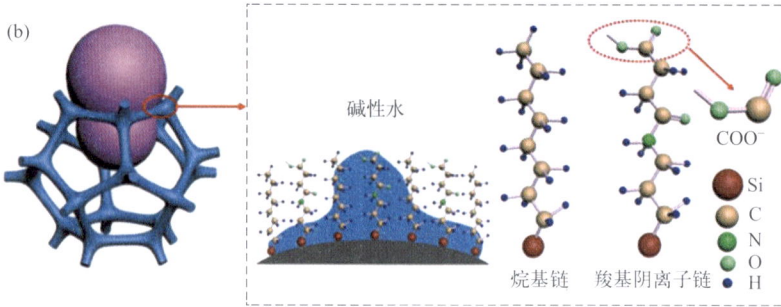

图5-15　酸性液滴（a）和碱性液滴（b）在pH响应性气凝胶表面的润湿状态示意图
蓝色、棕色、粉色和灰色区域分别代表响应性海绵骨架、酸性液滴、碱性液滴和SiO_2纳米颗粒

　　本章总结了由碳水化合物生物聚合物（纤维素和甲壳素）合成的两大类凝胶的最新研究及其在水修复中的应用。因其具有可再生性、生物降解性、天然丰度及丰富的官能团，由纤维素、甲壳质及其衍生物制备的凝胶作为去除水污染物的吸附剂具有巨大的潜力。尽管大量研究表明，纤维素和甲壳素基凝胶是去除水溶液中重金属、有机分子和无机离子的良好吸附剂，但其主要使用实验室合成的污染水，较少关注将这些凝胶用于实际工业或农业废水的修复。并且，近期关于纤维素和甲壳质基凝胶的水净化研究主要是通过间歇吸附过程进行的，其中模拟废水的初始浓度通常较高（几十到几千毫克每升水平），这对于水修复应用是不实际的。在今后的研究中，应更加重视：①利用真实废水样品评价纤维素和甲壳素凝胶的吸附性能；②纤维素和甲壳质基凝胶在连续流动水体修复中的应用；③使用低浓度废水（例如10^{-9}或10^{-12}浓度水平的废水）对纤维素和甲壳质基凝胶的吸附性能进行评估。纤维素、甲壳质及其衍生物的凝胶为水修复应用带来了希望。但在碳水化合物生物聚合物的凝胶吸附剂实现商业化之前，仍需克服许多挑战并权衡好有效性和经济适用性，因此对这些凝胶性质的基础研究应进一步继续开展。

　　而针对水污染中溢油修复主要通过引入新的合成方法和功能化，如硅烷化和热解处理，可获得具有良好吸油性能的生物基气凝胶。但为了扩大应用规模，仍有一些挑战亟待克服。常用的自下而上的方法费时耗能，故建议采用受本地生物材料结构启发的自上而下的方法替代，并对其进行详细研究。此外，CVD疏水处理通常以不均匀的功能化结束，阻碍了大规模应用。因此，迫切需要更先进、更统一、更便捷的处理方法。人们对碳基材料，如碳纳米管和石墨烯越来越感兴趣，因为它们具有非凡的机械、疏水和热性能，以及与疏水剂的强烈原子间相互作用。这些碳基材料与纤维素和甲壳素的结合也将在孔隙表面和基体框架中引入杂原子，并增加表面粗糙度，从而使气凝胶具有更大的吸油性能。对于未来的研究，应继续关注：①生物基气凝胶在连续油/水流动中的应用；②放大油吸附性能的评估；③生物基气凝胶吸油的基本机制研究。

参考文献

[1] Bashari A, Shirvan AR, Shakeri M. Cellulose-based hydrogels for personal care products. Polym Adv Technol, 2018, 29: 2853-2867.

[2] Shen X, L. Shamshina J, Berton P, et al. Hydrogels based on cellulose and chitin: fabrication, properties, and applications. Green Chem, 2016, 18: 53-75.

[3] Lue A, Zhang L. Investigation of the Scaling Law on Cellulose Solution Prepared at Low Temperature. J Phys Chem B, 2008, 112: 4488-4495.

[4] Chang C, Chen S, Zhang L. Novel hydrogels prepared via direct dissolution of chitin at low temperature: structure and biocompatibility. J Mater Chem, 2011, 21: 3865-3871.

[5] Sureshkumar MK, Das D, Mallia MB, et al. Adsorption of uranium from aqueous solution using chitosan-tripolyphosphate (CTPP) beads. J Hazard Mater, 2010, 184: 65-72.

[6] Huang T, Shao Y, Zhang Q, et al. Chitosan-Cross-Linked Graphene Oxide/Carboxymethyl Cellulose Aerogel Globules with High Structure Stability in Liquid and Extremely High Adsorption Ability. ACS Sustain Chem Eng, 2019, 7: 8775-8788.

[7] Zhang X, Elsayed I, Navarathna C, et al. Biohybrid Hydrogel and Aerogel from Self-Assembled Nanocellulose and Nanochitin as a High-Efficiency Adsorbent for Water Purification. ACS Appl Mater Interfaces, 2019, 11: 46714-46725.

[8] Liu L, Borghei M, Wang Z, et al. Salt-Induced Colloidal Destabilization, Separation, Drying, and Redispersion in Aqueous Phase of Cationic and Anionic Nanochitins. J Agric Food Chem, 2018, 66: 9189-9198.

[9] Qiu C, Tang Q, Zhang X, et al. High-efficient double-cross-linked biohybrid aerogel biosorbent prepared from waste bamboo paper and chitosan for wastewater purification. Journal of Cleaner Production, 2022, 338: 130-550.

[10] Wu Q, Meng Y, Wang S, et al. Rheological behavior of cellulose nanocrystal suspension: Influence of concentration and aspect ratio. J Appl Polym Sci, 2014, 131.

[11] Lewis L, Derakhshandeh M, Hatzikiriakos SG, et al. Hydrothermal Gelation of Aqueous Cellulose Nanocrystal Suspensions. Biomacromolecules, 2016, 17: 2747-2754.

[12] Tzoumaki MV, Moschakis T, Biliaderis CG. Metastability of Nematic Gels Made of Aqueous Chitin Nanocrystal Dispersions. Biomacromolecules, 2010, 11: 175-181.

[13] Way AE, Hsu L, Shanmuganathan K, et al. pH-Responsive Cellulose Nanocrystal Gels and Nanocomposites. ACS Macro Lett, 2012, 1: 1001-1005.

[14] Zhu L, Zong L, Wu X, et al. Shapeable Fibrous Aerogels of Metal-Organic-Frameworks Templated with Nanocellulose for Rapid and Large-Capacity Adsorption. ACS Nano, 2018, 12: 4462-4468.

[15] Leng W, He S, Zhang X, et al. Biobased Aerogels for Oil Spill Remediation. John Wiley & Sons, Ltd, 2021.

[16] Suenaga S, Osada M. Self-Sustaining Cellulose Nanofiber Hydrogel Produced by Hydrothermal Gelation without Additives. ACS Biomater Sci Eng, 2018, 4: 1536-1545.

[17] Zhang H, Yang M, Luan Q, et al. Cellulose Anionic Hydrogels Based on Cellulose Nanofibers As Natural Stimulants for Seed Germination and Seedling Growth. J Agric Food Chem, 2017, 65: 3785-3791.

[18] Liu L, Bai L, Tripathi A, et al. High Axial Ratio Nanochitins for Ultrastrong and Shape-Recoverable Hydrogels and Cryogels via Ice Templating. ACS Nano, 2019, 13: 2927-2935.

[19] Lavoine N, Bergström L. Nanocellulose-based foams and aerogels: processing, properties, and applications. J Mater Chem A, 2017, 5: 16105-16117.

[20] Kousalya GN, Rajiv Gandhi M, Meenakshi S. Sorption of chromium(VI) using modified forms of chitosan beads. Int J Biol Macromol, 2010, 47: 308-315.

[21] Yang S, Fu S, Liu H, et al. Hydrogel beads based on carboxymethyl cellulose for removal heavy metal ions. J Appl Polym Sci, 2011, 119: 1204-1210.

[22] Guo D-M, An Q-D, Xiao Z-Y, et al. Efficient removal of Pb(II), Cr(VI) and organic dyes by polydopamine modified chitosan aerogels. Carbohydr Polym, 2018, 202: 306-314.

[23] Tang H, Chang C, Zhang L. Efficient adsorption of Hg^{2+} ions on chitin/cellulose composite membranes prepared via environmentally friendly pathway. Chem Eng J, 2011, 173:689-97.

[24] Li N, Bai R, Liu C. Enhanced and Selective Adsorption of Mercury Ions on Chitosan Beads Grafted with Polyacrylamide via Surface-Initiated Atom Transfer Radical Polymerization. Langmuir, 2005, 21: 11780-11787.

[25] Zhou D, Zhang L, Zhou J, et al. Cellulose/chitin beads for adsorption of heavy metals in aqueous solution. Water Res, 2004, 38: 2643-2650.

[26] Godiya CB, Cheng X, Li D, et al. Carboxymethyl cellulose/polyacrylamide composite hydrogel for cascaded treatment/reuse of heavy metal ions in wastewater. J Hazard Mater, 2019, 364: 28-38.

[27] Wang L-Y, Wang M-J. Removal of Heavy Metal Ions by Poly(vinyl alcohol) and Carboxymethyl Cellulose Composite Hydrogels Prepared by a Freeze-Thaw Method. ACS Sustain Chem Eng, 2016, 4: 2830-2837.

[28] Li J, Zuo K, Wu W, et al. Shape memory aerogels from nanocellulose and polyethyleneimine as a novel adsorbent for removal of Cu(II) and Pb(II). Carbohydr Polym, 2018, 196: 376-384.

[29] Zhang L, Lu H, Yu J, et al. Synthesis of lignocellulose-based composite hydrogel as a novel biosorbent for Cu^{2+} removal. Cellulose, 2018, 25: 7315-7328.

[30] Sun X, Peng B, Ji Y, et al. Chitosan(chitin)/cellulose composite biosorbents prepared using ionic liquid for heavy metal ions adsorption. AIChE J, 2009, 55: 2062-2069.

[31] Manzoor K, Ahmad M, Ahmad S, et al. Removal of Pb(ii) and Cd(ii) from wastewater using arginine cross-linked chitosan-

carboxymethyl cellulose beads as green adsorbent. RSC Adv, 2019, 9: 7890-7902.

[32] Zhou Y, Zhang L, Fu S, et al. Adsorption behavior of Cd^{2+}, Pb^{2+}, and Ni^{2+} from aqueous solutions on cellulose-based hydrogels. BioResources, 2012, 7: 2752-2765.

[33] Li D, Tian X, Wang Z, et al. Multifunctional adsorbent based on metal-organic framework modified bacterial cellulose/chitosan composite aerogel for high efficient removal of heavy metal ion and organic pollutant. Chem Eng J, 2020, 383: 123127.

[34] Tang J, Song Y, Zhao F, et al. Compressible cellulose nanofibril (CNF) based aerogels produced via a bio-inspired strategy for heavy metal ion and dye removal. Carbohydr Polym, 2019, 208: 404-412.

[35] Tu H, Yu Y, Chen J, et al. Highly cost-effective and high-strength hydrogels as dye adsorbents from natural polymers: chitosan and cellulose. Polym Chem, 2017, 8: 2913-2921.

[36] Peng N, Hu D, Zeng J, et al. Superabsorbent Cellulose-Clay Nanocomposite Hydrogels for Highly Efficient Removal of Dye in Water. ACS Sustain Chem Eng, 2016, 4: 7217-7224.

[37] Annadurai G, Juang R-S, Lee D-J. Use of cellulose-based wastes for adsorption of dyes from aqueous solutions. J Hazard Mater, 2002, 92: 263-274.

[38] Salama A, Shukry N, El-Sakhawy M. Carboxymethyl cellulose-g-poly(2-(dimethylamino) ethyl methacrylate) hydrogel as adsorbent for dye removal. Int J Biol Macromol, 2015, 73: 72-75.

[39] Kono H, Ogasawara K, Kusumoto R, et al. Cationic cellulose hydrogels cross-linked by poly(ethylene glycol): Preparation, molecular dynamics, and adsorption of anionic dyes. Carbohydr Polym, 2016, 152: 170-180.

[40] Zhou C, Wu Q, Lei T, et al. Adsorption kinetic and equilibrium studies for methylene blue dye by partially hydrolyzed polyacrylamide/cellulose nanocrystal nanocomposite hydrogels. Chem Eng J, 2014, 251: 17-24.

[41] Salama A. Preparation of CMC-g-P(SPMA) super adsorbent hydrogels: Exploring their capacity for MB removal from waste water. Int J Biol Macromol, 2018, 106: 940-945.

[42] Dragan ES, Lazar MM, Dinu MV, et al. Macroporous composite IPN hydrogels based on poly(acrylamide) and chitosan with tuned swelling and sorption of cationic dyes. Chem Eng J, 2012, 204-206: 198-209.

[43] Zhou Y, Fu S, Liu H, et al. Removal of methylene blue dyes from wastewater using cellulose-based superadsorbent hydrogels. Polym Eng Sci, 2011, 51: 2417-2424.

[44] Shen C, Shen Y, Wen Y, et al. Fast and highly efficient removal of dyes under alkaline conditions using magnetic chitosan-Fe(III) hydrogel. Water Res, 2011, 45: 5200-5210.

[45] Salzano de Luna M, Castaldo R, Altobelli R, et al. Chitosan hydrogels embedding hyper-crosslinked polymer particles as reusable broad-spectrum adsorbents for dye removal. Carbohydr Polym, 2017, 177: 347-354.

[46] Tang H, Zhou W, Zhang L. Adsorption isotherms and kinetics studies of malachite green on chitin hydrogels. J Hazard Mater, 2012, 209-210: 218-225.

[47] Wang Z, Song L, Wang Y, et al. Lightweight UiO-66/cellulose aerogels constructed through self-crosslinking strategy for adsorption applications. Chem Eng J, 2019, 371: 138-144.

[48] Mohammed N, Grishkewich N, Berry RM, et al. Cellulose nanocrystal-alginate hydrogel beads as novel adsorbents for organic dyes in aqueous solutions. Cellulose, 2015, 22: 3725-3738.

[49] Liu L, Gao ZY, Su XP, et al. Adsorption Removal of Dyes from Single and Binary Solutions Using a Cellulose-based Bioadsorbent. ACS Sustain Chem Eng, 2015, 3: 432- 42.

[50] Yuan D, Zhang T, Guo Q, et al. Recyclable biomass carbon@SiO_2@MnO_2 aerogel with hierarchical structures for fast and selective oil-water separation. Chem Eng J, 2018, 351: 622-630.

[51] Jiang F, Hsieh Y-L. Amphiphilic superabsorbent cellulose nanofibril aerogels. J Mater Chem A, 2014, 2: 6337.

[52] Ventikos N. A high-level synthesis of oil spill response equipment and countermeasures. J Hazard Mater, 2004, 107: 51-58.

[53] Yuan J, Liu X, Akbulut O, et al. Superwetting nanowire membranes for selective absorption. Nat Nanotechnol, 2008, 3: 332-335.

[54] Zhang Z, Sèbe G, Rentsch D, et al. Ultralightweight and Flexible Silylated Nanocellulose Sponges for the Selective Removal of Oil from Water. Chem Mater, 2014, 26: 2659-2668.

[55] He J, Zhao H, Li X, et al. Superelastic and superhydrophobic bacterial cellulose/silica acrogels with hierarchical cellular structure for oil absorption and recovery. J Hazard Mater, 2018, 346: 199-207.

[56] Bidgoli H, Mortazavi Y, Khodadadi AA. A functionalized nano-structured cellulosic sorbent aerogel for oil spill cleanup: Synthesis and characterization. J Hazard Mater, 2019, 366: 229-239.

[57] Sai H, Xing L, Xiang J, et al. Flexible aerogels based on an interpenetrating network of bacterial cellulose and silica by a non-supercritical drying process. J Mater Chem A, 2013, 1: 7963-7970.

[58] Hong J-Y, Sohn E-H, Park S, et al. Highly-efficient and recyclable oil absorbing performance of functionalized graphene aerogel. Chem Eng J, 2015, 269: 229-235.

[59] Zhang X, Wang H, Cai Z, et al. Highly Compressible and Hydrophobic Anisotropic Aerogels for Selective Oil/Organic Solvent Absorption. ACS Sustain Chem Eng, 2019, 7: 332-340.

[60] Yi L, Yang J, Fang X, et al. Facile fabrication of wood-inspired aerogel from chitosan for efficient removal of oil from Water. J Hazard Mater, 2020, 385: 121-507.

[61] Zhou S, Liu P, Wang M, et al. Sustainable, Reusable, and Superhydrophobic Aerogels from Microfibrillated Cellulose for Highly Effective Oil/Water Separation. ACS Sustain Chem Eng, 2016, 4: 6409-6415.

[62] Wang S, Peng X, Zhong L, et al. An ultralight, elastic, cost-effective, and highly recyclable superabsorbent from microfibrillated cellulose fibers for oil spillage cleanup. J Mater Chem A, 2015, 3: 8772-8781.

[63] Sai H, Fu R, Xing L, et al. Surface Modification of Bacterial Cellulose Aerogels′ Web-like Skeleton for Oil/Water Separation. ACS Appl Mater Interfaces, 2015, 7: 7373-7381.

[64] Sai H, Xing L, Xiang J, et al. Flexible aerogels with interpenetrating network structure of bacterial cellulose-silica composite from sodium silicate precursor via freeze drying process. RSC Adv, 2014, 4: 30453-30461.

[65] Gao R, Xiao S, Gan W, et al. Mussel Adhesive-Inspired Design of Superhydrophobic Nanofibrillated Cellulose Aerogels for Oil/Water Separation. ACS Sustain Chem Eng, 2018, 6: 9047-9055.

[66] Zheng Q, Cai Z, Gong S. Green synthesis of polyvinyl alcohol (PVA)-cellulose nanofibril (CNF) hybrid aerogels and their use as superabsorbents. J Mater Chem A, 2014, 2: 3110.

[67] Laitinen O, Suopajärvi T, Österberg M, et al. Hydrophobic, Superabsorbing Aerogels from Choline Chloride-Based Deep Eutectic Solvent Pretreated and Silylated Cellulose Nanofibrils for Selective Oil Removal. ACS Appl Mater Interfaces, 2017, 9: 25029-25037.

[68] Benito-González I, López-Rubio A, Gómez-Mascaraque LG, et al. PLA coating improves the performance of renewable adsorbent pads based on cellulosic aerogels from aquatic waste biomass. Chem Eng J, 2020, 390: 124607.

[69] Liu Y, Peng Y, Zhang T, et al. Superhydrophobic, ultralight and flexible biomass carbon aerogels derived from sisal fibers for highly efficient oil-water separation. Cellulose, 2018, 25: 3067-3078.

[70] Ebrahimi A, Dahrazma B, Adelifard M. Facile and novel ambient pressure drying approach to synthesis and physical characterization of cellulose-based aerogels. J Porous Mater, 2020.

[71] Meng Y, Young TM, Liu P, et al. Ultralight carbon aerogel from nanocellulose as a highly selective oil absorption material. Cellulose, 2015, 22: 435-447.

[72] Gu H, Zhou X, Lyu S, et al. Magnetic nanocellulose-magnetite aerogel for easy oil adsorption. J Colloid Interface Sci, 2020, 560: 849-855.

[73] Zhang H, Lyu S, Zhou X, et al. Super light 3D hierarchical nanocellulose aerogel foam with superior oil adsorption. J Colloid Interface Sci, 2019, 536: 245-251.

[74] Wu H, Wang Z-M, Kumagai A, et al. Amphiphilic cellulose nanofiber-interwoven graphene aerogel monolith for dyes and silicon oil removal. Compos Sci Technol, 2019, 171: 190-198.

[75] Rafieian F, Hosseini M, Jonoobi M, et al. Development of hydrophobic nanocellulose-based aerogel via chemical vapor deposition for oil separation for water treatment. Cellulose, 2018, 25: 4695-4710.

[76] Ji Y, Wen Y, Wang Z, et al. Eco-friendly fabrication of a cost-effective cellulose nanofiber-based aerogel for multifunctional applications in Cu(II) and organic pollutants removal. J Clean Prod, 2020, 255: 120275.

[77] Yang J, Xia Y, Xu P, et al. Super-elastic and highly hydrophobic/superoleophilic sodium alginate/cellulose aerogel for oil/water separation. Cellulose, 2018, 25: 3533-3644.

[78] Gong X, Wang Y, Zeng H, et al. Highly Porous, Hydrophobic, and Compressible Cellulose Nanocrystals/Poly(vinyl alcohol) Aerogels as Recyclable Absorbents for Oil-Water Separation. ACS Sustain Chem Eng, 2019, 7: 11118-11128.

[79] Yi L, Yang J, Fang X, et al. Facile fabrication of wood-inspired aerogel from chitosan for efficient removal of oil from Water. J Hazard Mater, 2020, 385: 121507.

[80] Chaudhary JP, Vadodariya N, Nataraj SK, et al. Chitosan-Based Aerogel Membrane for Robust Oil-in-Water Emulsion Separation. ACS Appl Mater Interfaces, 2015, 7: 24957-24962.

[81] Wang Z, Jin P, Wang M, et al. Biomass-Derived Porous Carbonaceous Aerogel as Sorbent for Oil-Spill Remediation. ACS Appl Mater Interfaces, 2016, 8: 32862-32868.

[82] Zhu Z, Fu S, Lucia LA. A Fiber-Aligned Thermal-Managed Wood-Based Superhydrophobic Aerogel for Efficient Oil Recovery. ACS Sustain Chem Eng, 2019, 7: 16428-16439.

[83] Ren R-P, Li W, Lv Y-K. A robust, superhydrophobic graphene aerogel as a recyclable sorbent for oils and organic solvents at various temperatures. J Colloid Interface Sci, 2017, 500: 63-68.

[84] Tang L, Wang G, Zeng Z, et al. Three-dimensional adsorbent with pH induced superhydrophobic and superhydrophilic transformation for oil recycle and adsorbent regeneration. J Colloid Interface Sci, 2020, 575: 231-244.

第6章

导电水凝胶

6.1 导电水凝胶简介

皮肤作为人体最大的器官，能够通过多种传感器感知温度、湿度、压力和疼痛等各种刺激，在大脑与外部环境的交互中发挥着重要作用。此外，皮肤还具有多种独特的性能，例如可拉伸性、自愈能力、高机械韧性和环境适应性。近年来，受皮肤结构和感知功能的启发，许多人致力于设计和开发各种电子设备，如可穿戴传感器、电子皮肤和可植入电子设备，在个性化健康监测、人机交互和类人机器人等方面展现出巨大的应用潜能。开发多种高灵敏度、快速响应、高分辨率的柔性物理传感器是实现皮肤传感特性仿真的关键。作为一种广泛使用的物理传感器，机械传感器对机械刺激很敏感，既可以用于检测人体的大运动，例如关节运动，也可以检测由血压、脉搏、呼吸和声音引起的微小运动。这类机械传感器在各个领域都有广阔的应用前景。例如，在机器人领域，这种传感器可以使机器人对外部刺激做出反应并完成复杂的任务。在医学领域，机械传感器不仅可以帮助截肢者恢复其感知功能，还可以用于持续监测生理健康。

当机械传感器附着在人体皮肤上或在机器人或假肢中发挥皮肤传感器的功能时，它们首先需要很好地附着在移动的表面上。例如，在人体关节处，表面会受到横向拉伸、压缩和扭曲。因此，需要机械灵活性来提供必要的机械自由度，以适应机械传感器在使用过程中的机械变形。大多数用于构建柔性机械传感器的材料，通常是由弹性体（聚二甲基硅氧烷、丝素蛋白、聚氨酯和聚对苯二甲酸乙二醇酯）和导电填料（如金属颗粒、半导体、碳材和导电聚合物）组成的可拉伸导电材料。弹性体作为柔性基质赋予导电填料网络变形，将外部压力和应变转换为可检测的电子信号。基材和网络的性质和相互作用对此类传感器的性能有很大影响。尽管这些弹性体复合材料在其可拉伸性方面具有优势，且具有接近人体组织的低模量，但填料和弹性体之间的低相容性、非生物相容性和低抗疲劳性通常限制了这些材料作为可拉伸机械传感器的广泛应用。开发性能优良的具有机械传感器性能的柔性导电材料仍然是一个巨大的挑战。

导电水凝胶因其独特的类皮肤组织状结构、机械匹配性、良好的生物相容性和导电活性，是最有前景的柔性机械传感器材料之一。导电水凝胶通常是通过在传统的水凝胶网络中加入导电填料或可溶性盐来制备的。在该系统中，水凝胶网络提供了机械灵活性、生物相容性和其他功能，这些功能可通过改变交联聚合物、网络结构和交联相互作用来调节。例如，天然生物聚合物是含有重复单元的链状分子，如具有极好的生物学特性的蛋白质和多糖，可用于制备软生物集成机械传感器。引入动态共价或非共价（如氢键、离子键和主客体相互作用）相互作用可以有效提高水凝胶网络的机械韧性。在水凝胶网络中，导电填料或可移动的盐离子提供导电路径，赋予水凝胶导电活性。对于含有导电聚合物、金属纳米粒子/纳米线、碳纳米材料等导电填料的导电水凝胶，导电填料与水凝胶基质之间存在相互作用。因此，当水凝胶被压力或应变加载时，导电填料的连接会发生变化，从而导致电信号的变化。对于盐离子基导电水凝胶来说，电信号的变化主要归因于水凝胶在外部压力或应变作用下的几何变化。虽然导电填料和盐离子基水凝胶都可以实现机械力到可检测电信号的转换，但它们作为机械传感器具有不同的优势。例如，基于导电填料的水凝胶通常由于接触电阻效应和隧道效应而表现出更高的灵敏度，然而，它们中的大多数是不透明的，这将影响传感器的可视化。同时，离子传导在生物系统中普遍存在，导电填料基水凝胶的电子传导严重阻碍了可穿戴机械传感器与人体生物组织的集成。离子导电水凝胶具有高透明性，并且与生物系统具有相同的导电通道，这使得它们更适合生物集成传感器，但它们通常具有相对较低的传感灵敏度。从材料设计的角度来看，优良的机械韧性和良好的导电性对于机械传感器的实际应用至关重要。然而，高导电性需要高填充含量，但由于填料和水凝胶基质之间的相分离，会导致机械性能下降。因此，为了制备具有理想机械性能和导电性的导电水凝胶，需要优化网络结构，提高导电组分与水凝胶基质的亲和力。此外，将自愈合能力、自黏附性、抗冻性、多重传感能力和可回收性等多功能集成到导电水凝胶中对于实际应用非常重要。例如，自愈合能力可以大大提高导电水凝胶作为可穿戴机械传感器的使用寿命。广泛的极端温度耐受性将扩大其应用环境和季节，甚至在超低温下使用。总而言之，为了满足作为机械传感器的实际应用，应仔细考虑将机械韧性、良好的导电性和多功能性集成到导电水凝胶中。

本章综述了导电水凝胶作为机械传感器的制备、性能和应用的最新进展。内容首先从先进机械传感器所需的导电水凝胶的独特性能和导电水凝胶材料的制备技术开始。其次，总结和比较了用于机械传感器（包括应变和压力传感器）的为了完全模仿人类皮肤的机械传感特性。最后，讨论并提出了导电水凝胶作为机械传感器的挑战和应用前景。

6.2　导电水凝胶的制备、分类及特性

导电水凝胶通常由导电组分和凝胶网络组成，其中，水凝胶聚合物网络提供支架，而导电材料赋予导电性。由于其独特的导电性、力学性能和生物相容性，导电水凝胶已被广泛应用于储能装置、不同类型的传感器和组织工程领域。为了完全模仿人类皮肤的机械传感特性，用于制备机械传感器的导电水凝胶需要具有以下两个特性：①足够的机械柔韧性；②灵敏的传感通道。一方面，在实际应用中，机械传感器不断承受来自外部的动态变形，因此用于制备传感器的导电水凝胶应具有更大的变形能力和韧性。另一方面，在导电水凝胶中构建传感通道对传感器的灵敏度有重要影响，使机械刺激转化为可检测的电信号成为

可能。因此，水凝胶良好的导电性对于实现传感特性非常重要。同时，水凝胶的快速自恢复可以提高传感器的响应性和稳定性。此外，自愈、刺激响应等其他功能可以增加传感器的使用寿命，实现其智能化。根据导电机理的不同，导电水凝胶一般可分为电子导电水凝胶和离子导电水凝胶。本节主要介绍基于不同导电机制的导电水凝胶的制备方法和代表性实例。

6.2.1 电子导电水凝胶

电子导电水凝胶主要由水凝胶与导电聚合物或填料复合而成。导电聚合物（CPs）是合成聚合物，其特点是具有传导电子的能力，由于其可调节的电导率而引起了研究者的极大兴趣。聚噻吩、聚吡咯和聚苯胺是用于合成导电水凝胶的三种主要导电聚合物。然而，导电聚合物的高度p-共轭结构和固有刚度限制了柔性导电水凝胶作为机械传感器的制备。最近，通过设计网络结构或引入动态交联相互作用，导电聚合物水凝胶的机械柔韧性得到了极大的改善。通常，有两种主要的方法来制备导电聚合物水凝胶。一种是将导电聚合物直接添加到亲水性水凝胶网络中。Gao的研究小组报道了一个典型的例子。首先，以聚（3,4-乙烯二氧基噻吩）磺化木质素（PEDOT:SL）为导电组分，以APS（过硫酸铵）为氧化剂，采用原位共聚法制备了PEDOT:SL导电组分，其中SL作为PEDOT:SL溶液的有效分散剂。然后，通过将PEDOT:SL结合到聚丙烯酸（PAA）水凝胶骨架中并进行溶剂置换，制造出自起皱的PEDOT:SL-PAA有机水凝胶。由于引入了PEDOT:SL，PEDOT:SL-PAA有机水凝胶保持了高导电性，这也提高了柔软性和弹性的力学性能。因此，这种具有高导电性和优异力学性能的有机水凝胶可用作生物相容的可穿戴传感器。Liu的小组还通过将聚（3,4-乙烯二氧噻吩）：聚苯乙烯磺酸盐（PEDOT:PSS）掺入聚乙烯醇（PVA）水凝胶中，合成了一种抗冻导电有机水凝胶，如图6-1（a）所示。在该体系中，导电聚合物PEDOT：PSS和PVA在95℃下溶于乙二醇/水（EG/H$_2$O）中。然后将均相溶液冷却到-20℃，通过氢键和结晶域的结合，诱导PVA链间的物理交联点，得到高机械强度的有机水凝胶。PEDOT:PSS网络的存在赋予了有机水凝胶良好的导电性。另一种方法是以小分子单体的形式引入导电组分，然后通过原位聚合实现导电聚合物与凝胶网络的有效结合。通过这种方法可以在很大程度上调节导电聚合物与水凝胶基质之间的相互作用、导电聚合物的分散性和含量，从而提高导电性。通过这种方法合成的第一个导电聚合物水凝胶是Gilmore等人报道的在预制的聚丙烯酰胺（PAM）水凝胶上直接聚合聚吡咯（PPy）。Yu的研究小组将3,4-乙烯二氧噻吩(EDOT)单体原位电化学聚合到现有的PAA水凝胶网络中，将具有高电导率的致密PEDOT网络引入了PAA基质中，制备了具有高导电性的PAA-PEDOT水凝胶。这种互穿的PAA-PEDOT水凝胶采用额外的表面微结构模制而成，可以承受外部拉伸而不会影响其导电性。因此，这种互穿的PAA-PEDOT导电水凝胶可作为用于个性化医疗的柔性电子设备的重要电极材料。在类似的机制中，Lu的研究小组通过控制聚丙烯酰胺（PAM）/壳聚糖（CS）互穿聚合物网络水凝胶内部的导电聚吡咯（PPy）纳米棒原位形成，研究出了一种坚韧且导电的水凝胶，如图6-1（b）所示。PPy纳米棒均匀分布在PAM/CS互穿聚合物网络水凝胶中，赋予水凝胶高导电性，并且由于与PPy纳米棒形成复合材料，导电水凝胶表现出显著的力学性能。此外，Ma的课题组通过苯胺（ANI）和氨基苯基硼酸在聚乙烯醇（PVA）溶液中的原位共聚制备了动态交联的PANIPVA导电水凝胶。PANI上的硼酸基团和PVA上的羟基之间的分子间相互作用起到了交联的作用，赋予了水凝胶优异的力学性能。聚苯胺具有较高的比电容和良好的化学稳定性，可提供快速和可逆的电荷存储。因此，该水凝胶具有良好的循环稳定性和机械耐久性，可作为柔性固态超级电容器使用。

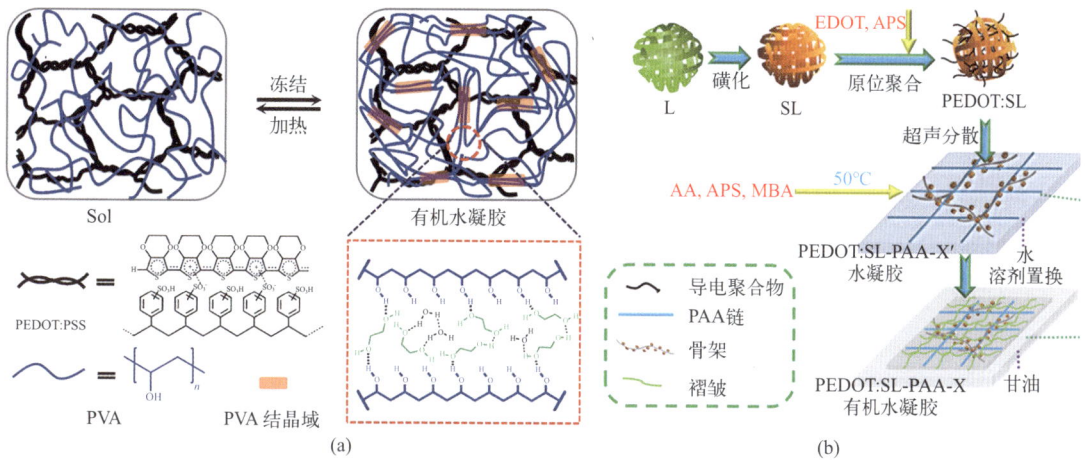

图6-1　基于导电聚合物的导电水凝胶两种不同的制备方法
（a）PEDOT∶PSS-PVA复合导电有机水凝胶的制备示意图；（b）PPy复合导电和坚韧的PPy-PAM/CS水凝胶示意图

除导电聚合物外，碳纳米管（CNT）、石墨烯和碳量子点等碳基材料由于具有高导电性、优异的环境稳定性和机械强度，也是制备导电水凝胶的理想导电填料。其中，碳纳米管和石墨烯在材料科学领域得到了广泛的研究，被广泛用作导电填料制备导电水凝胶。然而，由于碳纳米管和石墨烯在水溶液中的分散性较差，限制了它们在导电水凝胶制备中的应用。为了提高碳纳米管和石墨烯在水凝胶网络中的分散性，常用的方法是在表面引入亲水性官能团或用亲水性聚合物对其进行改性。例如，Han等通过将聚乙烯醇-硼砂（PVAB）水凝胶与碳纳米管-纤维素纳米纤维（CNT-CNF）纳米混合物相结合，制备了多功能自修复导电水凝胶。亲水性CNF作为生物模板有效分散CNT，在水悬浮液中形成分散良好的CNT-CNF纳米杂化物、硼酸盐离子与PVA交联的CNT-CNF纳米杂化物。CNT-CNF纳米杂化物不仅增强了水凝胶的黏弹性和机械韧性，而且赋予了CNT-CNF/PVAB水凝胶高导电性。由PVAB基水凝胶组装的固态超级电容器在各种变形下表现出理想的电容保持率。使用高浓度强酸如H_2SO_4和HNO_3进行氧化是在CNT表面引入亲水基团的有效方法。Yao等人报道，CNTs先经HNO_3氧化，然后在明胶的辅助下均匀分散在水溶液中。在碳纳米管分散体存在下，通过AAm（丙烯酰胺）单体和交联剂的聚合制备了一种掺入碳纳米管的PAM水凝胶，所得水凝胶表现出优异的机械韧性和良好的导电性，如图6-2（a）所示。作为石墨烯的衍生物，表面具有多种亲水性官能团的氧化石墨烯（GO）常被用于制备导电水凝胶。然而，与石墨烯相比，基于GO的导电水凝胶通常表现出较差的导电性。为了提高GO基水凝胶的电导率，研究人员采用在水凝胶基质中原位还原GO的方法制备具有相当电导率的还原GO（rGO）。多种化学还原剂可用于生产rGO，其中DA因其生物相容性和温和的还原条件被认为是最具潜力的还原剂。例如，Turng的小组通过受贻贝启发的化学方法制造了一种由聚丙烯酸（PAA）和rGO组成的纳米复合水凝胶。在第一步中，氧化石墨烯通过多巴胺自聚合被完全还原，这在水凝胶中提供了有效的电通路。第二步，丙烯酸（AA）单体在化学交联剂和物理交联剂存在下原位聚合形成双交联水凝胶。所制备的纳米复合水凝胶具有高拉伸性、高韧性和优越的传感能力。Gan 等也首先将 PEDOT 自组装在聚多巴胺还原磺化氧化石墨烯（PSGO）模板上，然后将 PEDOT-PSGO 结合到 PAM 水凝胶中，制备了 PSGO-PEDOT-PAM 水凝胶，如图 6-2（b）所示。在第一步中，将磺酸盐基团 GO 引入表面，得到磺化 GO（SGO），这些基团充当 PEDOT 的掺杂位点。第二步，将儿茶酚基团引入 SGO，通过 PDA（聚多巴胺）功能化形成 PSGO，这增强了 PEDOT 和 PSGO 之间的相互作用。PSGO 同时被 PDA 还原，增加了 PSGO 的电导率，得到了一种坚韧、黏性、导电和生物相容性的水凝物，可作为可植入的生物电极来检测生物信号。

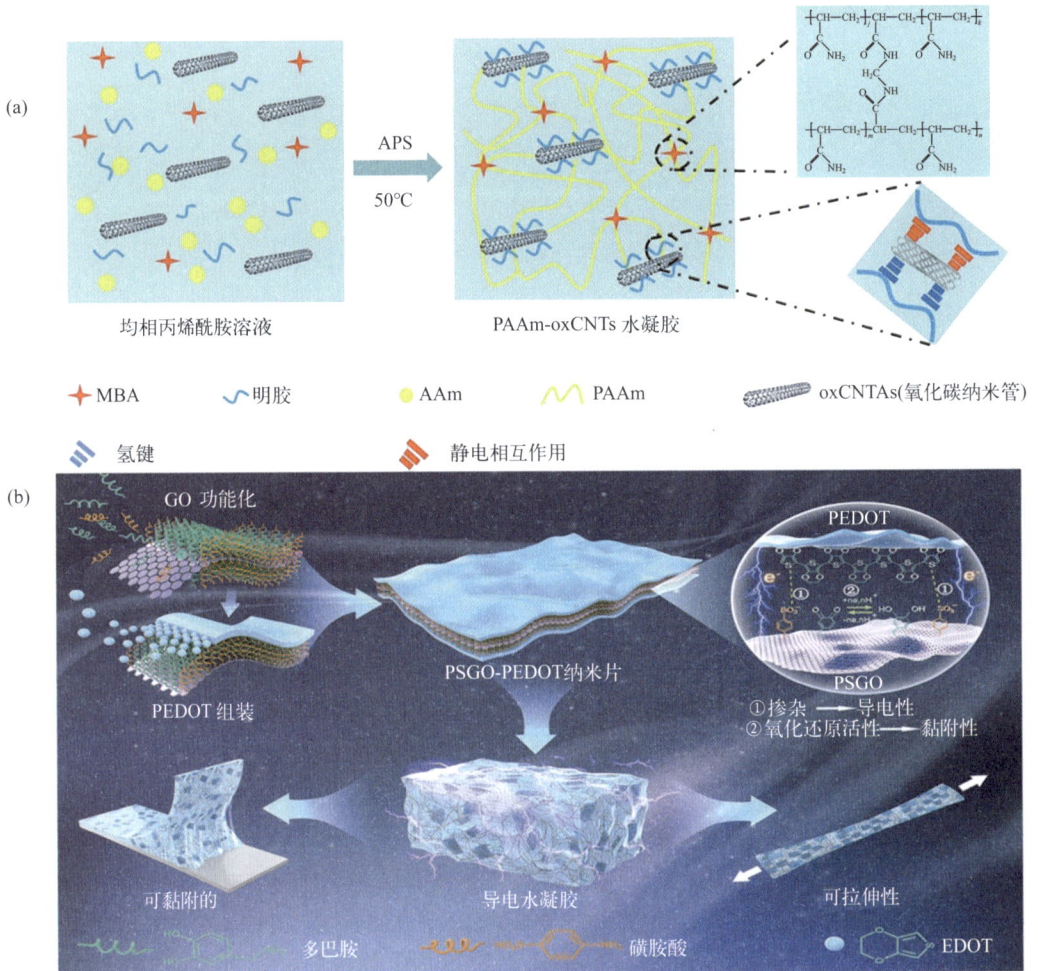

图6-2　碳基导电水凝胶的制备

（a）掺杂 CNTs 的 PAM 水凝胶的制备示意图；（b）亲水性、导电性和氧化还原性三明治状
PSGO-PEDOT 纳米片及其在水凝胶中的结合示意图

最近，MXene 是一种新兴的二维材料，具有显著的亲水性、强机械性和高导电性，已被广泛研究用于制备导电水凝胶。通常，MXene 是通过使用 LiF 试剂从 MAX 相中选择性蚀刻掉 A 族层来制备的，这使得 MXene 在其表面和边缘具有许多官能团（例如—OH、—O 和—F），使其在水溶液中表现出良好的分散性，形成稳定的导电有效通路。此外，MXene 上丰富的亲水基团可以与水凝胶网络相互作用形成交联，从而提高水凝胶的力学性能。作为概念验证，Ma 的小组制造了一种 MXene 纳米片催化的自组装聚丙烯酸（PAA）水凝胶，具有出色

的导电性、拉伸性和抗聚集性能。还原性 TiO₂@MXene 纳米片催化铵的解离引发 AA 单体的聚合，同时交联 PAA 聚合物链以获得水凝胶。这种水凝胶的机械韧性、黏附性和导电性等特性可以通过改变 TiO₂@MXene 的含量来轻松调节，可用作自粘生物电极，用于稳定检测人体生理信号。此外，Yu 的研究小组通过将导电 MXene 纳米片网络结合到水凝胶聚合物网络中并随后浸入乙二醇（EG）中，制造了一种防冻、自愈和导电的 MXene 纳米复合有机水凝胶（MNOH），如图 6-3 所示。由于 3D MXene 纳米片网络中电子传输的增加，MXene 纳米片的加入大大提高了 MNOH 的电导率。同时，MXene 纳米片也可以与缠结的聚合物链相连，从而大大提高了 MNOH 的力学性能。这种 MNOH 可用于组装可穿戴电子传感器，用于电子皮肤中的潜在多功能应用。

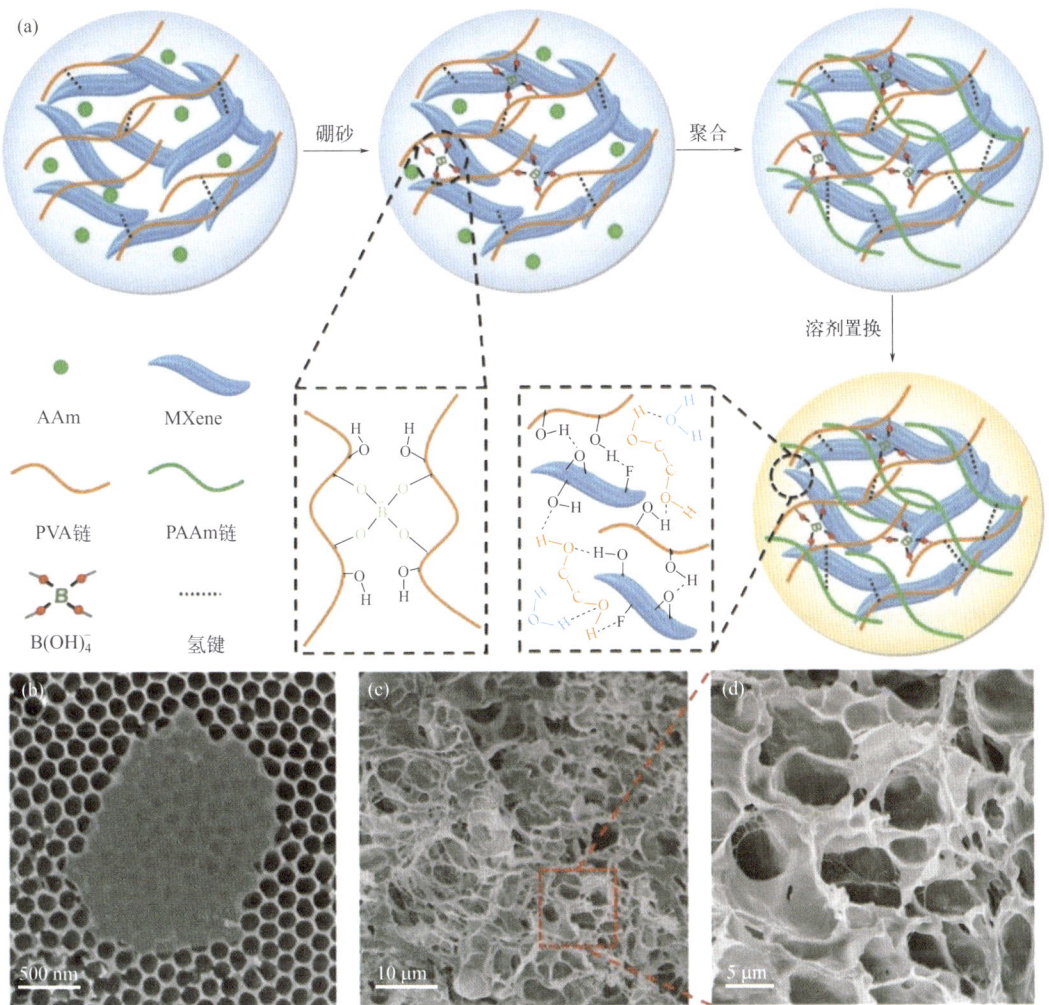

图6-3　导电、防冻和自愈 MNOH 水凝胶的制备示意图（a）；分层的 MXene 片材（b）；冷冻干燥的 MNH 的 SEM 图像 [（c）、（d）]

6.2.2　离子导电水凝胶

在生物系统中，通过自由离子传输的离子传导无处不在且极为重要。该水凝胶由三维网络结构框架和具有大量离子迁移通道的连续水相组成，为制备离子导电水凝胶材料提供了可能。水凝胶网络中的可移动离子主要有两个来源：聚合物网络中的可电离基团和添加的电解质。大量的聚合物网络（例如多元酸单体、丙烯酸或2-丙烯酰胺-2-甲基丙烷磺酸）含有可电离基团，这些基团通过水解提供移动离子。两性离子在同一大分子链上同时含有阳离子和阴离子电荷，由于高保水能力和离子迁移通道的协同作用，可以保证高离子电导率。如图6-4（a）所示，Fu的小组通过将两性离子聚合物引入纳米复合水凝胶中，设计了一种坚韧且具有黏性的两性离子纳米复合水凝胶。掺入的两性离子聚合物可以形成额外的物理交联，以提高水凝胶的力学性能。两性离子聚合物中的带电基团可以通过离子-偶极和偶极-偶极相互作用与其他带电基团或极性基团相互作用，赋予水凝胶黏附性能。更重要的是，丰富的两性离子基团的存在促进了水凝胶中的离子导电性。因此，随着两性离子含量的增加，水凝胶具有高导电性，这使得水凝胶成为可穿戴皮肤应变传感器的理想候选材料。Xie等人还通过两性离子单体的自由基共聚制备了两性离子水凝胶电解质。带电基团具有良好的水结合能力，不仅赋予了水凝胶电解质优异的保水能力，还为电解质离子提供了离子迁移通道。因此，这种基于水凝胶电解质的固体超级电容器具有优异的电化学性能。

作为水凝胶最重要的成分，水凝胶中的水可以溶解从无机酸、碱和盐中解离出来的Cl^-、Na^+、H^+和OH^-等多种离子，使水凝胶成为良好的离子导体。制备含盐离子的离子导电水凝胶主要有两种方法。一种是在水凝胶制备过程中直接在水凝胶网络中加入可溶性无机盐。Suo和其同事通过在NaCl电解质溶液中原位聚合丙烯酰胺（AAm）单体和N, N-亚甲基双丙烯酰胺（MBA）交联剂的混合物，制备了可拉伸和透明的离子导体。这种水凝胶具有良好的导电性、高拉伸性和超高的透明度，可以用作产生大应变的透明制动器或透明扬声器来产生整个可听范围内的声音。最近，Gao的研究小组通过将氯化锂和水解角蛋白引入聚丙烯酰胺水凝胶中，开发了一种水解角蛋白修饰的聚丙烯酰胺复合水凝胶换能器。水解角蛋白的引入使水凝胶具有更高的机械柔顺性和对各种基材的良好附着力，并且氯化锂的存在赋予水凝胶导电性。这种水凝胶也是高度透明的，并且对施加的应变极为敏感，这在离子皮肤中显示出潜在的应用前景。将制备的水凝胶浸入高浓度盐溶液中是另一种制备离子水凝胶导体的方法。例如，Chen课题组报道的将羟丙基纤维素（HPC）和聚乙烯醇（PVA）物理交联的水凝胶浸入NaCl溶液中制备了一种高度可拉伸和弹性的HPC/PVA离子传导双网络（DN）水凝胶，如图6-4（b）所示。HPC纤维的存在降低了水凝胶的交联密度，形成了较大的多孔结构，有利于离子迁移。同时，HPC纤维可以吸收大量的Na^+和Cl^-，因此HPC/PVA水凝胶具有优异的离子传导性。此外，由于Na^+和Cl^-的盐析作用，HPC/PVA水凝胶的力学性能也得到了有效改善。良好的导电性和力学性能使离子导电水凝胶可用作人造软电子。

6.3　导电水凝胶的应用——机械传感

由于可调节的电导率、机械柔韧性和生物友好性等明显优势，导电水凝胶作为机械传感器具有广阔的应用前景。当对水凝胶施加机械刺激（如应变或压力）时，水凝胶内部的导电网络发生变形，从而改变其电阻或电导率，电学性质的变化可用于检测不同的机械刺

纳米黏土　　● SBMA　　▲ HEMA

(a) 坚韧和黏性两性离子纳米复合水凝胶的制备示意图

━━ PVA　　━━ HPC　　● Cl⁻　　● Na⁺　　⋯⋯ 离子偶极相互作用

(b) HPC/PVA 离子传导双网络(DN)水凝胶的制备示意图

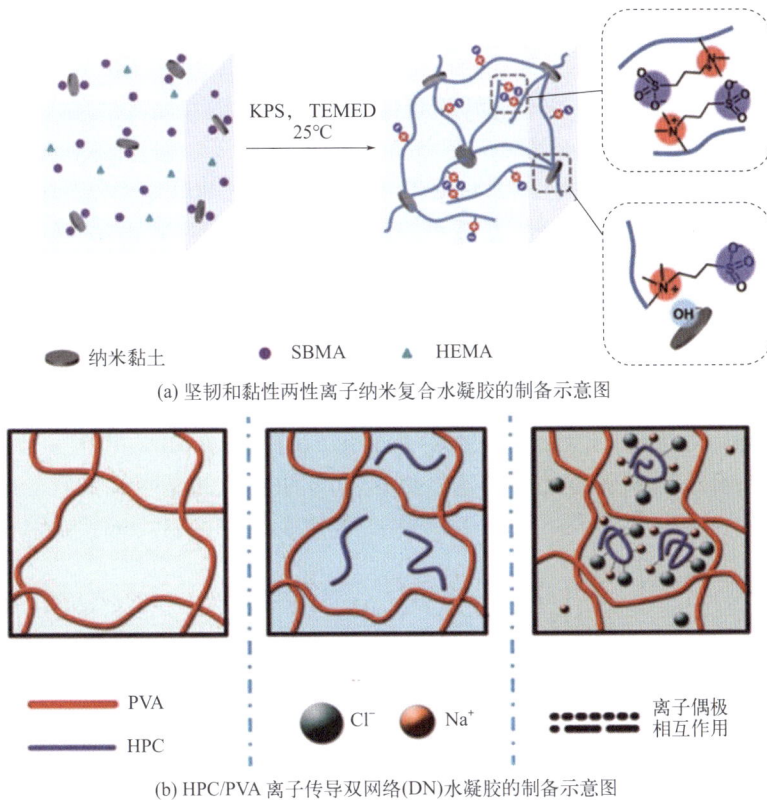

图6-4　离子导电水凝胶的制备

激。对于应变和压力传感器，导电网络和水凝胶网络的协同效应对传感性能起着重要作用。本节根据不同的传感性能参数（传感范围、灵敏度和线性度）和多功能（自修复、自黏和防冻），介绍了导电水凝胶基应变和压力传感器的研究进展，并对其在人体运动传感和生理信号监测中的应用进行了讨论和比较。

6.3.1　柔性应变传感器

应变传感器主要将机械变形转化为电信号，可以实时准确地跟踪和检测关节、表皮和心脏的活动，检测结果可用于进一步分析和诊断。应变传感器的传感范围和灵敏度等性能与水凝胶网络结构和导电网络有很大关系。因此，可以通过选择不同类型的导电水凝胶来广泛调整和改善传感性能。对于应变传感器，灵敏度是主要关注的性能，高灵敏度可以捕获非常小的应变，实现对微小运动的精确检测。最近，Fu的课题组通过苯胺在丙烯酰胺和丙烯酸羟乙酯共聚物P（AAm-co-AMPS）水凝胶网络中的原位聚合制备了一种具有高应变敏感性的互穿网络导电水凝胶，如图6-5（a）所示。聚苯胺（PANI）链作为导电增韧网络，有效提高水凝胶的导电性、强度和韧性。PANI网络可以形成连续的导电网络，并在较低浓度下提供导电性。此外，带正电荷的聚苯胺链可以通过静电相互作用或氢键与P（AAm-co-AMPS）网络交联。即使在非常小的应变下，水凝胶的变形也可以诱导PANI网络快速响应。因此，水凝胶在极低应变（0.3%）下的灵敏度高达5.7，随着应变（40%～300%）的增加，其灵敏度逐渐达到平台值（6.48）。基于这种水凝胶的应变传感器由于灵敏度高，可用于检测手腕弯曲和脉搏。然而，这种水凝胶的拉伸性不足导致其工作范围小。基于导电纳米填料（如GO、CNT和MXene）的导电水凝胶由于其固有的高拉伸性、接触电阻效应和隧道效应，通常表现出大的传感范围和高灵敏度。作为一个典型的例子，Qin等人在两亲性十二烷基硫酸钠（SDS）的帮助下，通过将疏水碳纳米管（CNT）整合到疏水缔合PAAm（HAPAAm）水凝胶中，制备了一种可拉伸（约3000%）、高韧性和抗疲劳的导电纳米复合水凝胶。在该水凝胶中，SDS保证了CNTs在水凝胶网络中的均匀分散，并形成了水凝胶基体与CNTs表面的疏水相互作用，大大提高了水凝胶的力学性能。此外，合适的电导率使抗疲劳导电应变传感器具有高灵敏度（GF=4.32）和大传感区域（高达1000%应变），可用于检测各种人体动作，甚至是吞咽等细微动作。Alshareef等人将MXene纳米片与商业水凝胶、结晶黏土手动混合，其中含有PVA、水和抗脱水添加剂，获得了一种具有优异拉伸应变敏感性（GF=25）、超过3400%的超拉伸性、瞬时自愈能力、优异的贴合性以及对包括人体皮肤在内的各种表面的黏附性的复合水凝胶MXene基水凝胶（M-hydrogel），如图6-5（b）所示。这种水凝胶可以用来检测和识别不同的运动，如识别签名、感知声音。

上述基于水凝胶的传感器面临的一个严重问题是不透明性。良好的透明度可以使电子设备的内部状况可视化，并减少与人体皮肤的可见差异，这对于可穿戴传感器非常重要。离子导电水凝胶由于其高透明度而在视觉应变传感器中表现出巨大的优势。例如，Sui的小组展示了一种基于超分子海藻酸钠（SA）纳米纤维双网络（DN）水凝胶的受自然启发的高度可拉伸和透明的离子水凝胶导体。在该水凝胶系统中，Na$^+$和Cl$^-$不仅作为超分子组装的触发器，赋予水凝胶优异的机械性能，而且大大提高了电导率，使所得水凝胶成为理想的离子导体。更重要的是，由于盐诱导的SA链之间静电相互作用的筛选，水凝胶表现出超高

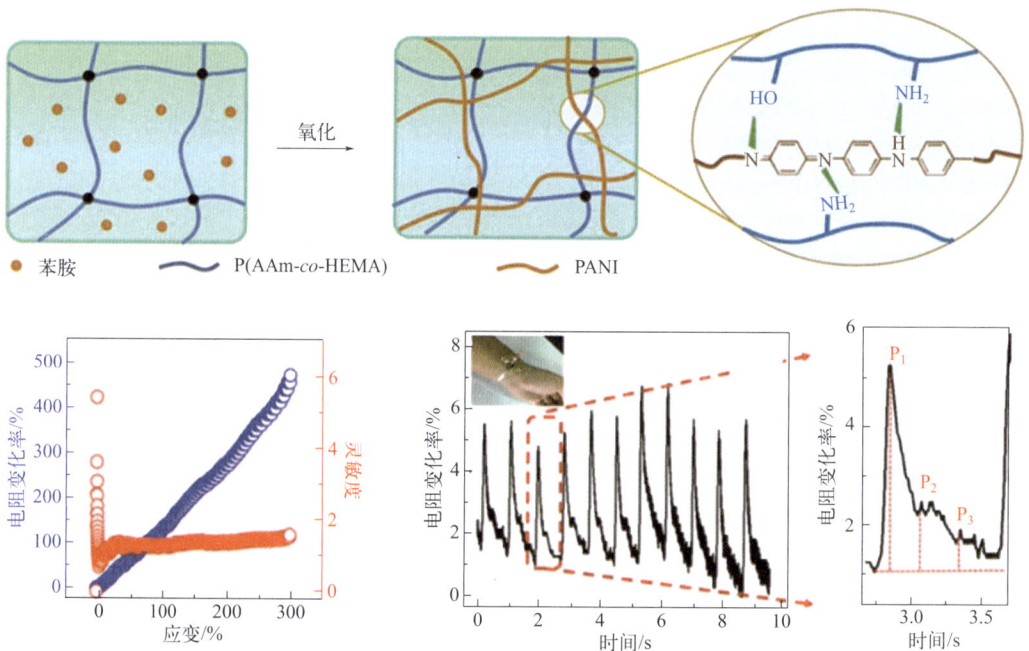

(a) 互穿PANI/P(AAm-co-HEMA)水凝胶的合成、应变敏感性及其在手腕脉搏检测中的应用

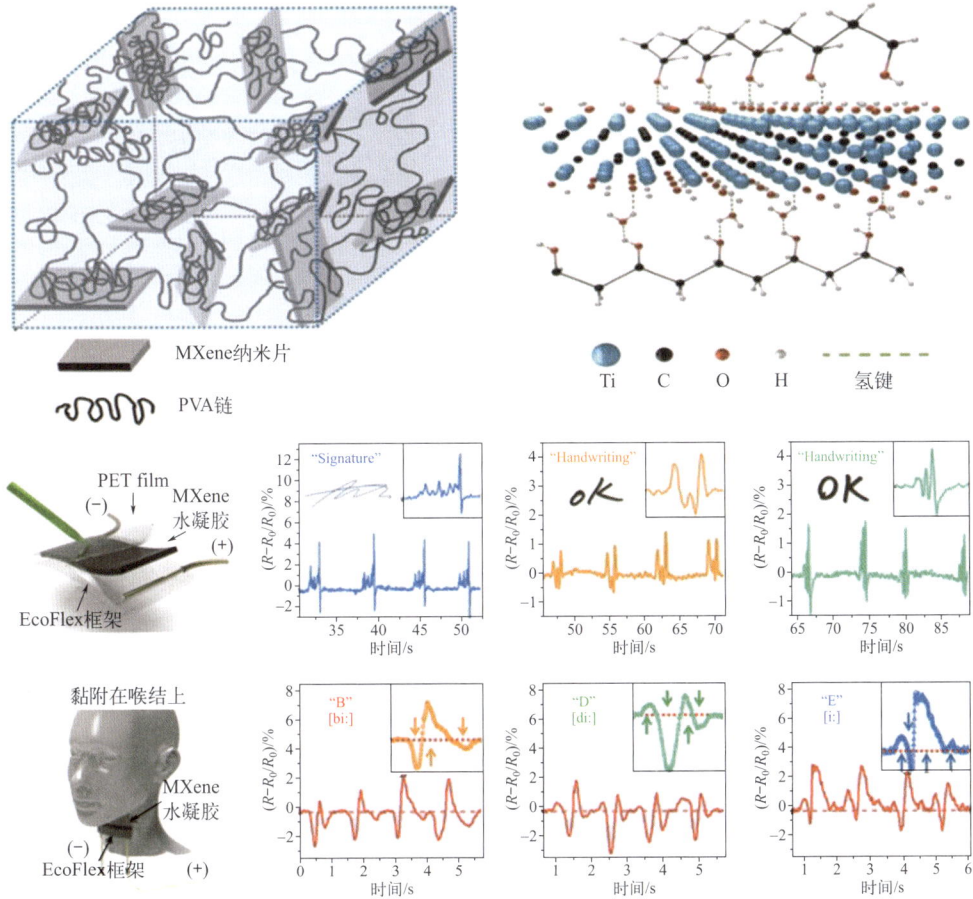

（b）M-hydrogel 均匀分散的聚合物-黏土网络结构示意图及其作为应变传感器的应用

图6-5　基于电子导电水凝胶的代表性应变传感器及其应用

透明度（99.6%）。离子水凝胶导体可作为高灵敏度和极宽应变窗口的视觉应变传感器，用于检测运动监测和语音识别等多种运动。Wang 的团队采用离子液体［EMIM］Cl作为导电介质和锁水剂与丙烯酰胺和甲基丙烯化的硫酸软骨素（CSMA）混合，制备了高透明、保水性、抗冻的导电离子凝胶，如图6-6所示。聚合物链、离子液体和水之间形成多重氢键，赋予水凝胶优异的机械韧性。同时，水合［EMIM］Cl作为多功能溶剂与聚合物的亲和力强，且具有增强溶剂化和改善离子电导率的能力，故所制备的水凝胶具有高离子电导率和高透明度。基于离子水凝胶制备的应变传感器具有优异的灵敏度（在800%应变下GF=6.78）和耐久性，可实现实时监测人体运动。

除了各种传感性能外，自黏附、自愈能力和耐温性等多功能性对于水凝胶传感器的实际应用也至关重要。例如，与基板的保形黏附可以确保准确检测变形信号。最近，自粘水凝胶已被广泛开发，以实现传感器与软基板的有效集成。由于与贻贝的黏附蛋白相似的结构，基于聚多巴胺（PDA）的水凝胶表现出优异的自黏附性，并且能够为动态和可变形的基材提供更强大的黏附力。Turng 的小组通过将涂有聚多巴胺的滑石（PDA-滑石）纳米片掺入聚丙烯酰胺（PAM）水凝胶中，制备了受贻贝启发的自粘、自愈、生物相容和导电纳米复合网络水凝胶。所制备的多巴胺包覆滑石粉中存在大量的游离儿茶酚基团，使水凝胶具

(a) AILx离子水凝胶制备示意图

(b) 厚度为10 mm的离子水凝胶的透明度

(c) 相对电阻随不同应变变化的线性拟合曲线

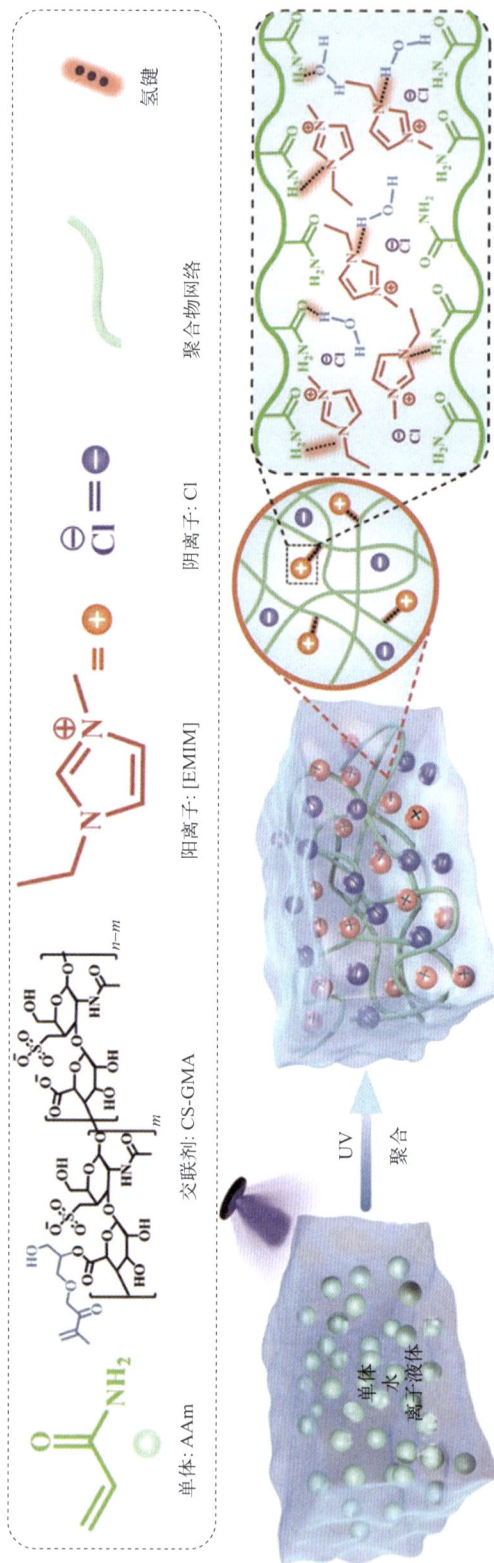

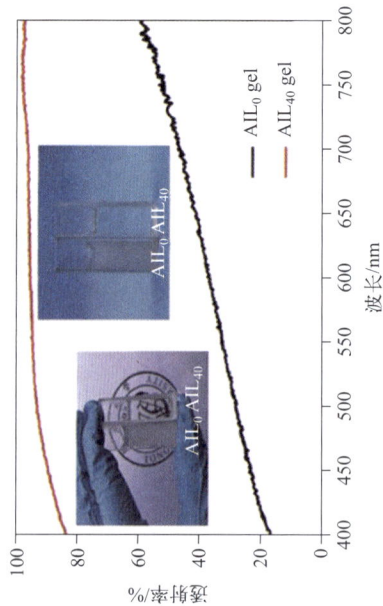

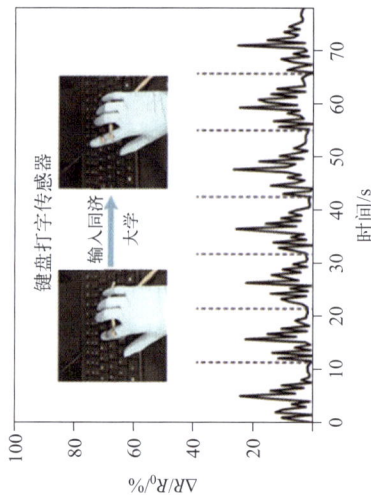

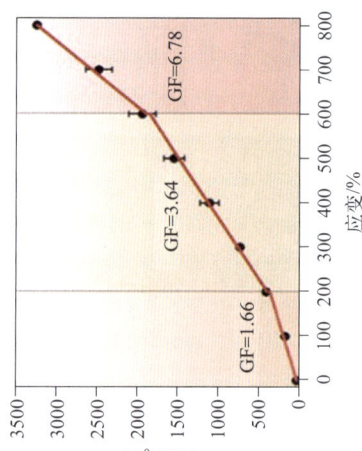

(d) 检测人体微小运动

图6-6 高性能离子凝胶传感器

"A"表示聚丙烯酰胺;"ILx"表示具有一定质量分数的[EMIM]Cl

有较高的自黏强度，动态非共价相互作用使水凝胶具有快速自愈合特性。这种水凝胶可以被组装成可愈合的、黏性的和对人类友好的应变传感器，以精确检测大规模和微小的人类活动，包括弯曲和放松人体膝盖及肘部的弯曲和矫直。最近，Wang的小组通过一种多巴胺触发的凝胶化（DTG）策略，制备了受贻贝启发的高透明和导电的水凝胶。在DTG水凝胶中，多巴胺具有双重功能，既作为聚合引剂，又作为动态介体，以合成水凝胶并调节其性能，从而使水凝胶具有明显的黏附性、强大的弹性、自愈能力以及热响应特性，如图6-7所示。这些优异的性能使水凝胶能够作为自黏性、柔韧的类皮肤传感器，实现对压力、应变和温度的多种感觉。

通常，传统的导电水凝胶由于水在零下温度环境中结冰而失去其导电性和力学性能，这限制了其在低温领域的应用。目前，通过在水凝胶中加入盐离子或引入有机溶剂制备的防冻离子水凝胶或有机水凝胶，可以大大提高水凝胶的低温耐受性，拓宽水凝胶基传感器的应用环境和季节。到目前为止，已经制造了许多防冻离子水凝胶和有机水凝胶，以确保基于水凝胶传感器的低温应用。作为概念证明，Liu的小组通过简便的溶剂替代策略制备了一种乙二醇（Eg）/甘油（Gl）-水二元防冻和防干燥有机水凝胶，用于在宽温度范围内进行超拉伸和灵敏的应变传感，如图6-8所示。将PAM和卡拉胶合成的水基DN水凝胶直接浸泡在Eg/Gl溶液中，得到含有Eg/Gl-水二元溶剂的有机水凝胶。Eg/Gl和水分子之间形成的强氢键赋予有机水凝胶出色的抗冻和干燥耐受性，即使在极端温度下也能长时间保持可变形性、导电性和自愈能力。基于这种有机水凝胶的应变传感器，即使在-18℃下也能承受950%的应变，GF为6，可以在很宽的温度范围内以优异的稳定性检测各种人体运动。Qin等人使用离子导电明胶有机水凝胶构建了一个绿色且完全可回收的可拉伸应变传感器。这种明胶有机水凝胶通过简单地将明胶预水凝胶浸入柠檬酸盐（Na$_3$Cit）水/甘油溶液中来制备。Na$_3$Cit在有机水凝胶中的存在不仅诱导了多个非共价交联点的形成，赋予了有机水凝胶高的力学性能，而且使有机水凝胶具有优异的离子导电性。该有机水凝胶具有优异的防冻性能，即使在-30℃下也能保持其机械坚固性、导电性和透明度。基于该有机水凝胶的应变传感器具有应变敏感性，即使在极低的温度下也可用于监测各种人体活动。

6.3.2 柔性压力传感器

柔性压力传感器可以将施加的压力转化为可检测的电信号，在人工智能和生理信号检测方面具有巨大的应用前景。根据工作机理，水凝胶压力传感器主要包括电阻式和电容式。目前对基于导电水凝胶的压力传感器的研究主要集中在设计新的导电水凝胶，以提高传感器的灵敏度、传感范围和稳定性。线性度是压力传感器的一个重要参数，传感器的高线性度使得校准过程简单，并且便于检测不同的压力。从分子的角度来说，甲基丙烯酸（MAA）和3-二甲基（甲基丙烯酰氧乙基）丙磺酸铵（DMAPS）很容易发生自由基共聚形成水凝胶，进一步将其与介电层组装，形成如图6-9所示的电容式压力传感器。例如，Wu的小组设计了一种两性离子。压力作用下，介电层之间的距离变小，导电层的有效面积增大，从而导致电容增大。基于这种水凝胶的电容式压力传感器在0～5kPa的压力范围内具有9kPa^{-1}的高度线性灵敏度，这可以检测到细微的手指触摸和人体运动。尽管电容式压力传感器表现出高灵敏度，但是这种压力传感器的感测范围由于其弱的机械特性而受到限制。水

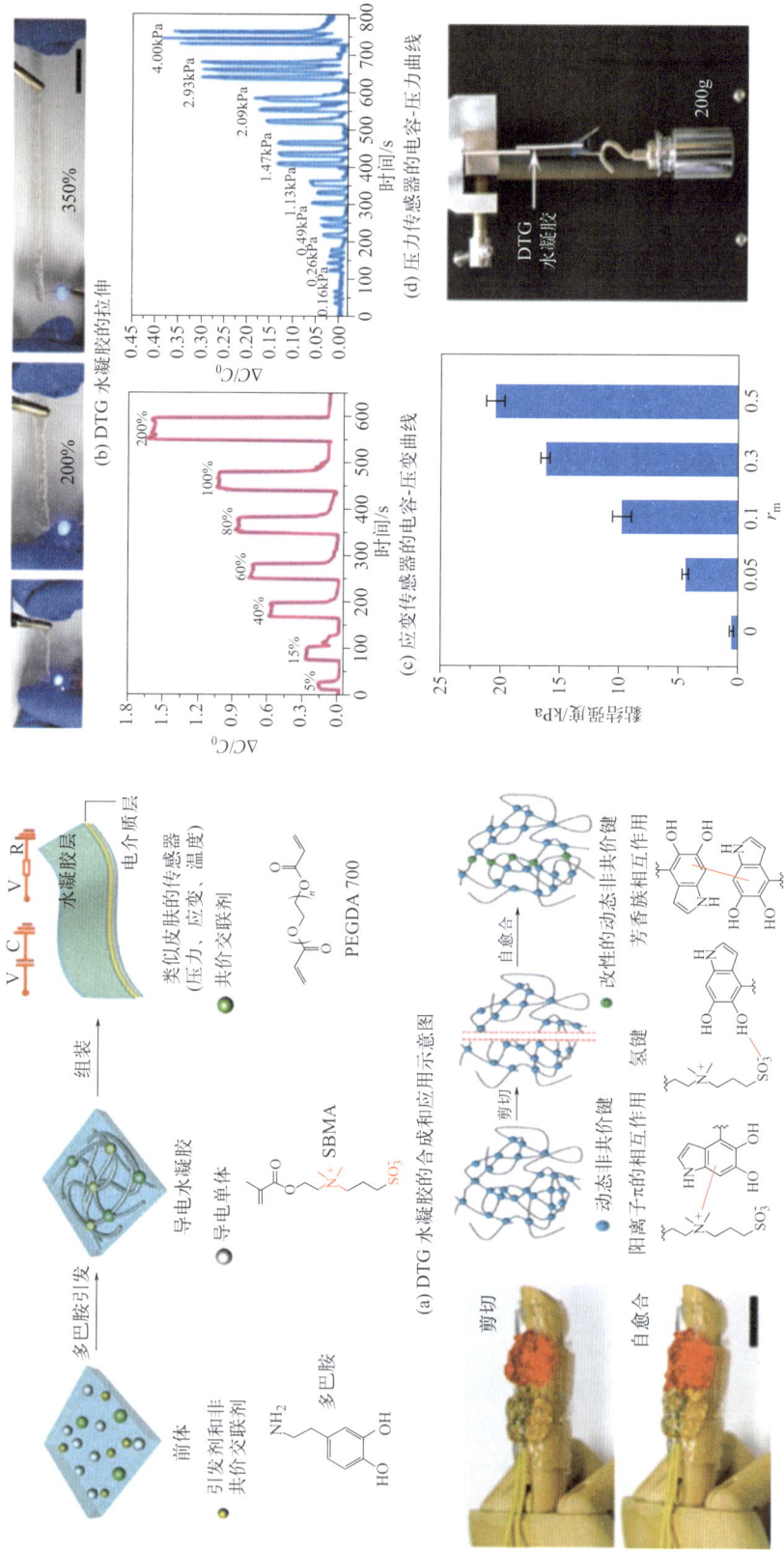

(b) DTG 水凝胶的拉伸

(d) 压力传感器的电容-压力曲线

(g) DTG 水凝胶的附着力演示

(c) 应变传感器的电容-压变曲线

(a) DTG 水凝胶的合成和应用示意图

(f) 从分子尺度相互作用的角度提出的 DTG 水凝胶触发的自愈机制

(e) 自愈性

图6-7　受贻贝启发的基于多巴胺(DTG)水凝胶的电容式应变和压力传感器

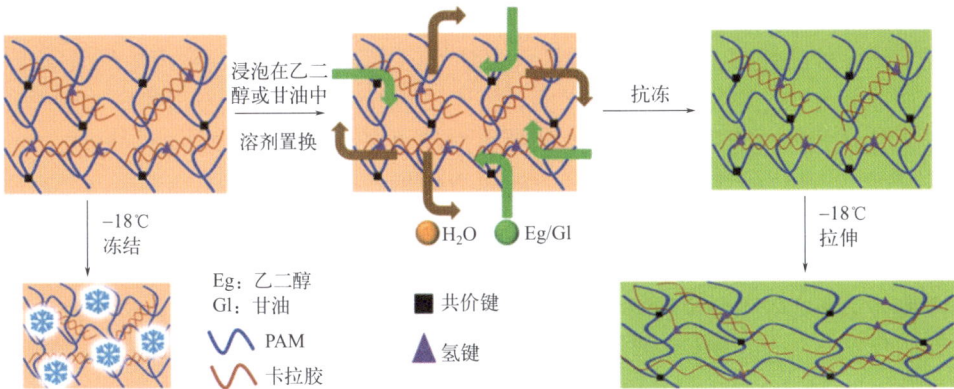

(a) 从DN水凝胶合成抗冻DN有机水凝胶的示意图

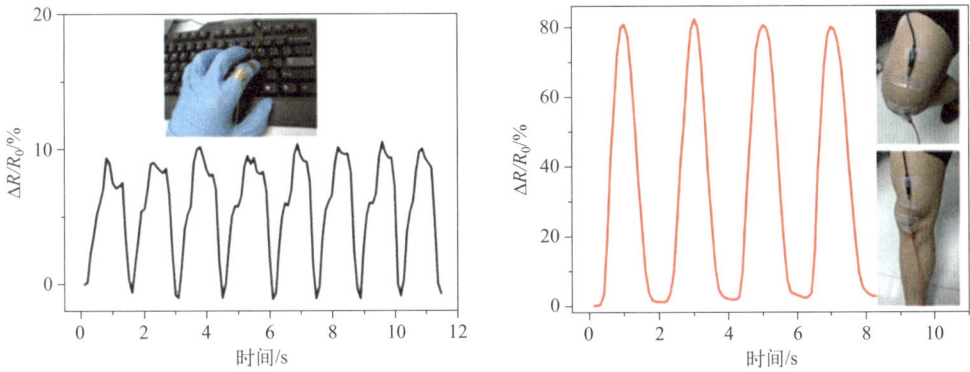

(b) 在−18℃下储存6h的有机水凝胶应变传感器监测人体运动

图6-8　基于Eg-DN有机水凝胶的应变传感器

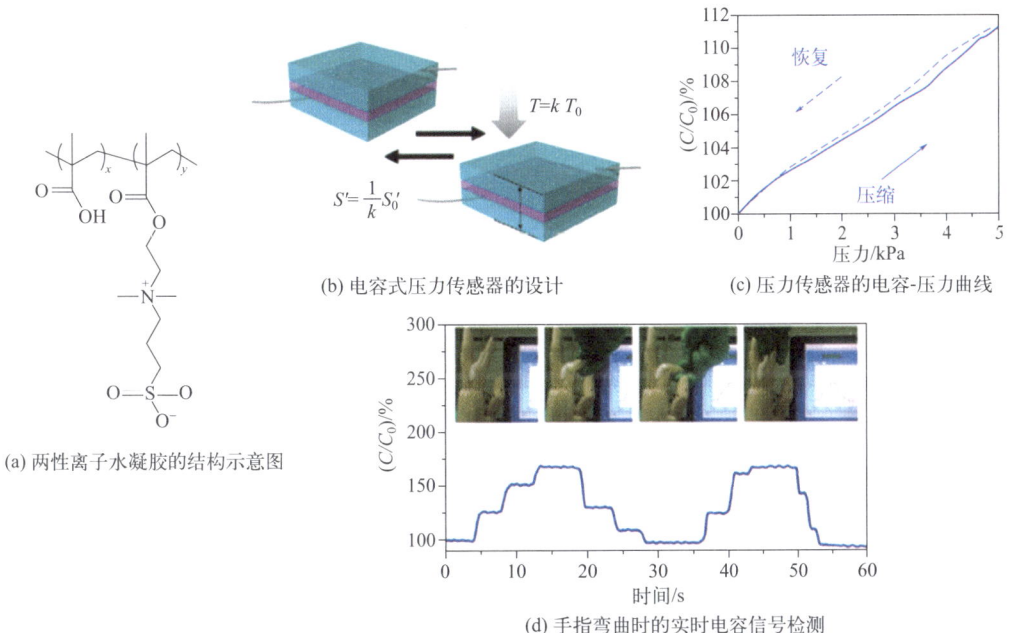

(a) 两性离子水凝胶的结构示意图

(b) 电容式压力传感器的设计

(c) 压力传感器的电容-压力曲线

(d) 手指弯曲时的实时电容信号检测

图6-9　两性离子水凝胶型电容式压力传感器

121

凝胶需要高的力学性能和良好的抗疲劳性，以实现压力传感器的大传感范围。Duan 等通过引入壳聚糖微球增强相，制备了高强度、高韧性的聚苯胺/壳聚糖/聚丙烯酰胺导电水凝胶。独特的微球相作为一个微尺度的黏结区，使水凝胶具有高强度、超强的拉伸能力和优异的机械稳定性。此外，硬微球与周围的软基质之间的不匹配导致水凝胶表面起皱，使水凝胶具有较高的力敏感性。基于这种水凝胶的压力传感器具有宽的压力感测范围：当压力小于 1kPa 时，灵敏度为 $0.35kPa^{-1}$，在 $6 \sim 10kPa$ 和 $10^{-5}kPa^{-1}$ 的压力范围内，在高压（$> 500kPa$）下，灵敏度为 $0.05kPa^{-1}$。

　　水凝胶表面的微结构在提高基于水凝胶的压力传感器的灵敏度和信噪比方面起着重要作用。作为一个重要的例子，Dong 的小组通过 PAM 网络的原位聚合和互连 PVA 长链的物理增强制备了一种高度可拉伸、生物相容性和透明的，表面具有褶皱微结构的自图案化离子导电水凝胶，并将其用作电阻式压力传感器，如图6-10所示。氯化钾的加入提高了水凝胶的导电和压阻性能。此外，这些表面褶皱结构显著增加了压力变化过程中接触面积的变化，从而提高压力传感器的灵敏度（$0 \sim 3.27kPa$，$0.05kPa^{-1}$），提高了动态压力的准确检测。此外，水凝胶压力传感器还表现出快速响应和良好的传感稳定性，可用于监测各种人体运动，包括发声、吞咽过程和肢体活动，显示出电子皮肤的巨大潜力。最近，受皮肤启发的基于水凝胶的多功能机械传感器（可用于检测应变和压力）也得到广泛开发。例如，Gao 的研究小组通过将混杂乳胶纳米粒子（HLPs）加入疏水缔合聚丙烯酰胺（PAAm）网络中，制备了一种高拉伸和抗疲劳的 HLPs-PAAm 水凝胶。水凝胶网络中的非共价协同作用赋予了水凝胶快速自恢复和抗疲劳的特性。这种水凝胶可作为压力和应变传感器，具有耐久性和高灵敏度，可检测各种机械变形，在电子皮肤和软体机器人中有着广泛的应用。

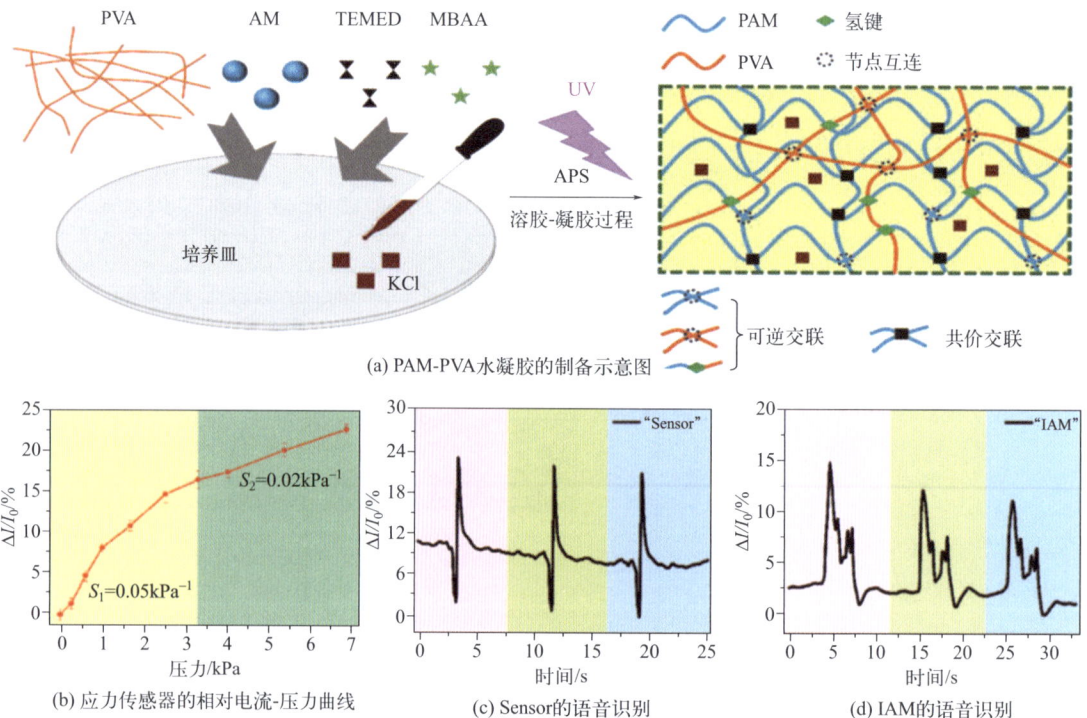

(a) PAM-PVA水凝胶的制备示意图

(b) 应力传感器的相对电流-压力曲线

(c) Sensor的语音识别

(d) IAM的语音识别

图6-10　基于PAM-PVA导电水凝胶的压力传感器

参考文献

[1] Lee S, Reuveny A, Reeder J, et al. A transparent bending-insensitive pressure sensor. Nat Nanotechnol, 2016, 11：472-478.

[2] Bao Z. Skin-Inspired Organic Electronic Materials and Devices. MRS Bull, 2016, 41:897-904.

[3] Chortos A, Liu J, Bao Z. Pursuing Prosthetic Electronic Skin. Nat. Mater, 2016, 15:937-950.

[4] Wang S, Oh J Y, Xu J, et al. Skin-Inspired Electronics: An Emerging Paradigm. Acc. Chem. Res, 2018, 51:1033-1045.

[5] Wang X, Dong L, Zhang H, et al. Recent Progress in Electronic Skin. Adv. Sci, 2015, 2:1500169.

[6] Jayathilaka W. A. D. M., Qi K, Qin Y, et al. Significance of Nanomaterials in Wearables: A Review on Wearable Actuators and Sensors, 2019, 31:1805926.

[7] Son D, Kang J, Vardoulis O, et al. An Integrated Self-Healable Electronic Skin System Fabricated via Dynamic Reconstruction of a Nanostructured Conducting Network. Nat. Nanotechnol, 2018, 13:1057-1065.

[8] Choi C, Lee Y, Cho K, et al. Wearable and Implantable Soft Bioelectronics Using Two-Dimensional Materials. Acc. Chem. Res, 2018, 52:73-86.

[9] Trung T Q, Lee N E. Flexible and Stretchable Physical Sensor Integrated Platforms for Wearable Human-Activity Monitoring and Personal Healthcare. Adv. Mater, 2016, 28: 4338-4372.

[10] Cao J, Lu C, Zhuang, J, et al. Multiple Hydrogen Bonding Enables the Self-Healing of Sensors for Human-Machine Interactions. Angew. Chem. Int. Ed, 2017, 56: 8795-8800.

[11] Gerratt A P, Michaud H O, Lacour S P. Elastomeric Electronic Skin for Prosthetic Tactile Sensation. Adv. Funct. Mater, 2015, 25:2287-2295.

[12] Zang Y, Zhang F, Huang D, et al. Flexible Suspended Gate Organic Thin-Film Transistors for Ultra-Sensitive Pressure Detection. Nat Commun, 2015, 6:1-9.

[13] Lu C, Park S, Richner T J, et al. Flexible and Stretchable Nanowire-Coated Fibers for Optoelectronic Probing of Spinal Cord Circuits. Sci. Adv, 2017, 3: e1600955.

[14] Tegin J, Wikander J. Tactile Sensing in Intelligent Robotic Manipulation-a Review. Ind Robot, 2005, 32:64-70.

[15] Hammock M L, Chortos A, Tee B C K, et al. 25th Anniversary Article: the Evolution of Electronic Skin (e-skin): a Brief History, Design Considerations, and Recent Progress. Adv. Mater, 2013, 25:5997-6038.

[16] Boutry C M, Beker L, Kaizawa Y, et al. Biodegradable and Flexible Arterial-Pulse Sensor for the Wireless Monitoring of Blood Flow. Nat. Biomed. Eng, 2019, 3: 47-57.

[17] Wu P, Xiao A, Zhao Y, et al. An Implantable and Versatile Piezoresistive Sensor for the Monitoring of Human-Machine Interface Interactions and the Dynamical Process of Nerve Repair. Nanoscale, 2019, 11:21103-21118.

[18] Yang J C, Mun J, Kwon S Y, et al. Electronic Skin: Recent Progress and Future Prospects for Skin-Attachable Devices for Health Monitoring, Robotics, and Prosthetics. Adv. Mater, 2019, 31:1904765.

[19] Park D H, Hong J, Park I S, et al. A Colorimetric Hydrocarbon Sensor Employing a Swelling-Induced Mechanochromic Polydiacetylene. Adv. Funct. Mater, 2014, 24:5186-5193.

[20] Zhu B, Wang H, Leow W R, et al. Silk Fibroin for Flexible Electronic Devices. Adv. Mater, 2016, 28:4250-4265.

[21] Zang Y, Zhang F, Di C A, et al. Advances of Flexible Pressure Sensors Toward Artificial Intelligence and Health Care Applications. Mater. Horiz, 2015, 2:140-156.

[22] Kang S K, Koo J, Lee Y K, et al. Advanced Materials and Devices for Bioresorbable Electronics. Acc. Chem. Res, 2018, 51:988-998.

[23] Amjadi M, Pichitpajongkit A,Lee S, et al. Highly Stretchable and Sensitive Strain Sensor Based on Silver Nanowire-Elastomer Nanocomposite. ACS nano, 2014, 8:5154-5163.

[24] Oh J Y, Son D, Katsumata T, et al. Stretchable Self-Healable Semiconducting Polymer Film for Active-Matrix Strain-Sensing Array. Sci. Adv, 2019, 5: eaav3097.

[25] Bae S H, Lee Y, Sharma B K, et al. Graphene-Based Transparent Strain Sensor. Carbon, 2013, 51: 236-242.

[26] Kovtyukhova N I, Mallouk T E, Pan L, et al. Individual Single-Walled Nanotubes and Hydrogels Made by Oxidative Exfoliation of Carbon Nanotube Ropes. J. Am. Chem. Soc, 2003, 125:9761-9769.

[27] Li Y, Cheng X Y, Leung M Y, et al. A Flexible Strain Sensor from Polypyrrole-Coated Fabrics. Synth. Met, 2005, 155: 89-94.

[28] Chen M, Duan S, Zhang L, et al. Chem. Commun, 2015, 51:3169-3172.

[29] Zheng S, Wu X, Huang Y, et al. Composites, Part A, 2019, 121:510-516.

[30] Choi C, Choi M K, Liu S, et al. Humaneye-Inspired Soft Optoelectronic Device Using High-Density MoS2-Graphene Curved Image Sensor Array. Nat. Commun, 2017, 8:1-16.

[31] Sun J Y, Keplinger C, Whitesides G M, et al. Ionic Skin. Adv. Mater, 2014, 26:7608-7614.

[32] Yuk H, Lu B, Zhao X. Hydrogel Bioelectronics. Chem. Soc. Rev, 2019, 48:1642-1667.

[33] Zhao S, Tseng P, Grasman J, et al. Programmable Hydrogel Ionic Circuits for Biologically Matched Electronic interfaces. Adv. Mater, 2018, 30:1800598.

[34] Zhao X. Multi-Scale Multi-Mechanism Design of Tough Hydrogels: Building Dissipation into Stretchy Networks. Soft

matter, 2014, 10:672-687.

[35] Wang W, Zhang Y, Liu W. Bioinspired Fabrication of High Strength Hydrogels from Non-Covalent Interactions. Prog. Polym. Sci, 2017, 71:1-25.

[36] Amjadi M, Kyung K U, Park I, et al. Stretchable, Skin-Mountable, and Wearable Strain Sensors and Their Potential Applications: A Review. Adv. Funct. Mater, 2016, 26:1678-1698.

[37] Ge G, Yuan W, Zhao W, et al. Highly Stretchable and Autonomously Healable Epidermal Sensor Based on Multi-Functional Hydrogel Frameworks. J. Mater. Chem. A, 2019, 7: 5949-5956.

[38] Lee H R, Kim C C, Sun J Y. Stretchable Ionics-a Promising Candidate for Upcoming Wearable Devices. Adv. Mater, 2018, 30:1704403.

[39] Zhu F, Lin J, Wu Z, et al. Tough and Conductive Hybrid Hydrogels Enabling Facile Patterning. ACS Appl. Mater. Interfaces, 2018, 10:13685-13692.

[40] Ge G, Lu Y, Qu X, et al. Muscle-Inspired Self-Healing Hydrogels for Strain and Temperature Sensor. ACS nano, 2019, 14:218-228.

[41] Pan X, Wang Q, Guo R, et al. An Integrated Transparent, UV-Filtering Organohydrogel Sensor via Molecular-Level Ion Conductive Channels. J. Mater. Chem. A, 2019, 7:4525-4535.

[42] Guo H, He W, Lu Y, et al. Self-Crosslinked Polyaniline Hydrogel Electrodes for Electrochemical Energy Storage. Carbon, 2015, 92: 133-146.

[43] Gan D, Han L, Wang M, et al.Conductive and Tough Hydrogels Based on Biopolymer Molecular Templates for Controlling in Situ Formation of Polypyrrole Nanorods. ACS Appl. Mater. Interfaces, 2018, 10:36218-36228.

[44] Li L, Pan L, Ma Z, et al. All Inkjet-Printed Amperometric Multiplexed Biosensors Based on Nanostructured Conductive Hydrogel Electrodes. Nano Lett, 2018, 18:3322-3327.

[45] Guo B, Ma P X. Conducting polymers for tissue engineering. Biomacromolecules, 2018, 19: 1764-1782.

[46] Li T, Wang Y, Li S, et al. Mechanically Robust, Elastic, and Healable Ionogels for Highly Sensitive Ultra-Durable Ionic Skins. Adv. Mater, 2020, 32:2002706.

[47] Deng H, Lin L, Ji M, et al. Progress on The Morphological Control of Conductive Network in Conductive Polymer Composites and the Use as Electroactive Multifunctional Materials. Prog. Polym. Sci, 2014, 9:627-655.

[48] Zhao F, Shi Y, Pan L, et al. Multifunctional Nanostructured Conductive Polymer Gels: Synthesis, Properties, and Applications. Acc. Chem. Res, 2017, 50:1734-1743.

[49] Rong Q, Lei W, Chen L, et al. Anti-Freezing, Conductive Self-Healing Organohydrogels with Stable Strain-Sensitivity at Subzero Temperatures. Angew. Chem., Int. Ed, 2017, 56:14159-14163.

[50] Li W, Gao F, Wang X, et al. Strong and Robust Polyaniline-Based Supramolecular Hydrogels for Flexible Supercapacitors. Angew. Chem., Int. Ed, 2016, 128:9342-9347.

[51] Wang Q, Pan X, Lin C, et al. Biocompatible, Self-Wrinkled, Antifreezing and Stretchable Hydrogel-Based Wearable Sensor with PEDOT: Sulfonated Lignin as Conductive Materials. Chem. Eng. J, 2019, 370:1039-1047.

[52] Pissis P, Kyritsis A. Electrical Conductivity Studies in Hydrogels. Solid State Ionics, 1997, 97:105-113.

[53] Fu F F, Wang J L, Yu J. Interpenetrating PAA-PEDOT Conductive Hydrogels for Flexible Skin Sensors. J. Mater. Chem. C, 2021, 9:11794-11800.

[54] Zhao F, Shi Y, Pan L, et al. Multifunctional Nanostructured Conductive Polymer Gels: Synthesis, Properties, and Applications. Acc. Chem. Res, 2017, 50:1734-1743.

[55] Deng H, Lin L, Ji M, et al. Progress on the Morphological Control of Conductive Network in Conductive Polymer Composites and the Use as Electroactive Multifunctional Materials. Prog. Polym. Sci, 2014, 39:627-655.

[56] Han J, Wang H, Yue Y, et al. A Self-Healable and Highly Flexible Supercapacitor Integrated by Dynamically Cross-Linked Electro-Conductive Hydrogels Based on Nanocellulose-Templated Carbon Nanotubes Embedded in A Viscoelastic Polymer Network. Carbon, 2019, 149:1-18.

[57] Sun X, Qin Z, Ye L, et al. Carbon Nanotubes Reinforced Hydrogel as Flexible Strain Sensor with High Stretchability and Mechanically Toughness. Chem. Eng. J, 2020, 382:122832.

[58] Jing X, Mi H Y, Peng X F, et al. Biocompatible, Self-Healing, Highly Stretchable Polyacrylic Acid/Reduced Graphene Oxide Nanocomposite Hydrogel Sensors via Mussel-Inspired Chemistry. Carbon 2018, 136:63-72.

[59] Gan D, Huang Z, Wang X, et al. Graphene Oxide-Templated Conductive and Redox-Active Nanosheets Incorporated Hydrogels for Adhesive Bioelectronics. Adv. Funct. Mater, 2020, 30: 1907678.

[60] Wang Q, Pan X, Lin C, et al. Modified Ti3C2TX (MXene) Nanosheet-Catalyzed Self-Assembled, Anti-Aggregated, Ultra-Stretchable, Conductive Hydrogels for Wearable Bioelectronics. Chem. Eng. J, 2020, 401.126129.

[61] Zhang Y Z, Lee K H, Anjum D H, et al. MXenes Stretch Hydrogel Sensor Performance to New Limits. Sci. Adv, 2018, 4:eaat0098.

[62] Zhang J, Wan L, Gao Y, et al. Highly Stretchable and Self-Healable MXene/Polyvinyl alcohol Hydrogel Electrode for Wearable Capacitive Electronic Skin. Adv. Electron. Mater, 2019, 5:1900285.

[63] Liao H, Guo X, Wan P, et al. Conductive MXene Nanocomposite Organohydrogel for Flexible, Healable, Low-Temperature

Tolerant Strain Sensors. Adv. Funct. Mater, 2019, 29:1904507.

[64] Naguib M, Mashtalir O, Carle J, et al. Two-Dimensional Transition Metal Carbides. ACS nano, 2012, 6:1322-1336.

[65] Keplinger C, Sun J Y, Foo C C, et al. Stretchable, Transparent, Ionic Conductors. Science, 2013, 341:984-987.

[66] Cao Y, Morrissey T G, Acome E, et al. A Transparent, Self-Healing, Highly Stretchable Ionic Conductor. Adv. Mater, 2017, 29:1605099.

[67] Lee C J, Wu H, Hu Y, et al. Ionic Conductivity of Polyelectrolyte Hydrogels. ACS Appl. Mater. Interfaces, 2018, 10:5845-5852.

[68] Wang L, Gao G, Zhou Y, et al. Tough, Adhesive, Self-Healable, and Transparent Ionically Conductive Zwitterionic Nanocomposite Hydrogels as Skin Strain Sensors. ACS Appl. Mater. Interfaces, 2018, 11:3506-3515.

[69] Peng X, Liu H, Yin Q, et al. A Zwitterionic Gel Electrolyte for Efficient Solid-State Supercapacitors. Nat. Commun, 2016, 7:1-8.

[70] Gao Y, Gu S, Jia F, et al. "All-in-one" Hydrolyzed Keratin Protein-Modified Polyacrylamide Composite Hydrogel Transducer. Chem. Eng. J, 2020:125555.

[71] Zhou Y, Wan C, Yang Y, et al. Highly Stretchable, Elastic, and Ionic Conductive Hydrogel for Artificial Soft Electronics. Adv. Funct. Mater, 2019, 29:1806220.

[72] Yeom C, Chen K, Kiriya D, et al. Large-Area Compliant Tactile Sensors Using Printed Carbon Nanotube Active-Matrix Backplanes. Adv. Mater, 2015, 27:1561-1566.

[73] Lipomi D J, Vosgueritchian M, Tee B C, et al. Skin-Like Pressure and Strain Sensors Based on Transparent Elastic Films of Carbon Nanotubes. Nat. Nanotechnol, 2011, 6:788-792.

[74] Zhang X, Sheng N, Wang L, et al. Supramolecular Nanofibrillar Hydrogels as Highly Stretchable, Elastic and Sensitive Ionic Sensors. Mater. Horiz, 2019, 6:326-333.

[75] Ma M L, Shang Y H, Shen H D, et al. Highly Transparent Conductive Ionohydrogel for All-climate Wireless Human-motion Sensor. Chem. Eng. J, 2021, 420:129865.

[76] Lv R, Bei Z, Huang Y, et al. Mussel-Inspired Flexible, Wearable, and Self-Adhesive Conductive Hydrogels for Strain Sensors. Macromol. Rapid Commun, 2020, 41:1900450.

[77] Wang Z, Zhou H, Lai J, et al. Extremely Stretchable and Electrically Conductive Hydrogels with Dually Synergistic Networks for Wearable Strain Sensors. J. Mater. Chem. C, 2018, 6:9200-9207.

[78] Zhang X, Liu W, Cai J, et al. Equip the Hydrogel with Armor: Strong and Super Tough Biomass Reinforced Hydrogel with Excellent Conductivity and Anti-bacterial Performance. J. Mater. Chem. A, 2019, 7:26917-26926.

[79] Wang Z, Chen J, Cong Y, et al. Ultrastretchable Strain Sensors and Arrays with High Sensitivity and Linearity Based on Super Tough Conductive Hydrogels. Chem. Mater, 2018, 30:8062-8069.

[80] Yang C, Suo Z. Hydrogel Ionotronics. Nat. Rev. Mater, 2018, 3:125.

[81] Kim C C, Lee H H, Oh K H, et al. Highly Stretchable, Transparent Ionic Touch Panel. Science, 2016, 353:682-687.

[82] Jing X, Mi H Y, Lin Y J, et al. Highly Stretchable and Biocompatible Strain Sensors Based on Mussel-Inspired Super-Adhesive Self-Healing Hydrogels for Human Motion Monitoring. ACS Appl. Mater. Interfaces, 2018, 10:20897-20909.

[83] Zhang C, Zhou Y, Han H, et al. Dopamine-Triggered Hydrogels with High Transparency, Self-Adhesion, and Thermoresponse as Skinlike Sensors. ACS Nano, 2021, 15(1):1785-1794.

[84] Wu J, Wu Z, Lu X, et al. Ultrastretchable and Stable Strain Sensors Based on Antifreezing and Self-Healing Ionic Organohydrogels for Human Motion Monitoring. ACS Appl. Mater. Interfaces, 2019, 11:9405-9414.

[85] Qin Z, Sun X, Zhang H, et al. A Transparent, Ultrastretchable and Fully Recyclable Gelatin Organohydrogel Based Electronic Sensor with Broad Operating Temperature. J. Mater. Chem. A, 2020, 8:4447-4456.

[86] Tai Y, Mulle M, Ventura I A, et al. A Highly Sensitive, Low-Cost, Wearable Pressure Sensor Based on Conductive Hydrogel Spheres. Nanoscale 2015, 7:14766-14773.

[87] Lou Z, Chen S, Wang L, et al. An Ultra-Sensitive and Rapid Response Speed Graphene Pressure Sensors for Electronic Skin and Health Monitoring. Nano Energy, 2016, 23:7-14.

[88] Ge G, Zhang Y, Shao J, et al. Stretchable, Transparent, and Self-Patterned Hydrogel-Based Pressure Sensor for Human Motions Detection. Adv. Funct. Mater, 2018, 28:1802576.

[89] Lei Z, Wu P. Zwitterionic Skins with a Wide Scope of Customizable Functionalities. ACS nano, 2018, 12:12860-12868.

[90] Duan J, Liang X, Guo J, et al. Ultra-Stretchable and Force-Sensitive Hydrogels Reinforced with Chitosan Microspheres Embedded in Polymer Networks. Adv. Mater, 2016, 28:8037-8044.

[91] Zhang Q, Liu X, Ren X, et al. Nucleotide-Regulated Tough and Rapidly Self-Recoverable Hydrogels for Highly Sensitive and Durable Pressure and Strain Sensors. Chem. Mater, 2019, 31:5881-5889.

[92] Xia S, Zhang Q, Song S, et al. Bioinspired Dynamic Cross-Linking Hydrogel Sensors with Skin-Like Strain and Pressure Sensing Behaviors. Chem. Mater, 2019, 31:9522-9536.

[93] Ying B, Wu Q, Li J, et al. An Ambient-Stable and Stretchable Ionic Skin with Multimodal Sensation. Mater. Horiz, 2020, 7:477-488.

第7章

热固性分子凝胶

近年来，功能性软材料的研究取得了非常大的进展，在许多领域得到了非常广泛的应用。利用超分子化学原理制备的热固性分子凝胶是一类非常独特的软材料，它具有传统凝胶的填充性和延展性，以及与传统凝胶不同的热固性和热可逆相变特性。本章将概述通过超分子策略形成的热固性水凝胶和热固性有机凝胶的研究进展，并对这两种体系的形成机制及其可能的应用进行简要的总结。

7.1 热固性分子凝胶简介

分子自组装是自然界中普遍存在的现象，在生命的产生、维持和发展过程中起着至关重要的作用。分子自组装是超分子化学的一个重要分支，分子自组装的本质是超分子单元的自发聚集。许多生物过程，如蛋白质折叠和DNA双螺旋结构的形成都是氢键等非共价相互作用驱动的典型自组装行为，其过程、功能、结构复杂性以及对信息的存储都对生物的进化起着至关重要的作用。分子自组装在特定条件下可以形成凝胶类软物质，而果冻、发胶、牙膏等都是生活中常见的凝胶，诸如这样的例子不胜枚举，虽然能举出如此之多的例子，我们却不能给出一个非常严格而又让所有人满意的定义。比如在20世纪初，Dorothy Jordon Lloyd 曾经这样描述："凝胶作为一种胶体状态，虽然很容易识别它，但很难定义它……"虽然学术界对凝胶的定义存在很多争议，但它在学术研究中的重要性和对人类生活的贡献是毋庸置疑的。

凝胶可以根据原料来源、化学成分、溶剂类型、纤维网络的交联情况等进行粗略的分类，如图7-1所示。根据来源，它们可以分为天然凝胶和人工凝胶。根据连续介质可分为有机凝胶、水凝胶和气凝胶。根据凝胶形成因素的化学成分可分为超分子凝胶（又称小分子凝胶或分子凝胶）和聚合物凝胶（严格地说，还有些凝胶是由无机粒子组成的）。凝胶中的键合作用既可以是物理相互作用，也可以是化学共价键，物理交联包括氢键、疏水相互作用、链间交联和局部晶体形成。虽然物理交联不是永久性的，但它们的强度足以将大跨度的片段连接在一起，从而影响凝胶网络对外界干扰的机械响应。物理相互作用的强度通常取决于温度和其他热力学参数，这使得这些系统具有热可逆和自愈合等性质。化学凝胶是通过共价键交联形成的，通常是不可逆的，而最新的研究进展发现动态共价键的引入颠覆了这种认识。

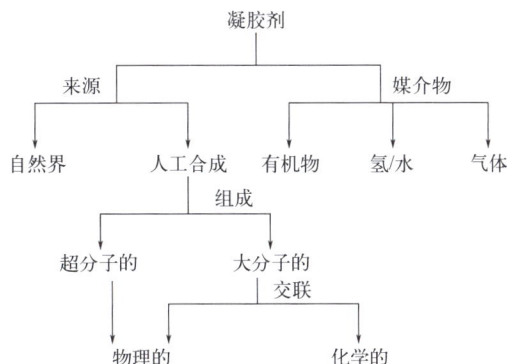

图 7-1　凝胶的分类

　　热固性凝胶是一种新型的智能凝胶，其特征是当体系超过临界温度时，会发生溶胶-凝胶相转变，从而形成原位凝胶，这种凝胶对温度的响应与常规凝胶（冷却固化）恰好相反。热固性凝胶根据组成可以分为小分子（超分子）热固性凝胶以及高分子热固性凝胶。超分子热固性凝胶形成的方式通常有两种：①由多重弱非共价相互作用（例如氢键和π-π堆积相互作用等）自组装而成；②由有机配体和金属离子发生配位反应后自组装而成，该体系可以很好地将金属的性质，如磁性、催化性能、光谱学性质和氧化还原特性等引入软质材料。超分子热固性凝胶还是一类对多种刺激均有响应的软质材料，包括声音、热、pH、机械振动、手性和氧化/还原。由于其在组织工程、药物控释载体、污染物的检测和去除领域的潜在应用，引起了人们的广泛关注。虽然自然界中的天然凝胶大多是高分子凝胶（如淀粉、纤维素、壳聚糖等），但这些物质并不能满足人类社会的发展需要。经过研发人员的不懈努力，一系列人工合成的高分子凝胶出现在人们的视线中，例如PEG、PNIPAAM、PAAm、PAA、PVA。这些高分子凝胶材料可以用于保护电化学系统、智能穿戴设备以及软体机器人等。

　　热固性分子凝胶是通过小分子胶凝剂在溶剂中的热诱导自组装形成三维网络结构，使溶剂失去自身的流动性而得到的。由于热固性分子凝胶的形成主要是依靠非共价相互作用，所以其可以在温度降低到低于临界温度时转变为溶液状态，而高分子热固性凝胶一般不存在这种可逆的相变行为。自从2004年Kimizuka教授小组发现第一个热固性分子凝胶系统以来，关于热固性胶凝剂和形成机制的研究层出不穷。在本章中，将分别对热固性有机凝胶和热固性水凝胶的特性和进展进行介绍。

7.2　热固性有机凝胶的制备及特性

　　Kimizuka等在2004年报道的基于Co配位的三唑热固性凝胶的研究令人耳目一新，首次提出了有机热固性分子凝胶的例子，也是热固性凝胶的第一次报道。其设计思路为，在桥接配体1, 2, 4-三唑的侧链中引入了助溶的十二烷氧基丙基链，通过对体系的加热和冷却改变了过渡金属配合物的空间构型，从而形成热固性有机凝胶。在室温下将胶凝剂加入氯仿会形成蓝色凝胶相，当温度降低到0℃时，会形成淡粉色溶液，如图7-2所示。八面体配位构型（O_h）和四面体配位构型（T_d）之间的相互转换说明了热固性凝胶网络的形成机制［图7-3（a）、（b）］。根据差示扫描量热分析和吉布斯自由能的温度依赖性曲线［图7-3（c）、（d）］可以看出，凝胶网络的形成，整体上是由焓驱动的，在加热过程中的放热转化主要因为纳米纤维网络（T_d配合物）相对于O_h配合物在溶液中的热力学稳定性更高。25℃时，实线上的低温溶液中的O_h复合物转变为具有凝胶状态的T_d复合物。这项研究描述了有机介质中热可逆、热定型凝胶状网络的第一个例子。

桥接配体的亲脂性修饰为脂质分子与带相反电荷复合物的静电结合提供了另一种策略，此前已有报道。在4-烷基化的三唑Co（Ⅱ）配合物中引入醚基团是非常重要的，因为它促进了氯仿中致密凝胶状网络的形成。这种由焓驱动的热定形转变自组装是高度可逆的，其过程可以描述为溶液中的O_h配合物与凝胶态的T_d配合物相互转换，这些特性明显不同于加热后溶解的传统有机凝胶，也与由熵驱动的热定型聚合物水凝胶形成对比。因此，一维配位系统提供了独特的自组装特性，这是传统的无机或聚合物化学所不具备的。

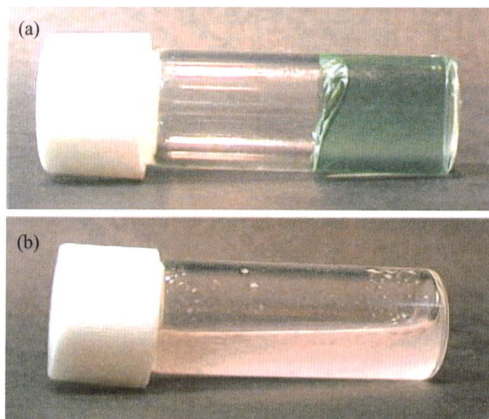

图7-2　氯仿中Co（1）$_3$Cl$_2$的光学图像
（a）25℃时的蓝色凝胶状相；（b）0℃时的淡粉色溶液

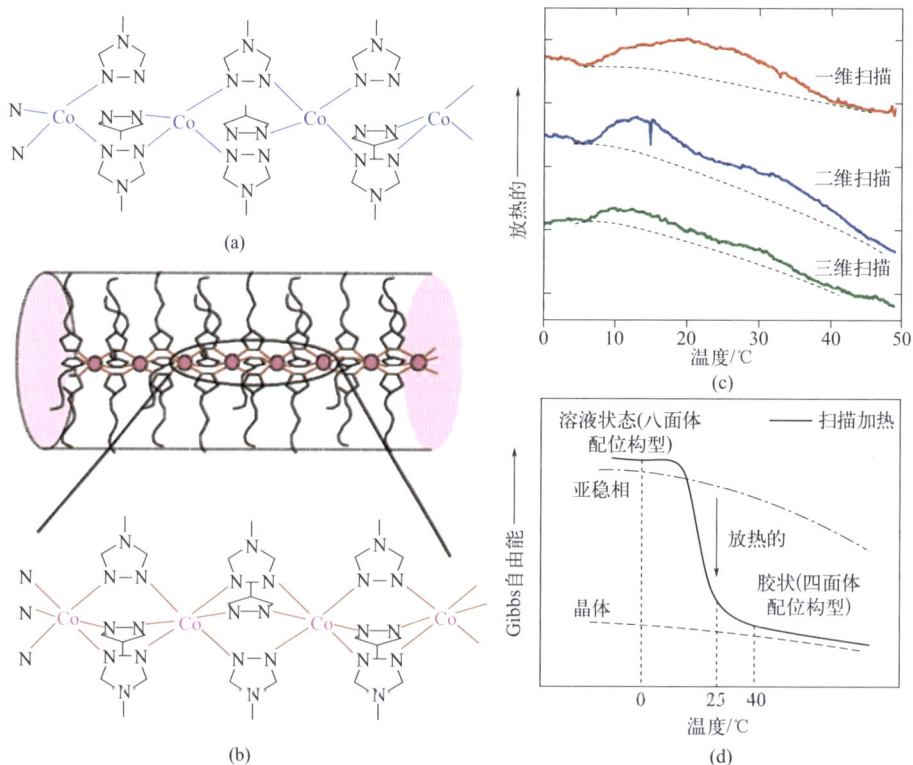

图7-3　聚合的T_d复合物（a）和聚合的O_h复合物（b）形成的示意图；Co（1）$_3$Cl$_2$的DSC图（c）；氯仿中Co（1）$_3$Cl$_2$的吉布斯自由能的温度依赖性示意图（d）

在前人工作的铺垫下，研究者们对金属有机热固性凝胶进行了更深层次的研究。为了进一步使凝胶功能化，使其对外部刺激（主要是热刺激）的反应更加灵敏，Hatten 等对过渡金属配位形成的热固性凝胶进行了进一步的研究，提出了一种特殊的平衡公式解释了热固性凝胶的形成机理。如图 7-4（b）所示，他们根据 Cu^I 稳定亚胺配体的能力，推断 Cu^I 模板可以将线型的 1, 4-二氨基苯和 4, 4′-二甲基-3, 3′-双吡啶亚组分编织成聚合物 **1**，而这种聚合物 **1** 恰好是形成热固性凝胶平衡的关键化合物，1, 4-二氨基苯的氨基可能比化合物 **2**［如图 7-4（a）所示］的末端氨基具有更大的亲核性，因此该分子更具有富电子的特性，从而导致在游离 1, 4-二氨基苯存在时较长的低聚物相对于化合物 **2** 更不稳定。以化合物 **2** 为代价形成更长的低聚物将需要释放 Cu^I。该 Cu^I 将不能获得具有两个磷和两个亚胺配体的配位饱和状态（这对于 Cu^I 是特别稳定的配位构型）。可以将溶胶-凝胶转变归因于 $Cu^I N_4$ 交联的形成，因为平衡 2 $[Cu^I N_2 P_2] \rightleftharpoons [Cu^I N_4] + [CuP_n]^+ + (4-n) P$ 在较高温度下偏向右侧，致使热固性凝胶形成。

从图 7-4（d）中我们可以看出，在 20℃时低聚物 **1** 在核磁管中表现为液态，当加热至 140℃时其变化为附着在核磁管内的凝胶。其形成机理为：每个 $[CuN_4]^+$ 交联必须来自不同链上的两个 $[CuN_2 P_2]^+$ 单元之间的反应，并且将其中一个 $[CuP_4]^+$ 单元释放到溶液中。根据观察，$[CuN_2 P_2]^+$ 不倾向于进行配体交换以产生 $[CuN_4]^+$ 和 $[CuP_4]^+$。所以可以得出结论，低聚的化合物 **1** 链之间的 $[CuN_4]^+$ 交联在焓上是不利的，但由于熵增加，随着温度升高，特别是当在较高的温度时，平衡 $[CuP_4]^+ \rightleftharpoons [CuP_n]^+ + (4-n) P$ 向右侧移动，从而转化为致密的纤维网状结构致使凝胶形成。

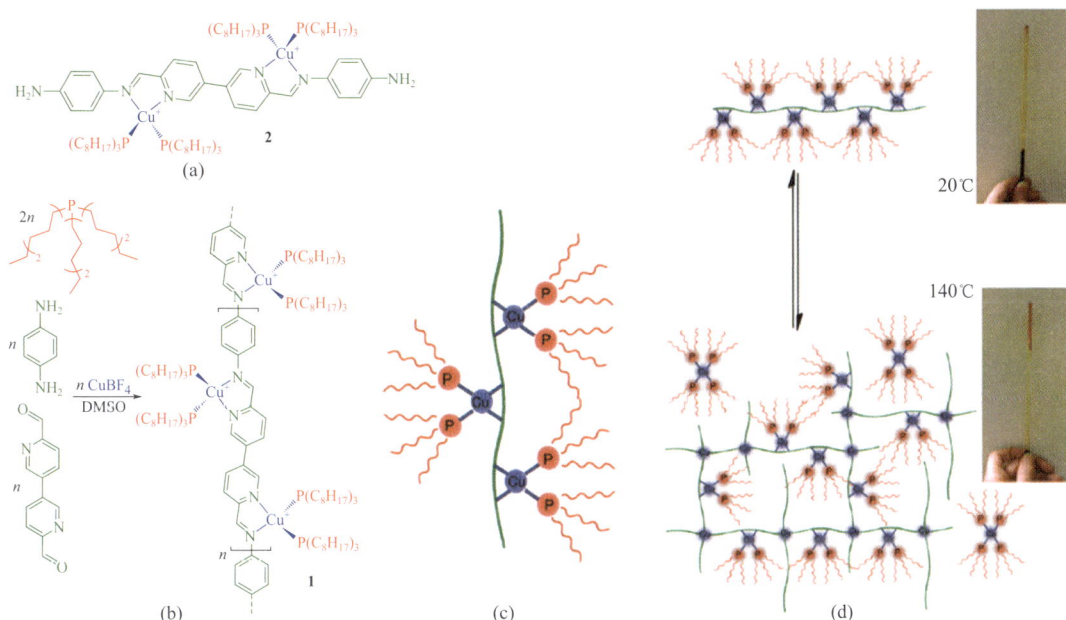

图 7-4　Cu 配位席夫碱聚合物 **2** 的结构图（a）；共轭金属-有机 Cu 聚合物 **1** 的合成路线（b）及聚合物 **1** 的卡通图样（c）；聚合物 **1** 的凝胶机理示意图（左）及倒置核磁管中盛放化合物 **1** 溶液的光学图像（右上）和加热后溶胶-凝胶转变的光学图像（右下）（d）

在一例关于温度和电压诱导的动态电致发光金属聚合物的重量分配的报道中，Friend 等提及了在双磷配体存在的情况下，通过在 Cu（Ⅰ）模板周围缩合线型二胺和二醛子成分，合成了一种含有动态共价金属的聚合物，结构如图7-5所示。在溶液中，红色聚合物在加热时发生溶胶-凝胶转变，从而形成黄色凝胶。与之前报道的动态共价金属聚合物的自组装过程类似，它在溶液中的温度变化和固态电场的作用下发生可逆的结构重排，从而改变其力学性能和光物理特性。该聚合物是通过结构构建块亚单元自组装形成的，其中芳香胺和吡啶基组分的缩合是由所产生的亚胺与金属离子的优先配位所驱动的。在溶液中，该聚合物表现出热变色性和热固性，而溶胶-凝胶转变的可逆性根据所选用溶剂的不同而不同。此外，该聚合物是电致发光的，可以制成电化学发光电池（LECs），这是一种最简单的发光装置，通过将含有离子导电材料的共轭聚合物夹在两个电极之间形成。这为软质材料的应用提供了一个新的思路。

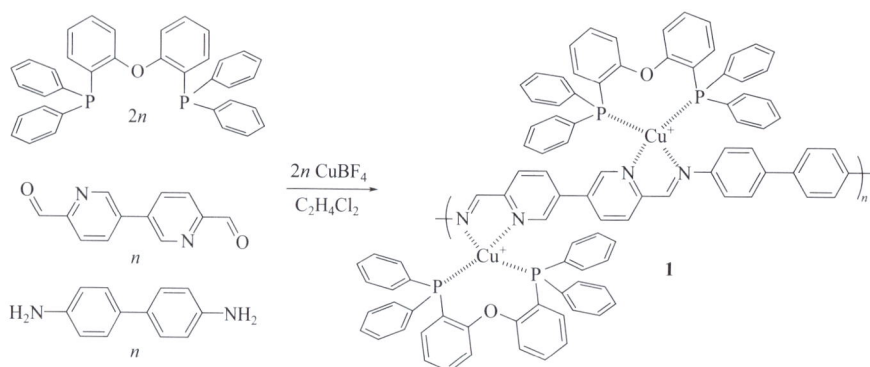

图7-5 Cu配位席夫碱聚合物1合成路线

在Wei等的研究中，他们制备了具有紫外线和可见光响应的光诱导和热诱导凝胶。为了进一步研究热定型凝胶对光刺激的响应，他们将光敏基团融入有机配体制备了光致变色金属有机凝胶（MOG）。有趣的是，所得到的MOG表现出与常规超分子凝胶不同的特性，即罕见的热固性。此外，该凝胶可以在非常低的胶凝剂浓度（0.01mol/L）下形成，并且它对弱配位和非配位的阴离子也有明显的响应。从凝胶到溶液的过渡时间取决于凝胶化所需的加热时间，从而产生了加热记忆效应。凝胶化研究是用含有2个羧酸的DCBTF6进行的，它含有一个DAE（二芳基乙烯）片段，可以在紫外线和可见光的照射下发生可逆的光致变色反应。

如图7-6所示，设计的分子DCBTF6有两种结构，闭环型（C-DCBTF6）和开环型（O-DCBTF6）。该结构可以通过可见光照射和紫外线照射作为"开关"来控制。当分子保持开环状态时，适当的L/M（配体/配位金属）可以通过添加Al^{3+}来控制，形成开环型状态的溶液。当分子保持闭环状态时，闭环状态型溶胶相可以通过紫外线照射形成。向体系施加一个适当的热刺激（80℃是溶胶-凝胶转变温度）可以得到更致密的凝胶。当环境恢复到室温，向体系施加可见光照射可以将分子恢复到开环的溶胶状态，即完成了一个加热固化冷却液化的循环。

环糊精（CD，包括α-CD、β-CD和γ-CD）作为重要的超分子主体，其疏水空腔和亲水的表面可以通过超分子相互作用与各种有机客体部分复合。在Li等人的报告中提到，可以通过主体-客体的超分子相互作用形成热固性有机凝胶，这是第一例关于CD超分子相互作用的可逆热固性有机凝胶的研究。该方法是通过二苯胺（DPA）与β-环糊精和氯化锂在N,N-二甲基甲酰胺（DMF）中混合来制备凝胶的，DPA和β-CD的浓度配比是形成热固性凝

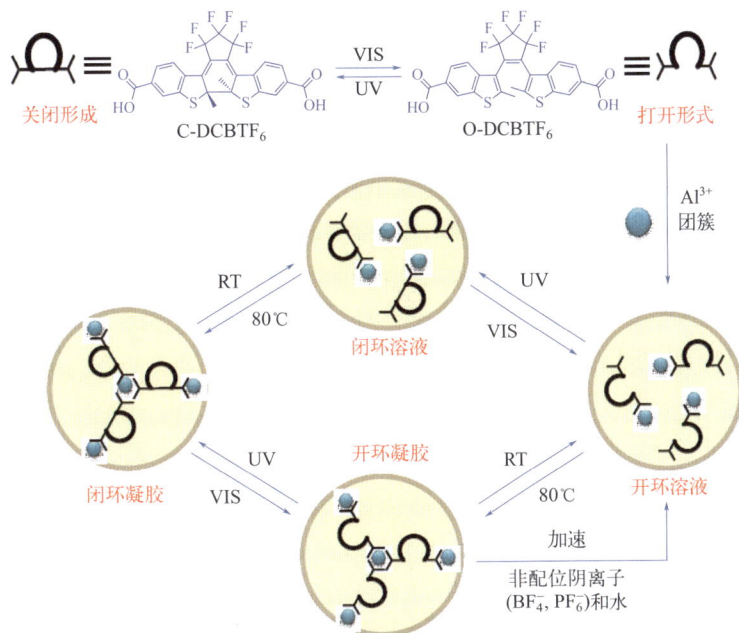

图7-6　光致变色二元酸配体DCBTF6的开环和闭环之间的可逆光异构化，以及凝胶和溶液之间的多重转化的示意图（配位后记为O Gel、O-Solution、C-Gel和C-Solution）

胶的关键［图7-7（a）］。在这个系统中，DPA可以在DMF中随温度升高而凝胶化，然后随温度降低而再次溶解，从而实现可逆的溶胶-凝胶转变［图7-7（b）］。不同客体分子的引入会影响凝胶体系的形成以及凝胶的热稳定性能，如表7-1所示。在所有情况下，当客体分子被引入凝胶体系时，热固性凝胶的转变温度降低，这意味着凝胶更容易形成。特别的是，由于萘和1-氨基蒽醌等客体分子尺寸接近β-CD的空腔，所以无法形成凝胶。对其合理的解释是，如果客体分子的大小与β-CD的空腔匹配，它们可能会阻止β-CD和其他分子（如DPA）之间促进凝胶形成的超分子相互作用。相对较小的客体分子，如NaCl、KCl、CaCl$_2$和MgCl$_2$，并不妨碍β-CD和DPA之间的超分子相互作用，甚至不妨碍与β-CD的络合效应，因此也不妨碍热固性凝胶的形成。

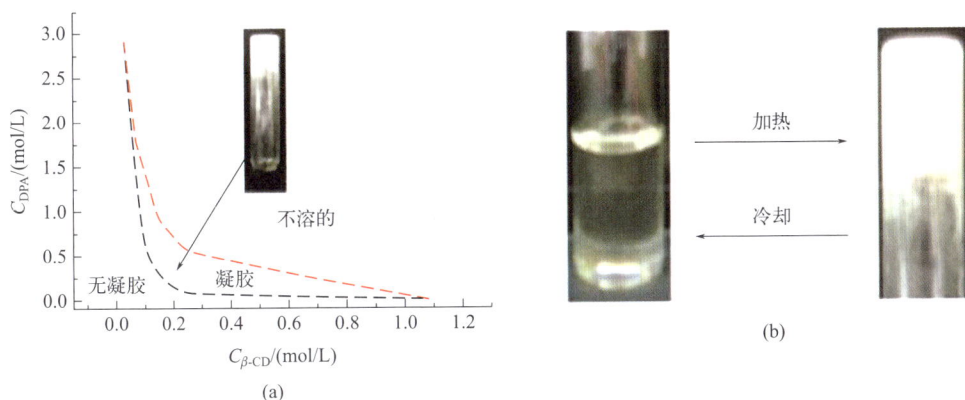

图7-7　β-CD和DPA的浓度对溶胶-凝胶转变影响的相转变示意图（a）；β-CD/DPA/LiCl在DMF中混合的光学图像：室温下的透明溶液和T_{gel}下的白色凝胶相（b）

　　基于β-CD的热固性凝胶的研究不止于此，Hao等人报道了醇类诱导形成的热固性有机凝胶。该体系含有β-CD、4,4'-异丙基双酚（BPA）、LiCl和N,N-二甲基乙酰胺（DMAc），按适当比例混合后加热可形成白色有机凝胶，冷却到环境温度后5h内可转化为透明溶液，该过程可重复多次，说明热固性有机凝胶的相转变完全可逆。然而，与传统的热固性凝胶不同，在室温下向其添加乙醇，甚至不加热也能获得室温有机凝胶。对室温下有机凝胶的形成，乙醇可以被认为是一种辅助溶剂，可能参与了分子自组装过程。这种凝胶在不同温度下在不同溶剂中的溶解度不同，导致其在高温DMAc和DMF体系中的热固化特性。当溶剂保持不变时，由于客体分子的π-π堆积效应，这些体系的T_{gel}遵循以下顺序，双酚A＜双酚F＜苯酚＜对氯苯酚＜对硝基苯酚。

表7-1　不同客体分子对凝胶热稳定性的影响

0.5mmol客体分子	分子式	T_{gel}/℃	ΔT_{gel}/℃
非客体		120	0
苯		99	21
甲苯		108	12
氯苯		111	9
邻硝基氯苯		94	26
邻二甲苯		99	21
间二甲苯		99	21
月桂醇	$CH_3(CH_2)_{11}OH$	92	28
十四醇	$CH_3(CH_2)_{13}OH$	89	31
十八醇	$CH_3(CH_2)_{17}OH$	95	25
正丁胺	$CH_3(CH_2)_3NH_2$	111	9
己胺	$CH_3(CH_2)_5NH_2$	116	4
癸胺	$CH_3(CH_2)_9NH_2$	110	10
十二烷胺	$CH_3(CH_2)_{11}NH_2$	116	4
十四胺	$CH_3(CH_2)_{13}NH_2$	101	19

续表

0.5mmol 客体分子	分子式	$T_{gel}/°C$	$\Delta T_{gel}/°C$
十六胺	$CH_3(CH_2)_{15}NH_2$	116	4
十八胺	$CH_3(CH_2)_{17}NH_2$	110	10
氯化钠	NaCl	105	15
氯化钾	KCl	110	10
氯化钙	$CaCl_2$	102	18
氯化镁	$MgCl_2$	111	9
环己烷		118	2
醋酸	CH_3COOH	118	2
邻氨基苯甲酸		110	10
十八酸	$CH_3(CH_2)_{16}COOH$	84	36
庚酸	$CH_3(CH_2)_5COOH$	118	2
羟氨苄青霉素		99	21
1-氨基蒽醌		无凝胶	
萘		无凝胶	
吡罗昔康		无凝胶	
伏立康唑		无凝胶	

　　金属凝胶体系和主客体凝胶体系都有各自的形成机制。许多分子间非共价作用助力

了热固性凝胶形成，在特殊情况下，分子的手性效应也会产生影响，Zheng 等人首次报道了通过将上缘有长叔烷基链，下缘有 S-1-苯乙胺基的化合物的手性杯芳烃与 D-2, 3-二苯甲酰基酒石酸（D-2）混合形成热固性凝胶的方法。D-2 在环己烷中对映选择性地形成热固性凝胶和卵状囊泡，这是由两个组分胶凝剂之间的相互作用的差异导致的热固性。此外，囊泡的直径随着烷基长度的增加而减小 [图 7-8（c）、（d）、（e）]，这可以用来控制囊泡的大小。与单组分体系相比，双组分凝胶体系最大的优势和特点是可以通过改变两组分的分子比例或改变其中一个组分来调整凝胶纳米材料的结构和性能。手性杯芳烃二胺 **1** 显示出圆锥状构象 [图 7-8（a）]，这可能是由于下缘的羟基和醚氧原子之间的分子内氢键导致的。

通过加热将 **1a** 和 L-2（L-二苯甲酰酒石酸）的固体混合物溶解在环己烷中，并将所得溶液冷却到 20℃ 可形成凝胶。用 **1a** 和 D-2 在同样的条件下执行同样的程序，当加热到 60℃ 时，**1a** 和 L-2 的环己烷凝胶变成了溶液，但 **1a** 和 D-2 的环己烷溶液却变成了凝胶 [图 7-8（b）]。当高温下形成的凝胶冷却到约 20℃ 时，溶液静置约 5min 后凝胶再生，而在 10℃ 下静置很长时间后仍为溶液。凝胶-溶胶的可逆转化过程可以随着温度的变化而多次重复，**1a** 和 D-2 的混合物在室温下储存 1 年以上仍可显示出热诱导的凝胶化。热固化特性和极长的老化时间使这种软性材料可以在非常广泛的领域中得到应用。

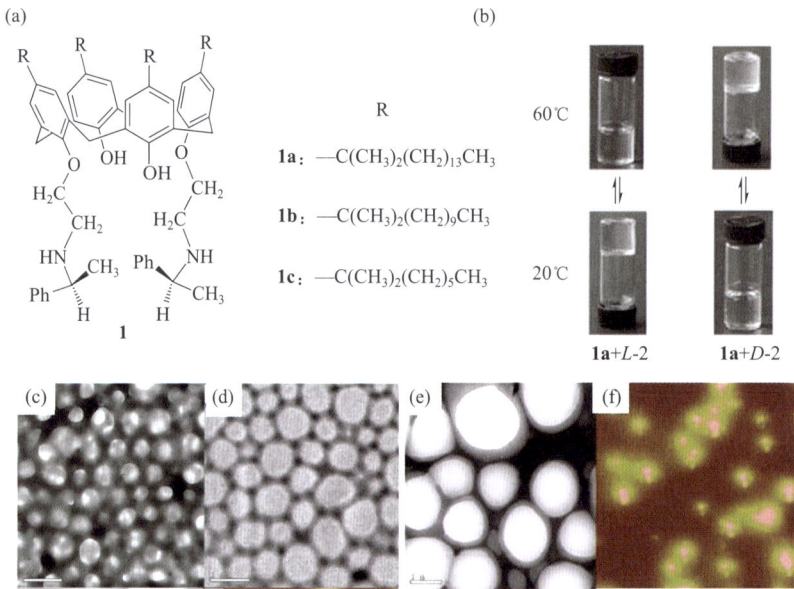

图 7-8　杯 [4] 芳烃 **1** 的结构示意图（a）；L-2 和 D-2 加入体系后凝胶的热响应光学图像（b）；
1a+D-2（c）、**1b**+D-2（d）、**1c**+D-2（e）的 TEM 图；**1b**+D-2 的 AFM 图（f）（比例尺为 1μm）

Luo 等人开发了一种由琥珀酸衍生物（SAD）和伯烷基胺（R—NH₂）组成的可逆热固性凝胶。其分子设计如图 7-9（a）～（c）所示，这种双组分凝胶体系可用于组装不同类型的超分子凝胶，包括可逆热固性凝胶、常规凝胶和不可逆热固性凝胶。该体系不仅可以通过升高体系温度形成可逆的热固性凝胶 [图 7-9（d）、（e）]，也可以在双组分胶凝剂中加入脂肪酸，得到纤维状微结构的常规凝胶，如图 7-9（f）、（g）所示。当用二元酸取代脂肪酸时，将会得到一种具有片状微观结构的新型热固性凝胶，该凝胶具有不可逆性和热稳定性，如图 7-9（h）～（j）所示。

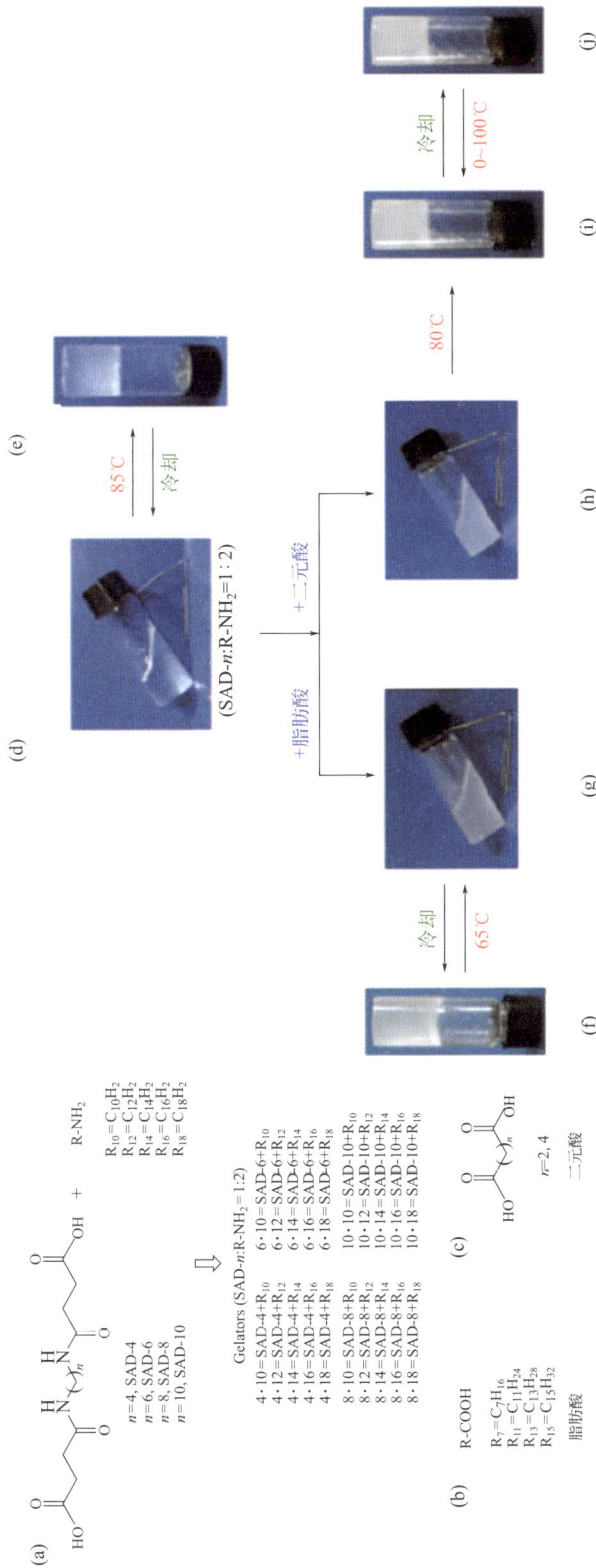

图 7-9　胶凝剂[的结构]

（a）SA 和 R-NH$_2$；（b）脂肪酸；（c）二元酸；（d），（e）热固性凝胶形成的光学图像，SAD-6 和 R$_{14}$-NH$_2$（摩尔比为 1∶2）的四氢呋喃[7.88%（质量分数）]凝胶；（f），（g）常规凝胶形成的光学图像，SAD-6、R$_{14}$-NH$_2$ 和十二烷酸（摩尔比为 1∶2∶3）的四氢呋喃[3.35%（质量分数）]凝胶；（h），（i）和（j）不可逆热固性凝胶形成的光学图像，SAD-6、R$_{14}$-NH$_2$ 和

SAD-6（摩尔比为 1∶2∶1）的四氢呋喃[2.66%（质量分数）]凝胶

7.3 热固性水凝胶的制备及特性

水凝胶不同于有机凝胶，具有低毒性、不易燃烧等特性。又因其高含水量、类似生物组织的弹性、易运输营养物质和废物等特点，在生物传感、药物传递和组织工程等领域得到了广泛的应用。而且水凝胶的性质易于调节，可以通过加入具有独特功能的组分来调节。

在探索基于具有低临界溶液温度（lower critical solution temperature, LCST）的小分子胶凝剂（low molecular weight gelators, LMWGs）的超分子水凝胶时，有两个局限性：①很难设计同时具有胶凝能力和LCST特性的小分子；②当具有LCST特性时，LMWGs的凝胶化过程充满了模糊性。Zheng等对该模型进行了深入研究，并设计了包含双亲结构片段的LMWGs，因为其亲水的外围部分可以与水分子相互作用，从而实现LCST行为，而胶凝剂的疏水核心仍然与水分子隔绝，在不受水分子干扰的情况下组装成凝胶网络。选择适当的热反应性链段可以制备基于LMWGs的LCST型超分子水凝胶。单体设计如图7-10所示，苯并21冠-7（B21C7）衍生物是一类新型的LCST分子，可在不同体系中表现出LCST行为。含有两个B21C7单元的两亲性单体是以相应的苯并二甲酸（MF）为原料通过酰胺化反应设计和合成的。外层的亲水单元B21C7对温度有一定的响应性，表现出LCST行为，而内部的疏水四氟苯通过F-F相互作用、π-π堆积和疏水相互作用控制胶凝剂的聚集，进而导致超分子凝胶的形成。

图7-10显示了MF单体的凝胶形成过程，当温度高于T_{cloud}时，MF单体聚集组装形成MF簇。当温度保持在T_{cloud}以上时，自组装行为将持续进行，最终形成宏观MF聚集体，进而形成MF水凝胶。当温度低于T_{cloud}时，则不会形成宏观MF聚集体和MF水凝胶。该研究的重点是观察LCST诱导凝胶化过程中不同类型的MF聚集体。这种超分子水凝胶系统的LCST行为通过形成水凝胶的宏观骨架在凝胶形成过程中起关键作用，这与热固性聚合物水凝胶系统有很大不同。

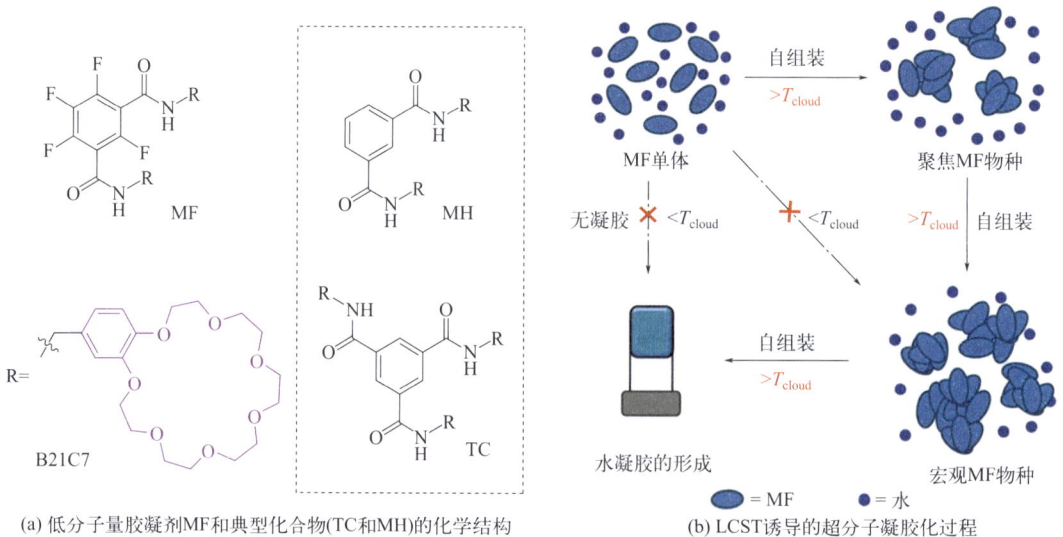

(a) 低分子量胶凝剂MF和典型化合物(TC和MH)的化学结构

(b) LCST诱导的超分子凝胶化过程

图7-10 MF单体的凝胶形成过程

只有当凝胶化温度高于LCST行为的临界转变温度（T_{cloud}）时，才会实现MF的凝胶化

　　与前面提到的冠醚类似，Lee 等报道了一种树枝状醚类化合物，该化合物具有五连苯并咪唑的结构，横向通过醚键接枝到树枝状的低聚醚氧链上［图 7-11（a）］。与传统凝胶不同，这种化合物可以形成各向异性的不透明凝胶，冷却后可以可逆地转化为透明溶液。该化合物可以在水溶液中形成具有矢量子结构的超分子纳米纤维，微观结构表现为相互平行排列的矢量状网络［图 7-11（b）］。在室温下，将该纳米纤维溶液与细胞混合，由于该热固性凝胶的 $T_{sol\text{-}gel}$ 和生理温度基本相当，细胞将被包裹在凝胶的 3D 网络中，从而创造一个模拟体内细胞和组织生长的良好环境。这种热固性软质材料有望成为一种新型的细胞培养基材料。

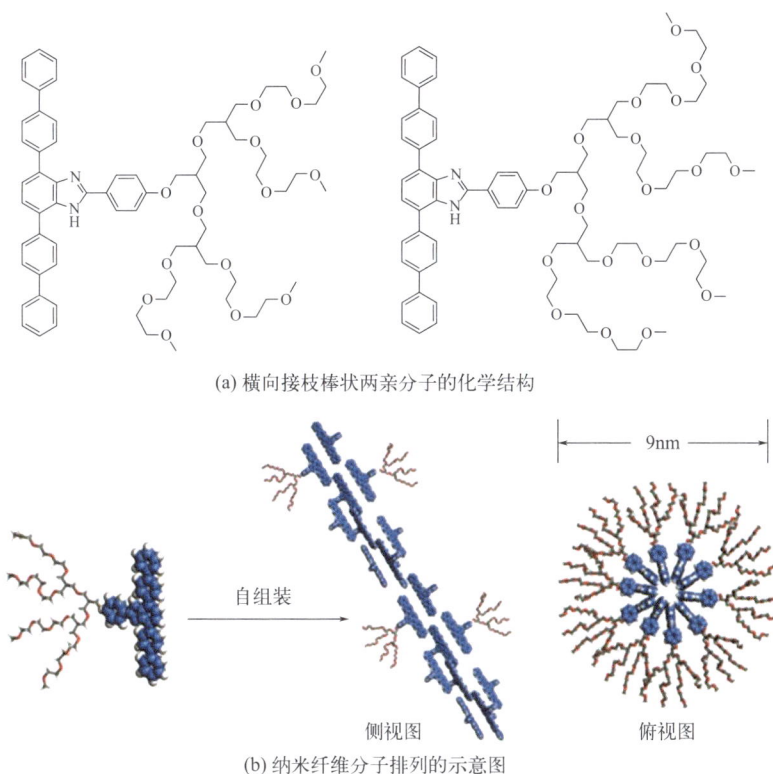

(a) 横向接枝棒状两亲分子的化学结构

自组装

9nm

侧视图　　　　俯视图

(b) 纳米纤维分子排列的示意图

图 7-11　树枝状醚类化合物

　　电荷转移（CT）相互作用是构建多功能超分子组装体的另一种常用策略。利用 CT 相互作用作为超分子工具来调控双组分凝胶性能具有重要意义。Bhattacharjee 等首次报道了一种由电荷转移诱导的小分子热固性水凝胶。其分子设计如图 7-12（a）所示。它的设计灵感来源于威尔逊研究小组报告中对九种不同 CT 对的研究，其中芘（Py-D）与萘二酰亚胺（NDI-A）的结合常数最高。他们研究中提及了 Py-D 和 NDI-A 之间的 CT 相互作用以及由此产生的 CT 复合体的自组装特性。通过向 Py-D 的 DMF 溶液中加入 NDI-A 可以观察到明显的颜色变化（从亮黄色到深紫色）［图 7-12（b）］，由此证实了 Py-D 和 NDI-A 之间的 CT 相互作用。在室温下，将水加入 $n_{Py\text{-}D}:n_{NDI\text{-}A}=1:1$ 的 DMF 溶液（$V_{H_2O}:V_{DMF}=99:1$）可立即形成透明的 CT 复合水凝胶，其中 Py-D 的临界凝胶浓度（CGC）为 7.82mmol/L。选用相同的溶剂体系配制 CGC 以下的 CT 复合溶液（Py-D 的浓度为 0.5mmol/L），将该体系加热超过 70℃会发生溶胶-凝胶转变［图 7-12（d）］。利用 UV-vis 光谱研究发现，在 555nm 处出现了一个强 CT 吸收带［图 7-12（c）］，随着 CT 复合物浓度的降低，CT 带逐渐消失，这表明复合物浓度的降低将导致水凝胶热固化性能的损失。这是

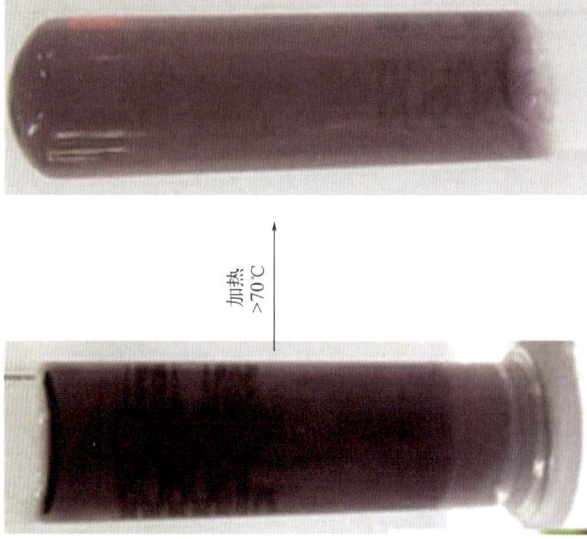

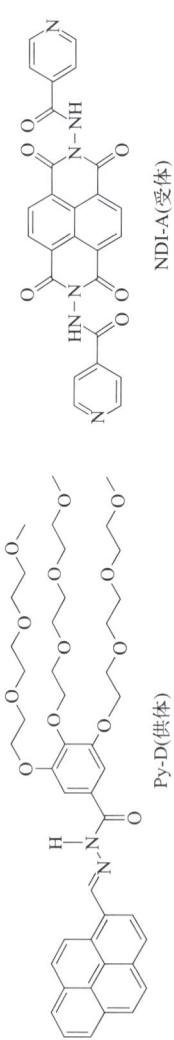

(a) Py-D(供体)和NDI-A(受体)的结构

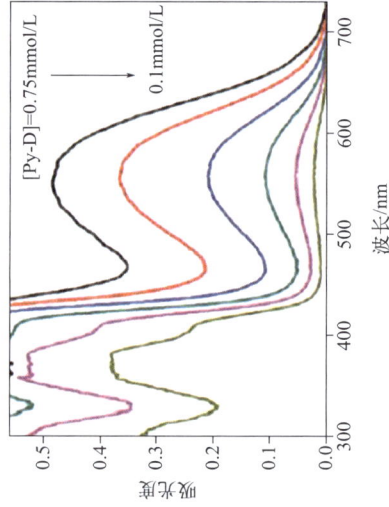

(c) 摩尔比(n_{Py-D} : n_{NDI-A})为1 : 1的CT复合物在混合溶剂（V_{H_2O} : V_{DMF}=99 : 1）中的浓度依赖性UV-vis光谱图

(d) 稀释后的Py-D溶液(0.5mmol/L)和加热超过70°C时转变为凝胶的光学图像

(b) Py-D和NDI-A溶液在DMF中混合形成深紫色溶液(CT复合体)

图7-12 由电荷转移诱导的小分子热固固性水凝胶

通过 CT 相互作用制备热固性凝胶的第一个例子，对后续的研究有着一定的参考价值。

CT 相互作用不仅可以用来制备热固性凝胶，还可以用来调节凝胶的力学性质，本课题组报道了通过在原始凝胶中加入不同种类的受体分子，通过改变共凝胶中的 D-A 比例可以调节 CT 凝胶的流变特性，如黏弹性能和屈服应力。对于 PyFF 凝胶，其储存模量（G'）和损失模量（G''）[图 7-13（a）、（c），应力扫频中的黑色四边形，频率扫频中的蓝色四边形]分别达到约 200000Pa 和 20000Pa，PyFF 凝胶系统表现出良好的强度，并能在一系列的应力刺激下保持凝胶状态（$G' > G''$）。然而，CT 凝胶的流变学特性明显不同于原始凝胶，例如模量和屈服应力（Y）都表现出较大差异。在对凝胶材料施加剪切应力时，当应力达到一定值时，G' 急剧下降，G' 变得比 G'' 低，此时的应力值被称为凝胶材料的屈服应力。在该体系中，受体添加剂的加入导致凝胶在线性黏弹性区域（LVER）内的储存模量减小，如图 7-13（b）中的红色曲线所示（$G'_{PyFF} = 56000Pa$，$G'_{CT-1} = 38800Pa$，$G'_{CT-2} = 4600Pa$，$G'_{CT-3} = 12400Pa$）。图 7-13（c）展示了各组凝胶的频率扫描图，在全频率范围内均保持着凝胶态（$G' > G''$）。图 7-13（d）显示了不同 A/D 比率下 7.0Hz 的 G' 值。当 A/D 的摩尔比达到 1:4 时，凝胶的 G' 值下降到 72600Pa，与原来的 PyFF 凝胶相比，下降了约 120000Pa。此外，当 A/D 比为 1:2、3:4 和 1:1 时，CT-3 凝胶的 G' 值分别达到 69000Pa、67900Pa 和 56000Pa。从上述流变学测量结果来看，CT 相互作用可以用来可控地调节凝胶的流变学特性。

水凝胶之所以能够形成，是因为它在溶剂（水）中具有亲水和疏水相互作用的平衡，

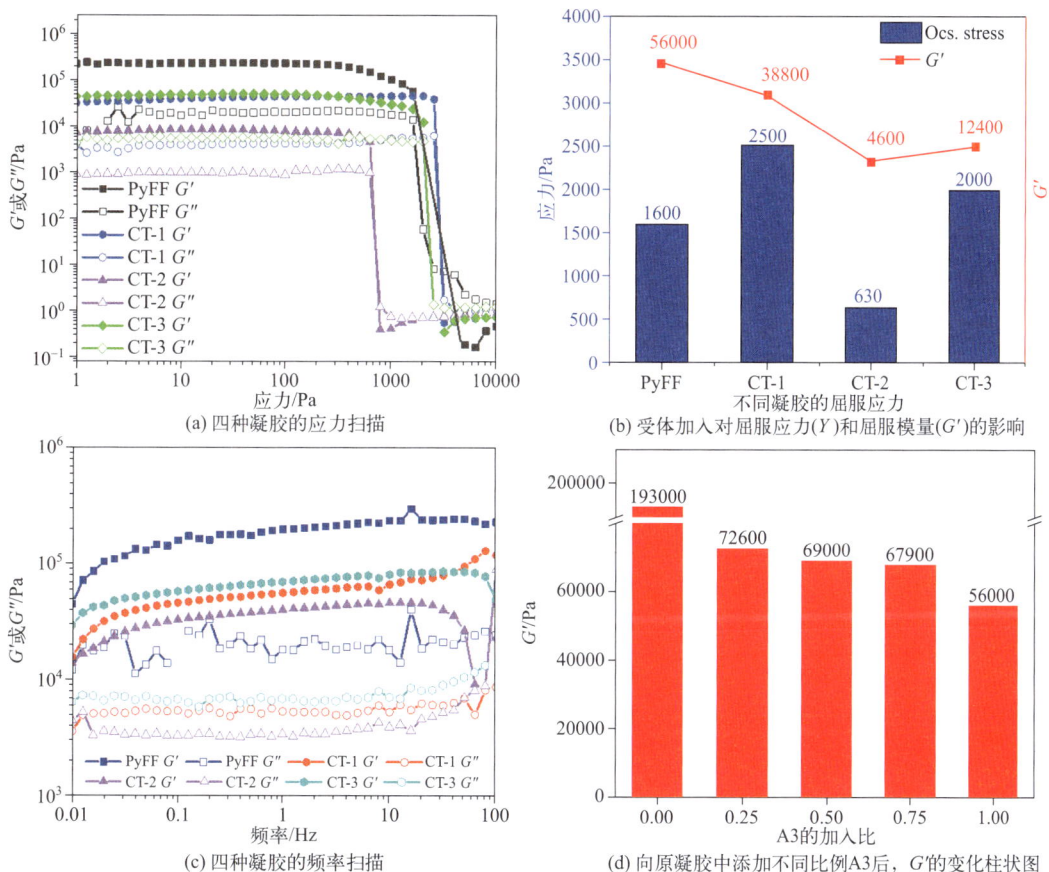

(a) 四种凝胶的应力扫描

(b) 受体加入对屈服应力(Y)和屈服模量(G')的影响

(c) 四种凝胶的频率扫描

(d) 向原凝胶中添加不同比例 A3 后，G' 的变化柱状图

图 7-13　CT 凝胶流变特性的调节

合理调节这种平衡可以促进或抑制胶体的形成，这可以通过合理的分子设计实现。

Hamachi 小组开发了一种双头基两亲化合物，并展示了其灵活的分子设计。逆 Diels-Alder 反应被用作开关，微妙地控制亲水 - 疏水平衡，以引起热固性水凝胶的形成。形成热固性凝胶的示意图见图 7-14（a）。双头基两亲化合物（也被称为水凝胶的前体）包含两个亲水基团（浅蓝色和深蓝色）、一个长链疏水基团（白色）和一个可裂解部位（红色和绿色）。可裂解位点由呋喃和马来酰亚胺 Diels-Alder 环加成得到，这部分可以通过逆 Diels-Alder 反应断开。这种双头基两亲化合物可以通过在水中的自组装过程形成一个二维纳米结构。在低温下，凝胶不会形成，但神奇的是，给系统一定的热刺激，就会形成致密而稳定的凝胶。这是因为可裂解位点的分裂，带有呋喃和亲水头的部分从前体中剥离并释放到溶液中，这导致体系的亲水 - 疏水平衡发生变化。随后，原来的二维纳米结构被交联起来形成密集的三维网络结构，在宏观上表现为凝胶的形成。

双头基两亲化合物的分子设计如图 7-14（c）、（d）所示，与以前的研究不同的是，分子设计中引入了联苯丙氨酸（BPh）和对苯二胺的呋喃修饰的肽衍生物（FurTpa）作为其疏水的 N 端。为了将这种含有 FurTpa 单元的水凝胶转化为水溶性的两亲物（水凝胶前体），又引入了聚乙二醇 - 马来酰亚胺 **2**。因此，呋喃单元连接在水胶凝剂上，马来酰亚胺单元连接在

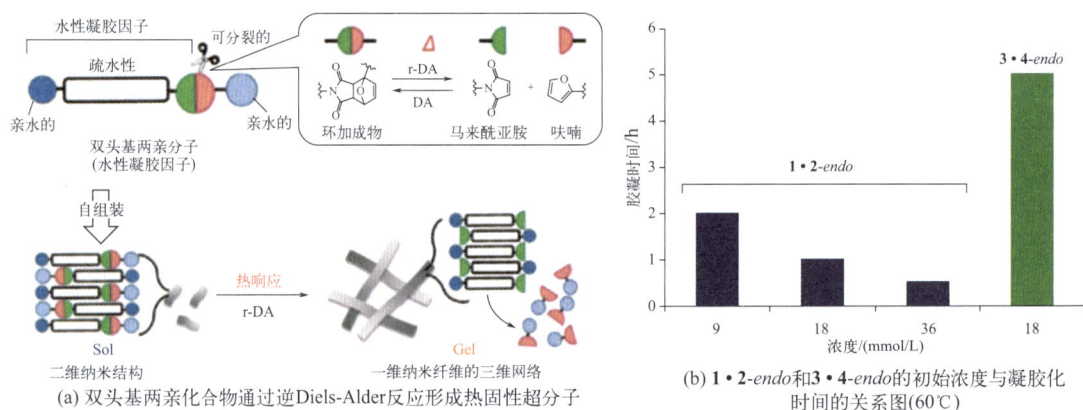

(a) 双头基两亲化合物通过逆 Diels-Alder 反应形成热固性超分子水凝胶的示意图

(b) **1·2**-*endo* 和 **3·4**-*endo* 的初始浓度与凝胶化时间的关系图（60℃）

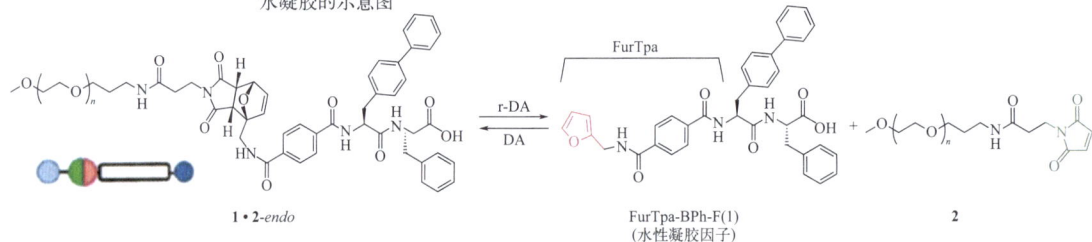

(c) **1·2**-*endo* 的分子结构和成胶机理

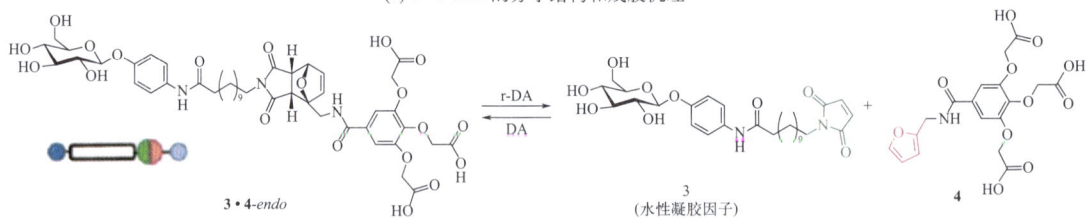

(d) **3·4**-*endo* 的分子结构和成胶机理

图 7-14　双头基两亲化合物

"可拆分"部分，"可拆分"部分的结构与基于糖脂的 **3·4**-*endo* 化合物相反。经过结构改造后，凝胶化效率大大提高，**1·2**-*endo* 的凝胶形成速度随着胶凝剂浓度的增加而增加，比胶凝剂 **3·4**-*endo* 的凝胶化效率更高 [图 7-14（b）]。新开发的胶凝剂 **1·2**-*endo* 具有非常低的 CGC [0.06%（质量分数）/7.0mmol/L]，凝胶形成温度可以达到 92℃。这种具有灵活分子设计的双头基两亲胶体为今后开发热固性凝胶提供了一种新的思路。但是，Diels-Alder 反应的进行需要一种特殊的催化剂，其局限性在于所获得的热固性凝胶是不可逆转的，即当温度降低时，凝胶不能回到溶液中。

为了开发一种具有一维配位聚合物和纳米团簇的纳米复合凝胶，Zhang 等进行了深入的研究，并对这种纳米复合凝胶的性能进行了评估和讨论。其设计思路为：在 [Na（L）（H$_2$O）]·2H$_2$O [HL = 4, 6-二（2-吡啶基）-1, 3, 5-三嗪-2-醇] [结构如图 7-15（e）所示] 和 Cu$_2$（OAc）$_4$·2H$_2$O 的水溶液中加入金属离子和配体，比例为 Cu/L=4 [CGC=5.6%（质量分数）]，得到了一维配位聚合物 [Cu$_2$L（m-OAc）$_2$（m-OH）]（**1**）和配位纳米簇（[Cu$_9$L$_4$（OAc）$_7$（OH）$_5$]$^{2+}$）$_2$（**3**）。纳米簇 **3** 稳定了一维配位聚合物并且抑制了体系中 **1** 的结晶，随后在室温和更高温度下形成了基于配位的热固性纳米复合水凝胶。该体系中的 T_{gel} 可以通过改变水凝胶的 pH 值、胶凝剂的浓度、老化时间和配位比例来调节，说明这是一种多重响应性超分子凝胶。当体系冷却到 4℃以下时，该凝胶变成了溶液 [如图 7-15（a）所示]，而加热到室温凝胶又恢复原样，这表明它是一种热固性凝胶，而且凝胶到溶液的转变在温度变化时是可逆的。值得注意的是，溶液在低温下是稳定的，与常规的冷却凝固性凝胶不同。该凝胶对 pH 值响应也是可逆的，在室温下向凝胶体系中加入 HOAc 即可发生凝胶-溶胶转变，而再加入 25% 的 NH$_3$·H$_2$O 时，又出现了溶胶-凝胶转变。有趣的是，在 60℃加热后，酸性溶液再次凝胶化，而凝胶在冷却到室温后可以形成溶胶。这一事实表明，该凝胶的稳定性也取决于 pH 值。

这种基于配位的纳米复合热定型水凝胶对各种刺激，包括热、pH 值和浓度都有响应。它提出了一种纳米复合凝胶形成机制，解释了低温下低黏度和高温下凝胶形成的罕见特性。本文的结果为功能性纳米复合材料开辟了一条新的途径。

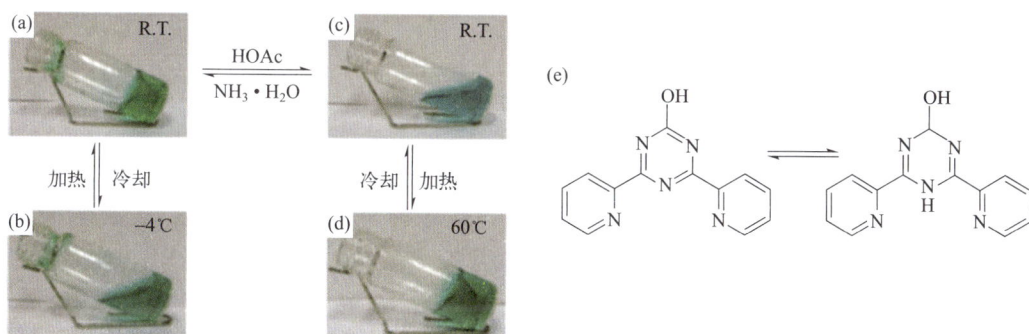

图 7-15　金属凝胶的刺激响应行为和相变的光学图像（a）~（d）; 4,6-二（2-吡啶基）-1,3,5-三嗪-2-醇（HL）的化学结构（e）

综上所述，热固性凝胶已被广泛报道，虽然研究者们已经尽可能详尽地阐述了各种凝胶的形成原因，但是并没有出现被公认的系统性机理，这可能是由于其开发需要满足多种条件：①具有成胶能力的组分，如氢键位点或者配体片段；②具有水溶性或脂溶性的端基；③形成的复合物在低温状态下有较高的溶解度，加热会引发溶解度的降低，从而引发聚集成胶。

  尽管有着许多的困难，研究者们仍然不畏艰难，砥砺前行，相信不久的将来，热固性水凝胶将成为一种合成较为容易，成本较为低廉的新型智能响应软质材料。

7.4　热固性分子凝胶的应用

  Cao等人报道了一种用于药物控释的肽基PNIPAM水凝胶，该类含有肽纳米纤维的水凝胶在形态上类似于许多组织的细胞外基质结构，所以该类型的水凝胶可以很好地被用在生物体体内。这种凝胶的溶胶-凝胶热响应温度（$T_{sol\text{-}gel}$）为33℃，略低于体温，因此，这种系统可以通过体温触发原位凝胶化，这可能会在用于微创药物递送的可注射水凝胶或用于皮肤和组织修复的组织工程中得到应用。在研究中，他们选用了一种对微生物细胞或肿瘤细胞具有高选择性的抗菌肽FITC-G（IIKK）$_3$I-NH$_2$，它被选为模型药物负载到其制备的溶胶中，用于评估载药和释放，以及其抗菌性能。图7-16（a）显示，预混合溶液在25℃下自由流动，呈亮黄色，并在40℃下转化为自支撑黄色水凝胶［图7-16（b）］。结果表明，FITC-G(IIKK)$_3$I-NH$_2$可以成功地负载到水凝胶中，且负载量对溶胶-凝胶转变没有影响。图7-16（c）～（f）展示了对四种菌落的抑制作用，结果清楚地表明，水凝胶释放的FITC-G（IIKK）$_3$I-NH$_2$保留了其高效杀菌性，证实了该系统在药物递送中的适用性。

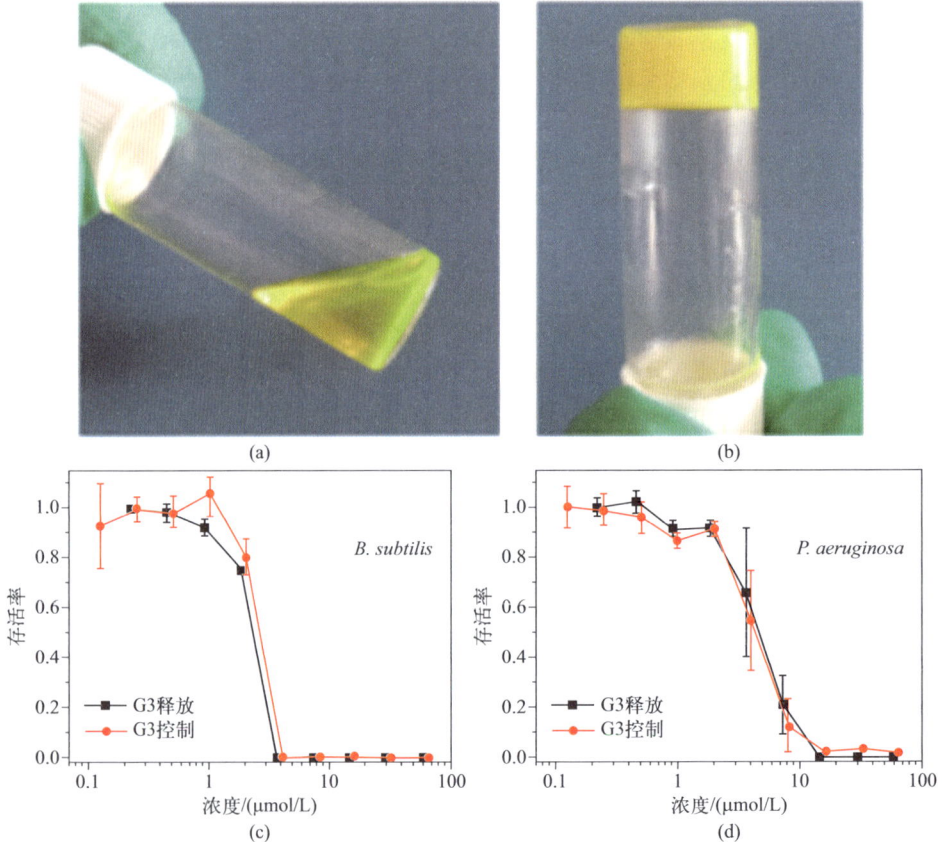

(a)　　　　　　　　　　　　　　　(b)

(c)　　　　　　　　　　　　　　　(d)

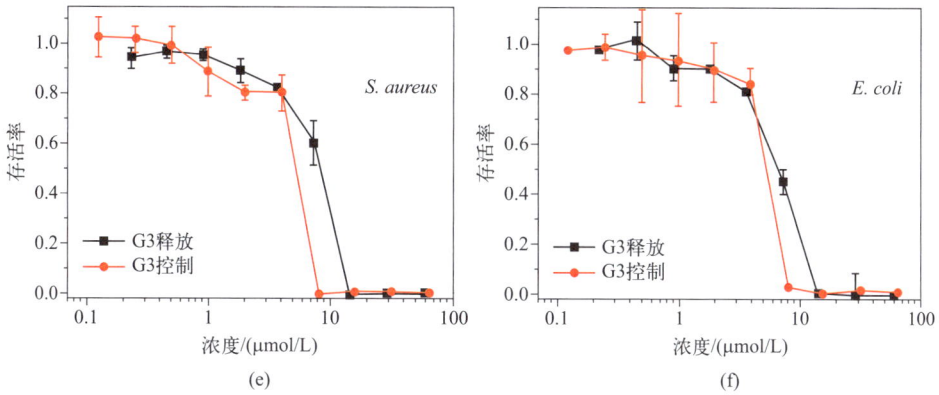

(e)　(f)

图 7-16　25℃ 下的 FITC-G（IIKK）₃I-NH₂ 与胶凝剂的混合溶液（a）；40℃ 下的复合凝胶（b）；枯草杆菌（c）、铜绿假单细胞菌（d）、金黄色葡萄球菌（e）和大肠杆菌（f）的存活率与 FITC-G(IIKK)₃I-NH₂ 释放浓度的关系［以游离的 FITC-G（IIKK）₃I-NH₂ 作为对照］

Chen 等报道了一种基于聚乙烯醇的自愈合热固性凝胶，其结构片段如图 7-17（a）所示，这种水凝胶虽然结构简单，但具有良好的动态特性，包括：①剪切变稀特性导致的可注射性；②高度可调 $T_{sol-gel}$，具有 pH 值和热的双重响应性；③由于动态的二元醇 - 硼酸酯键以及悬垂的叔胺（可作为碱性位点切断）的作用，无须任何外部相互作用即可快速自催化自愈合；④由于带电阴离子 BO_4^- 产生的静电排斥效应，缓解了成胶后溶剂的渗出。图 7-17（b）展示了 PVADEEDA-Borax 水凝胶的自愈合原理，自愈合后的凝胶依然是完好无损的并且几乎保持了最初的力学性能。众所周知，PVA-Borax 凝胶是一种典型的剪切增稠性凝胶［图 7-17（d）］，而该研究中报道的 PVADEEDA-Borax 凝胶显示不同寻常的剪切变稀行为，并且在加热后会发生凝胶化［图 7-17（e）］。为了实现可控药物释放，其关键是实现可调的水凝胶降解速率，图 7-17（c）展示了二氧化碳触发凝胶对罗丹明 B（RhB）的释放曲线，通过 PVADEEDA-Borax 水凝胶对 CO_2 的响应性实现了 RhB 的可控释放。

由于 PVADEEDA-Borax 水凝胶具有剪切变稀、热固化、有效载荷的释放以及良好的自愈合性能，使得该凝胶在生物医学领域有着非常广泛的应用。

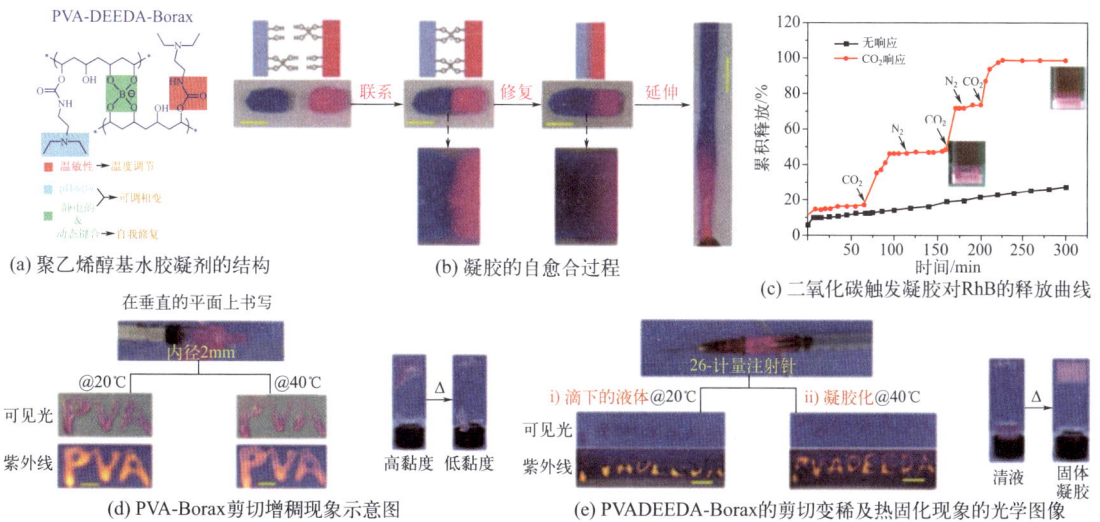

(a) 聚乙烯醇基水胶凝剂的结构　(b) 凝胶的自愈合过程　(c) 二氧化碳触发凝胶对 RhB 的释放曲线

(d) PVA-Borax 剪切增稠现象示意图　(e) PVADEEDA-Borax 的剪切变稀及热固化现象的光学图像

图 7-17　基于聚乙烯醇的自愈合热固性凝胶

参考文献

[1] Ferry J D. Viscoelastic properties of polymers. 3rd ed. Hoboken: Wiley, 1980.

[2] Roy N, Bruchmann B, Lehn J M. Dynamers: dynamic polymers as self-healing materials. Chemical Society Reviews, 2015, 44(11): 3786-3807.

[3] Weiss P T R G. Low molecular mass gelators of organic liquids and the properties of their gels. Chemical Reviews, 1997, 97: 3133-3159.

[4] Sangeetha N M, Maitra U. Supramolecular gels: functions and uses. Chemical Society Reviews, 2005, 34(10): 821-836.

[5] Horkay F, Douglas J F. Polymer gels: basics, challenges, and perspectives. ACS Symposium Series, 2018, 1296: 1-13.

[6] Karimi M, Sahandi Zangabad P, Ghasemi A, et al. Temperature-responsive smart nanocarriers for delivery of therapeutic agents: applications and recent advances. ACS Applied Materials & Interfaces, 2016, 8(33): 21107-21133.

[7] Hapiot F, Menuel S, Monflier E. Thermoresponsive hydrogels in catalysis. ACS Catalysis, 2013, 3(5): 1006-1010.

[8] Kitazawa Y, Ueki T, McIntosh L D, et al. Hierarchical sol-gel transition induced by thermosensitive self-assembly of an ABC triblock polymer in an ionic liquid. Macromolecules, 2016, 49(4): 1414-1423.

[9] Dai X Y, Zhang Y Y, Gao L N, et al. A mechanically strong, highly stable, thermoplastic, and self-healable supramolecular polymer hydrogel. Advanced Materials, 2015, 27(23): 3566-3577.

[10] Cafferty B J, Gallego I, Chen M C, et al. Efficient self-assembly in water of long noncovalent polymers by nucleobase analogues. Journal of the American Chemical Society, 2013, 135(7): 2447-2450.

[11] Merhebi S, Mayyas M, Abbasi R, et al. Magnetic and conductive liquid metal gels. ACS Applied Materials & Interfaces, 2020, 12(17): 20119-20128.

[12] Ikeda M, Tanida T, Yoshii T., et al. Installing logic-gate responses to a variety of biological substances in supramolecular hydrogel-enzyme hybrids. Nature Chemistry, 2014, 6(6): 511-518.

[13] Piepenbrock M O, Lloyd G O, Clarke N, et al. Metal- and anion-binding supramolecular gels. Chemical Reviews, 2010, 110(4): 1960-2004.

[14] Komiya N, Muraoka T, Iida M, et al. Ultrasound-induced emission enhancement based on structure-dependent homo-and heterochiral aggregations of chiral binuclear platinum complexes. Journal of the American Chemical Society, 2011, 133(40): 16054-16067.

[15] Kuroiwa K, Shibata T, Takada A, et al. Heat-set gel-like networks of lipophilic Co(Ⅱ) triazole complexes in organic media and their thermochromic structural transitions. Journal of the American Chemical Society, 2004, 126(7): 2016-2027.

[16] Chen B G, Hu X H. An injectable composite gelatin hydrogel with pH response properties. Journal of Nanomaterials, 2017, 2017: 5139609.

[17] Yang Z, Li Y, Shen C, et al. Tuning rheological behaviors of supramolecular aqueous gels via charge transfer interactions. Langmuir, 2021, 37(50): 14713-14723.

[18] Han J, Yang D, Jin X, et al. Enhanced circularly polarized luminescence in emissive charge-transfer complexes. Angewandte Chemie, International Edition in English, 2019, 58(21): 7013-7019.

[19] Xue B, Qin M, Wang T K, et al. Electrically controllable actuators based on supramolecular peptide hydrogels. Advanced Functional Materials, 2016, 26(48): 9053-9062.

[20] Tang J D, Mura C, Lampe K J. Stimuli-responsive, pentapeptide, nanofiber hydrogel for tissue engineering. Journal of the American Chemical Society, 2019, 141(12): 4886-4899.

[21] Song J W, Yuan C Q, Jiao T F, et al. Multifunctional antimicrobial biometallohydrogels based on amino acid coordinated self-assembly. Small, 2020, 16(8): 1907309.

[22] Pramanik A, Karimadom B R, Kornweitz H, et al. Sonication-induced, solvent-selective gelation of a 1,8-napthalimide-conjugated amide: structural insights and pollutant removal applications. ACS Omega, 2021, 6(48): 32722-32729.

[23] Sawayama J, Takeuchi S. Long-term continuous glucose monitoring using a fluorescence-based biocompatible hydrogel glucose sensor. Advanced Healthcare Materials, 2021, 10(3): 2001286.

[24] Norioka C, Kawamura A, Miyata T. Mechanical and responsive properties of temperature-responsive gels prepared via atom transfer radical polymerization. Polymer Chemistry, 2017, 8(39): 6050-6057.

[25] He X, Zhu B, Xie W, et al. Amelioration of imiquimod-induced psoriasis-like dermatitis in mice by DSW therapy inspired hydrogel. Bioactive Materials, 2021, 6(2): 299-317.

[26] Zhao L, Huang J, Zhang Y, et al. Programmable and bidirectional bending of soft actuators based on Janus structure with sticky tough PAA-clay hydrogel. ACS Applied Materials & Interfaces, 2017, 9(13): 11866-11873.

[27] Dong X X, Tong S, Dai K, et al. Preparation of PVA/PAM/AG strain sensor via compound gelation. Journal of Applied Polymer Science, 2022, 139(14): 51883.

[28] Yang H, Liu Z, Chandran B K, et al. Self-protection of electrochemical storage devices via a thermal reversible sol-gel transition. Advanced Materials, 2015, 27(37): 5593-5598.

[29] Ge J, Sun L, Zhang F R, et al. A stretchable electronic fabric artificial skin with pressure-, lateral strain-, and flexion-sensitive

properties. Advanced Materials, 2016, 28(4): 722-728.

[30] Li J J, Geng L F, Wang G, et al. Self-healable gels for use in wearable devices. Chemistry of Materials, 2017, 29(21): 8932-8952.

[31] Shintake J, Cacucciolo V, Floreano D, et al. Soft robotic grippers. Advanced Materials, 2018, 30(29): 1707035.

[32] Lee C S, Kimizuka, N. Solvatochromic nanowires self-assembled from cationic, chloro-bridged linear platinum complexes and anionic amphiphile. Chemistry Letters, 2002, 31(12): 1252-1253.

[33] Hatten X D, Bell N, Yufa N, et al. A dynamic covalent, luminescent metallopolymer that undergoes sol-to-gel transition on temperature rise. Journal of the American Chemical Society, 2011, 133(9): 3158-3164.

[34] Nitschke J R. Mutual stabilization between imine ligands and copper(I) ions in aqueous solution. Angewandte Chemie International Edition, 2004, 116(23): 3135-3137.

[35] Oliveri C G, Gianneschi N C, Nguyen S T, et al. Supramolecular allosteric cofacial porphyrin complexes. Journal of the American Chemical Society, 2006, 128(50): 16286-16296.

[36] Zhang Q, Ding J, Cheng Y, et al. Novel heteroleptic Cu(I) complexes with tunable emission color for efficient phosphorescent light-emitting diodes. Advanced Functional Materials, 2010, 17(15): 2983-2990.

[37] Asil D, Foster J A, Patra A, et al. Temperature-and voltage-induced ligand rearrangement of a dynamic electroluminescent metallopolymer. Angewandte Chemie, International Edition in English, 2014, 53(32): 8388-8397.

[38] Jian F, Saha M L, Song B, et al. Preparation of a poly-nanocage dynamer: correlating the growth of polymer strands using constitutional dynamic chemistry and heteroleptic aggregation. Journal of the American Chemical Society, 2012, 134(1): 150-153.

[39] Danjo H, Hirata K, Yoshigai S, et al. Back to back twin bowls of D_3-symmetric tris(spiroborate)s for supramolecular chain structures. Journal of the American Chemical Society, 2009, 131(5): 1638-1639.

[40] Hadjoudis E, Mavridis I M. Photochromism and thermochromism of Schiff bases in the solid state: structural aspects. Chemical Society Reviews, 2004, 33(9): 579-588.

[41] Wei S C, Pan M, Li K, et al. A multistimuli-responsive photochromic metal-organic gel. Advanced Materials, 2014, 26(13): 2072-2077.

[42] Annaka M, Tokita M, Tanaka T, et al. The gel that memorizes phases. Journal of Chemical Physics, 2000, 112(1): 471-477.

[43] Wang S, Shen W, Feng Y, et al. A multiple switching bisthienylethene and its photochromic fluorescent organogelator. Chemical Communications, 2006, (14): 1497-1499.

[44] Zhang J, Jin J, Zou L, et al. Reversible photo-controllable gels based on bisthienylethene-doped lecithin micelles. Chemical Communications, 2013, 49(85): 9926-9928.

[45] Hapiot F, Tilloy S, Monflier E. Cyclodextrins as supramolecular hosts for organometallic complexes. Chemical Reviews, 2006, 106(3): 767-787.

[46] Li Y Y, Zhao W J, Zhang H C, et al. Triple-transforming gel prepared by β-cyclodextrin, diphenylamine and lithium chloride in N,N-dimethylacetamide. Chinese Chemical Letters, 2010, 21(10): 1251-1254.

[47] Li Y, Liu J, Du G, et al. Reversible heat-set organogel based on supramolecular interactions of beta-cyclodextrin in N,N-dimethylformamide. Journal of Physical Chemistry B, 2010, 114(32): 10321-10326.

[48] Hou Y, Sun T, Xin F, et al. Transformation from a heat-set organogel to a room-temperature organogel induced by alcohols. Journal of Inclusion Phenomena and Macrocyclic Chemistry, 2014, 79(1): 133-140.

[49] Zhu P, Yan X, Su Y, et al. Solvent-induced structural transition of self-assembled dipeptide: from organogels to microcrystals. Chemistry, 2010, 16(10): 3176-3183.

[50] Li Y, Wang T, Liu M. Gelating-induced supramolecular chirality of achiral porphyrins: chiroptical switch between achiral molecules and chiral assemblies. Soft Matter, 2007, 3(10): 1312-1317.

[51] Chen X, Huang Z, Chen S Y, et al. Enantioselective gel collapsing: a new means of visual chiral sensing. Journal of the american Chemical Society, 2010, 132(21): 7297-7299.

[52] Zhou J L, Chen X J, Zheng Y S. Heat-set gels and egg-like vesicles using two component gel system based on chiral calix[4]arenes. Chemical Communications, 2007, (48): 5200-5202.

[53] Zhong D C, Liao L Q, Wang K J, et al. Heat-set gels formed from easily accessible gelators of a succinamic acid derivative (SAD) and a primary alkyl amine (R-NH$_2$). Soft Matter, 2015, 11(32): 6386-6392.

[54] Bae J, Park J, Kim S, et al. Tailored hydrogels for biosensor applications. Journal of Industrial and Engineering Chemistry, 2020, 89: 1-12.

[55] Yu Y, Cheng Y, Tong J, et al. Recent advances in thermo-sensitive hydrogels for drug delivery. Journal of Materials Chemistry B, 2021, 9(13): 2979-2992.

[56] Zhao H, Liu M, Zhang Y, et al. Nanocomposite hydrogels for tissue engineering applications. Nanoscale, 2020, 12(28): 14976-14995.

[57] Lutolf M P, Hubbell J A. Synthetic biomaterials as instructive extracellular microenvironments for morphogenesis in tissue engineering. Nature Biotechnology, 2005, 23(1): 47-55.

[58] Wu S G, Zhang Q, Deng Y, et al. Assembly pattern of supramolecular hydrogel induced by lower critical solution temperature behavior of low-molecular-weight gelator. Journal of the American Chemical Society, 2020, 142(1): 448-455.

[59] Qi Z H, Chiappisi L, Gong H L, et al. Ion selectivity in nonpolymeric thermosensitive systems induced by water-attenuated supramolecular recognition. Chemistry-A European Journal, 2018, 24(15): 3854-3867.

[60] Huang Z, Lee H, Lee E, et al. Responsive nematic gels from the self-assembly of aqueous nanofibres. Nature Communications, 2011, 2: 459.

[61] Bhattacharjee S, Maiti B, Bhattacharya S. First report of charge-transfer induced heat-set hydrogel. structural insights and remarkable properties. Nanoscale, 2016, 8(21): 11224-11233.

[62] Kumar N S, Gujrati M D, Wilson J N. Evidence of preferential π-stacking: a study of intermolecular and intramolecular charge transfer complexes. Chemical Communications, 2010, 46(30): 5464-5466.

[63] Wang S, Liu K, Gao S, et al. Dynamic covalent bonding-triggered supramolecular gelation derived from tetrahydroxy-bisurea derivatives. Soft Matter, 2017, 13(45): 8609-8617.

[64] Ochi R, Nishida T, Ikeda M, et al. Design of peptide-based bolaamphiphiles exhibiting heat-set hydrogelation via retro-diels-alder reaction. Journal of Materials Chemistry B, 2014, 2(11): 1464-1469.

[65] Ikeda M, Ochi R, Kurita Y S, et al. Heat-induced morphological transformation of supramolecular nanostructures by retro-diels-alder reaction. Chemistry, 2012, 18(41): 13091-13096.

[66] Wu J, Cao M, Zhang J, et al. A nanocomposite gel based on 1D coordination polymers and nanoclusters reversibly gelate water upon heating. RSC Advances, 2012, 2(33): 12718-12723.

[67] Wu J, Xue W, Cao M, et al. Temperature-dependent supramolecular isomers of a tetranuclear macrocycle and a zigzag chain based on dicopper building blocks. CrystEngComm, 2011, 13(17): 5495-5507.

[68] Cao M, Wang Y, Hu X, et al. Reversible thermoresponsive peptide-PNIPAM hydrogels for controlled drug delivery. Biomacromolecules, 2019, 20(9): 3601-3610.

[69] Liu M J, Lu X X, Gao L, et al. Polyvinyl alcohol-based thermogel with tunable gelation and self-healing property. Macromolecular Chemistry and Physics, 2018, 219(14): 1800162.

[70] Hurst G A, Bella M, Salzmann C G. The rheological properties of poly(vinyl alcohol) gels from rotational viscometry. Journal of Chemical Education, 2015, 92(5): 940-945.

[71] Du X, Zhou J, Shi J, et al. Supramolecular hydrogelators and hydrogels: from soft matter to molecular biomaterials. Chemical Reviews, 2015, 115(24): 13165-13307.

[72] Liu D, Song D, Guo G, et al. The synthesis of 18β-glycyrrhetinic acid derivatives which have increased antiproliferative and apoptotic effects in leukemia cells. Bioorganic & Medicinal Chemistry, 2007, 15(16): 5432-5439.

[73] Moon H J, Ko D Y, Park M H, et al. Temperature-responsive compounds as in situ gelling biomedical materials. Chemical Society Reviews, 2012, 41(14): 4860-4883.

[74] Chang R, Wang X, Li X, et al. Self-activated healable hydrogels with reversible temperature responsiveness. ACS Applied Materials & Interfaces, 2016, 8(38): 25544-25557.

[75] Liow S S, Dou Q Q, Kai D, et al. Thermogels: in situ gelling biomaterial. ACS Biomaterials Science & Engineering, 2016, 2(3): 295-316.

[76] Guo J, Cai G B, Jin Y, et al. An improved composite fly ash gel to extinguish underground coal fire in close distance coal seams: a case study. Advances in Materials Science and Engineering, 2020, 2020: 5695477.

第8章

荧光有机凝胶和水凝胶

8.1 荧光凝胶简介

在过去几十年里，由于在药物控释、细胞培养和成像、刺激传感和智能材料等领域中的潜在应用，低分子量有机凝胶因子（LMOGs）的设计与合成获得了广泛的关注。在非共价键相互作用的驱动下，例如氢键、π-π堆积、静电作用和范德华力，这些凝胶因子可以自组装成三维网络基质。特别是，π-π堆积是凝胶形成过程中一个重要的非共价相互作用。很多荧光基团如π单元被用于构建荧光凝胶因子。文献中使用最多的凝胶因子荧光团包括萘酰亚胺、BODIPY（二吡咯甲基硼或4, 4-二氟-4-硼-3a, 4a-二氮杂-S-茚烯）、OPV（对苯撑乙烯撑寡聚物）和芘共轭物。

荧光凝胶因子在水、离子液体或有机溶剂中通过协同非共价相互作用可以自发地自组装成有序的微观结构，这样进一步抑制了液体的流动，最终形成荧光凝胶。π单元微小的变动导致了不同的组装性质和功能。有趣的是，这些凝胶对物理或化学刺激有响应特性，伴随着荧光或其他变化，包括相变、形态、颜色和流变性能变化，这赋予了凝胶对环境的直接、可视化传感功能，构建开关以及信息存储的功能。迄今为止，与氢键凝胶和其他类型凝胶相比，具有可调性质的π基凝胶因子的报道最多。

本章将介绍用含荧光特性的π单元的低分子量有机凝胶因子来验证荧光基团对凝胶自组装的重要性以及具有可调光学性质的凝胶在环境刺激传感领域的应用。

8.2 荧光凝胶的分类

由于非共价相互作用的特殊平衡，超分子凝胶对环境因素特别敏感，这导致了凝胶对外界刺激的可视化响应。根据刺激类型的不同，响应性凝胶可以分为物理刺激响应性凝胶和化学刺激响应性凝胶。本节主要讨论荧光凝胶和刺激响应凝胶。

8.2.1 温度响应性荧光凝胶

加热-冷却过程是早期制备分子凝胶使用的最广泛的方法。在大多数情况下，通过加热凝胶因子和溶剂的混合物，凝胶因子可以溶解在具有无序单体或弱非共价相互作用的特殊溶剂中。当混合物冷却时，由于凝胶因子通过强非共价协同相互作用自组装成捕获溶剂分子的三维网络，限制溶剂流动，从而形成稳定的凝胶。需要强调的是，在这些分子凝胶网络中，在很多情况下，部分溶剂会和凝胶因子组装体非共价键结合，大多数溶剂分子为自由的状态。在大多数情况下，这些通过加热-冷却处理的溶胶-凝胶或者悬浊液-凝胶的转变过程是可逆的。热引导的可逆相变是构建相变开关和荧光开关的理想方法。例如，T. Kato 等人证明了含芘寡核苷酸（谷氨酸）化合物 1 或 2 中芘的单体和双分子具有不同荧光颜色，这种现象可以通过加热-冷却的方法调控溶胶和凝胶状态来实现（图8-1和图8-2）。研究表明，分子间氢键相互作用的解离和重组对这种变化起着重要作用。

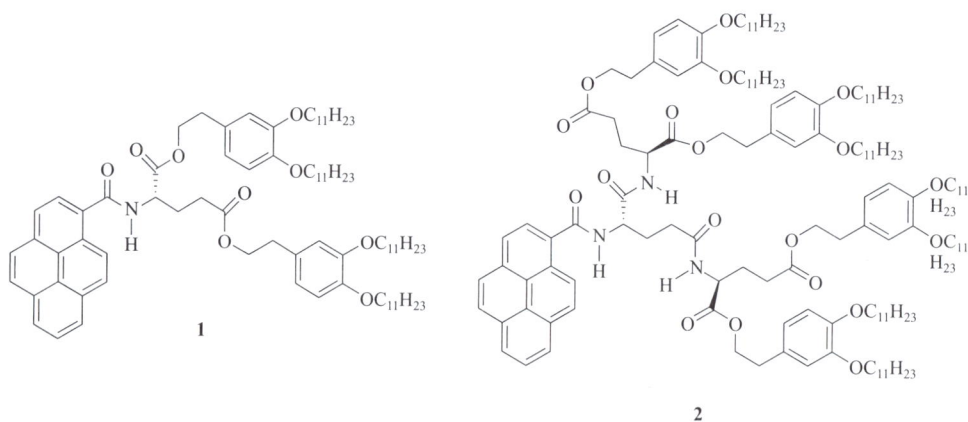

图8-1　1和2的分子结构

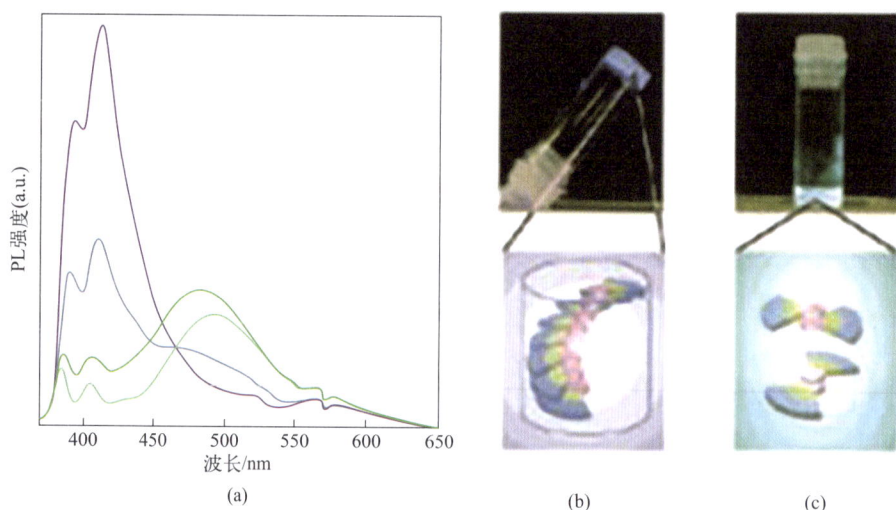

(a)　　　(b)　　　(c)

图8-2　（a）化合物 1 和 2 在环己烷中的荧光光谱；（b）1 的凝胶荧光照片和自组装成凝胶态的示意图；（c）1 的溶胶照片和溶胶态中形成准分子的示意图

$\lambda_{ex}=345nm$，[1]$=4.0\times10^{-2}mol/L$；[2]$=2.0\times10^{-2}mol/L$。浅蓝色，1 的凝胶态（20℃）；浅绿色，1 的溶胶态（60℃）；深紫色，2 的凝胶态（20℃）；深绿色，2 的溶胶态（60℃）

聚集诱导发光（AIE）或聚集诱导发射增强（AIEE）是构筑具有优异发光性能固态材料的常用手段之一，在软材料尤其是凝胶领域也有着广泛的应用。在凝胶网络中，由于分子运动和扭转被抑制，从而减少了能量耗散并使荧光增强，可望提升荧光量子产率和寿命。唐本忠院士及其同事报道了一系列四苯乙烯基凝胶因子（化合物 **3** ～ **5**，图8-3），这些凝胶因子形成的有机凝胶的荧光发射比相应的溶胶的荧光发射强得多，展现了聚集态发射增强的特性。近年来的研究表明，具有AIE特性的凝胶或干凝胶的有机聚集体在OLEDs、传感器、细胞成像、光学设备、信息存储和智能材料等领域有着广泛的应用场景。

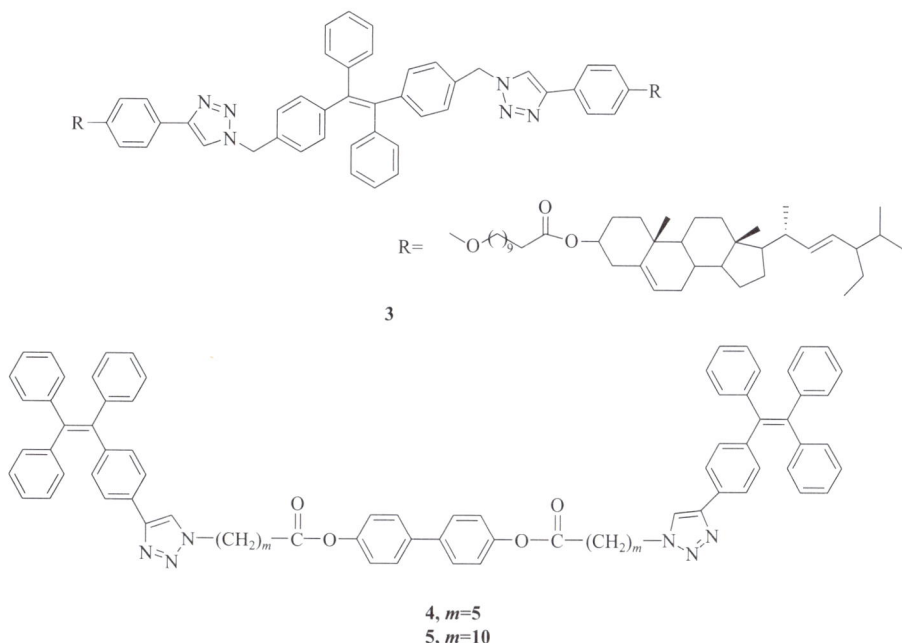

图8-3　化合物 **3**、**4** 和 **5** 的分子结构

8.2.2　光响应性荧光凝胶

光是一种不会对体系产生任何化学刺激的高效的、清洁的绿色能源。过去的几十年里已经报道了大量的光刺激响应凝胶。但是，大部分对光响应的荧光凝胶是聚合物凝胶。相对于光响应聚合物凝胶丰富的形变和相态变化而言，低分子量凝胶因子（LMWG）构建的光响应荧光凝胶仍旧在初期阶段。

二芳基乙烯基凝胶因子是光响应低分子量凝胶因子的典型代表，利用不同波长的光激发可实现二芳基乙烯基开关环的可逆调控，同时，也可以在受限凝胶网络中制备光控开关。例如，Fering 等人报道了一种结合了二芳基乙烯光响应单元的光控手性开关。田禾课题组将胆固醇作为凝胶因子组分，萘酰亚胺基质作为荧光团，二芳基乙烯基团作为光响应单元，设计了凝胶因子 **6**（图8-4）。这种凝胶因子在甲苯/乙醇（1:3，体积比）混合溶剂中形成的黄色凝胶经365nm照射后，发生分子关环反应变成红色凝胶，并且通过可见光（λ＞510nm）刺激可逆向触发。他们还发现经365nm照射，分子 **6** 闭环后在460nm的荧光发射增强了。

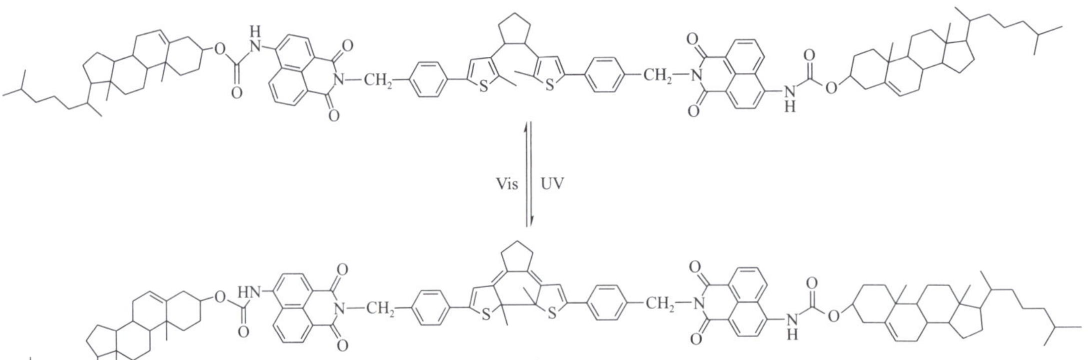

图8-4　6［BTE-NA-（chol）₂］的分子结构和光致变色过程

向萘酰亚胺基团中引入含席夫碱基的凝胶因子**7**（NSS），它在苯中形成的凝胶经过日光或紫外线照射后荧光发生明显的淬灭（图8-5）。通过核磁共振氢谱证明了NSS从 *E* 型到 *Z* 型的异构变化。另外，*Z* 型和 *E* 型凝胶分别表现出不同的阴离子响应特性和与 F⁻ 结合的机理。在这个工作中，我们首次发现通过 *E/Z* 光致异构，光辐射可以控制NSS的阴离子传感特性。

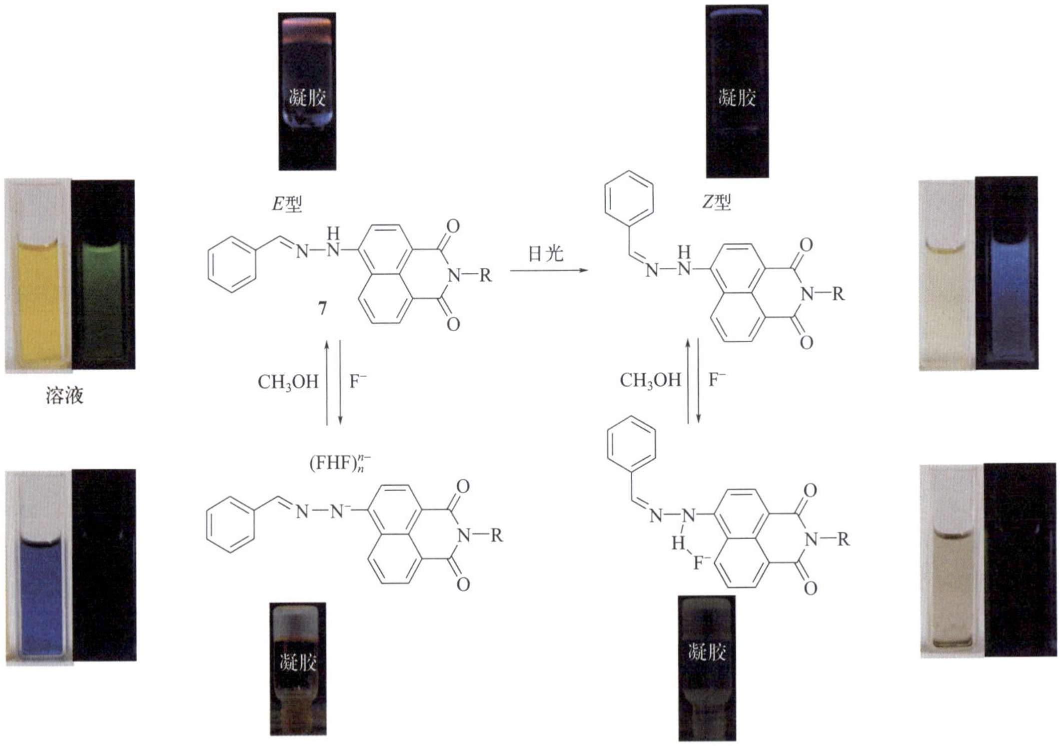

图8-5　NSS溶液和有机凝胶对光和氟阴离子响应示意图，其表现出不同的构象、颜色和荧光发射

在凝胶体系中由光控产生的荧光变化同样适用于可控的能量转移，从而产生多色荧光发射系统。例如，Zhang等人将高效AIE和富电子凝胶因子**8**、缺电子化合物**9**、光响应螺吡喃衍生物**10**组合成凝胶体系，发现杂化凝胶可以通过光调节多色发射（图8-6和图8-7）。

8

9

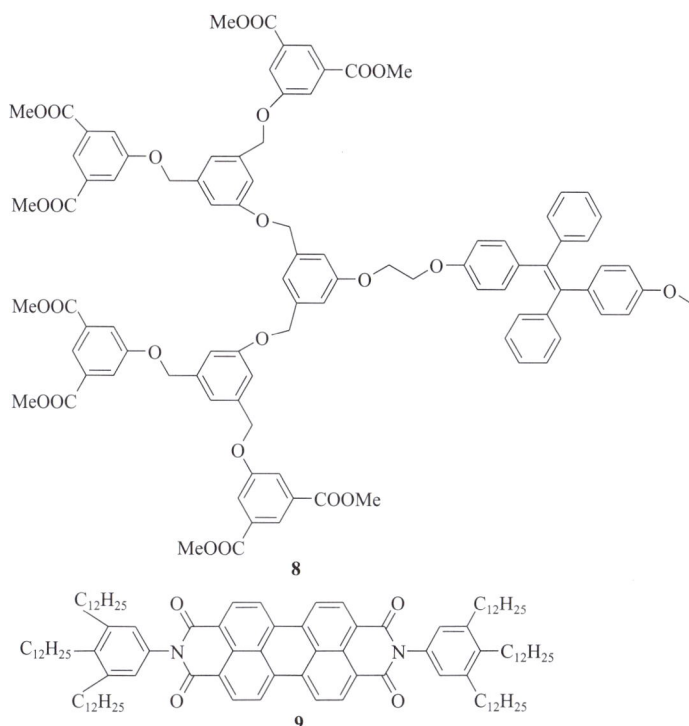

图8-6　化合物**8**和**9**的结构

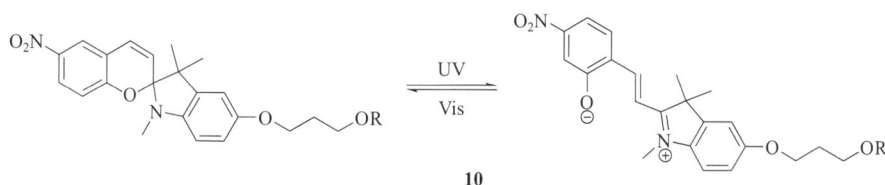

10

图8-7　化合物**10**的结构

8.2.3　超声响应性荧光凝胶

超声是一种和光一样的清洁能源，可以促进分子组装或改变分子组装方式，进而胶凝溶剂。超声作为一种高频机械波，被认为有利于凝胶囚子的分子间相互作用，例如π-π堆积、高能垒的氢键相互作用等。在超声诱导凝胶化的基础上，设计并制备由超声和加热冷却刺激控制的流变和荧光开关为刺激响应型分子凝胶提供了一种崭新的思路。

Naota等人首次验证了超声触发的双核Pd配合物（图8-8）的凝胶化。在1,4-二氧六环、丙酮、乙酸乙酯等有机溶剂中化合物**11**（$n=5$）的溶液通过超声可以快速变成不透明的凝胶，这可能是由于在分子水平上分子内π-π堆积变成了分子间π-π堆积。将凝胶加热后又变成了溶胶，因此产生了相变和流变开关。当分子核中的钯离子被铂离子替代后（化合物**12**、**13**），可以观察到化合物**13**也发生了溶胶-凝胶相变，并且荧光发射明显增强。用超声波（40kHz，0.45W/cm^2，10s）处理后，R-（±）-*anti*-**12**a（$n=5$）可以快速地在有机溶剂中形成稳定的凝胶，但是S-（+）-*anti*-**13**a（$n=5$，100% ee)不会在任何有机溶剂中形成凝胶。该过程伴随着明显的荧光强度变化：从没有荧光发射的溶液变成了黄色磷光凝胶。另外，体系的荧光发射强度可以通过超声时间和连接体烷烃的长度精确调控。实验表明，由手性异构分子组装得到的高度有序聚集体对发射增强起着至关重要的作用。

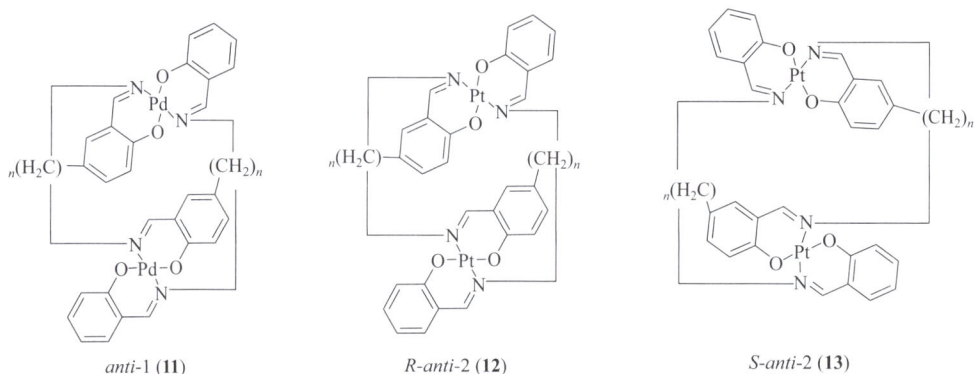

图8-8　Pd基和Pt基配合物结构

易涛课题组报道了有超声响应特性的含胆甾基团的有机金属三联吡啶基铂凝胶因子（图8-9）。和相应的溶液或悬浊液相比，超声形成的凝胶也显示出荧光增强的现象。一些实验表明，超声处理能够增强铂凝胶因子（图8-10）的疏水和离子偶极相互作用，从而导致在凝胶化过程中的荧光增强。

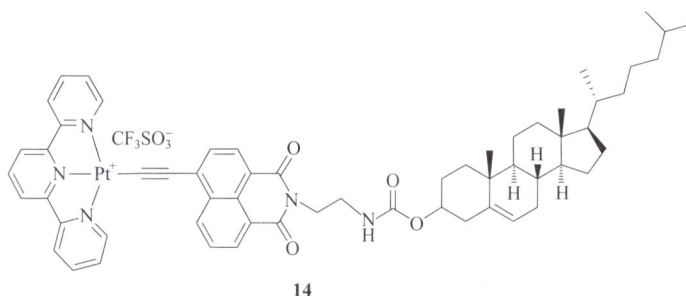

图8-9　凝胶因子**14**的结构

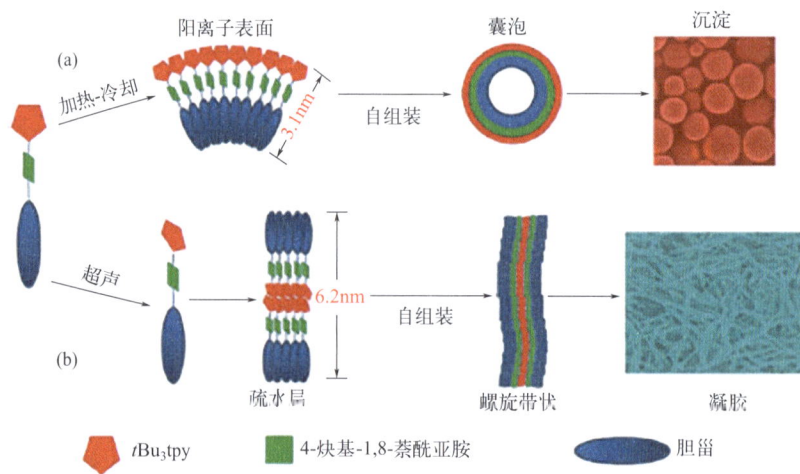

图8-10　超声凝胶中通过自组装过程形成凝胶的原理图

（a）加热冷却过程；（b）超声

8.2.4　研磨或压力响应性荧光干凝胶

在聚合物凝胶网络中，力致自由基的产生可用于构建韧性增强的聚合物凝胶。而在小分子凝胶中，压力刺激响应的报道很少。类似的力致响应现象常见于干凝胶体系。在凝胶体系中，荧光分子以长程有序的分子聚集组装成三维网络结构，溶剂蒸发后，分子聚集体的聚集模式可以保留在干凝胶中。因此，没有溶剂分子的干凝胶可以表现出对外界刺激的多重响应特性，例如研磨或压力。其中最突出的一种性质被称为"力致变色发光"。对于有序组装，当压力（如剪切和研磨刺激）触发时，可以观察到从类晶相到无定形的相变。在这些过程中，分子水平的聚集体如 π-π 堆积模式和分子间相互作用在某种程度上被破坏，同时伴随着荧光强度或颜色的变化。2012 年，T. Baumgartner 课题组观察到来自 π-共轭荧光团供体-受体系统的干凝胶对机械响应的荧光共振能量转移(FRET)现象，并且该过程是加热可逆的。Xue 等人合成了两种含氰基的凝胶因子 **15**（PC2AN）和 **16**（PC3AN），它们在凝胶化过程中表现出了聚集诱导发光现象（图 8-11）。溶剂蒸发后得到的凝胶因子 **15** 的干凝胶研磨后可以看到机械致荧光变色（MFC），发射光从蓝绿色变成了黄色。另一项研究表明，只有一个亚甲基对凝胶能力和 MFC 性能有显著影响。进一步研究发现，水杨醛胺二氟硼配合物的聚集体在研磨/熏蒸时同样具有可逆的压电变色性质。

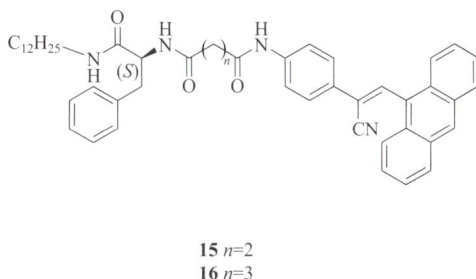

15 *n*=2
16 *n*=3

图 8-11　凝胶因子 **15** 和 **16** 的结构

将分子间的给电子体和电子受体结合为一个分子，萘酰亚胺基有机凝胶因子的聚集体也有研磨变色现象。1,8-萘酰亚胺衍生物 **17** ～ **22** 的溶胶或悬浊液经超声处理后可以变成稳定的凝胶，并且表现出颜色和荧光的变化（图 8-12）。这些凝胶显示出通过超声和加热调节的可切换控制荧光。超声触发形成的 S-凝胶经溶剂蒸发形成的 S-干凝胶（化合物 **17** ～ **22**）同样具有机械致变色性质，这些变化表现为研磨后干凝胶的颜色从红色变成黄色，同时发射光从橘色变成绿色并且荧光强度增加。这种机械致变色性质是可逆的（重新凝胶化）。利用荧光的强度或发射峰的位置变化，**17** 的干凝胶的机械致变色特性可以进一步应用于半定量的压力传感（2 ～ 40MPa），这代表了凝胶化组装的一种新型应用。结果表明，超声促进了荧光团的 J 聚集，当施加压力或加热刺激后这种聚集体会被破坏。进一步研究表明，从 CH_2Cl_2、$CHCl_3$ 或具有可调蜂窝结构的凝胶乳液中获得的凝胶因子 **23** 的干凝胶也显示出类似的研磨变色性质（图 8-13，图 8-14）。最重要的是，这种凝胶在 CH_2Cl_2 和 $CHCl_3$ 中有不同的荧光发射光谱，这可能具有识别极性和结构相似的溶剂的潜力。

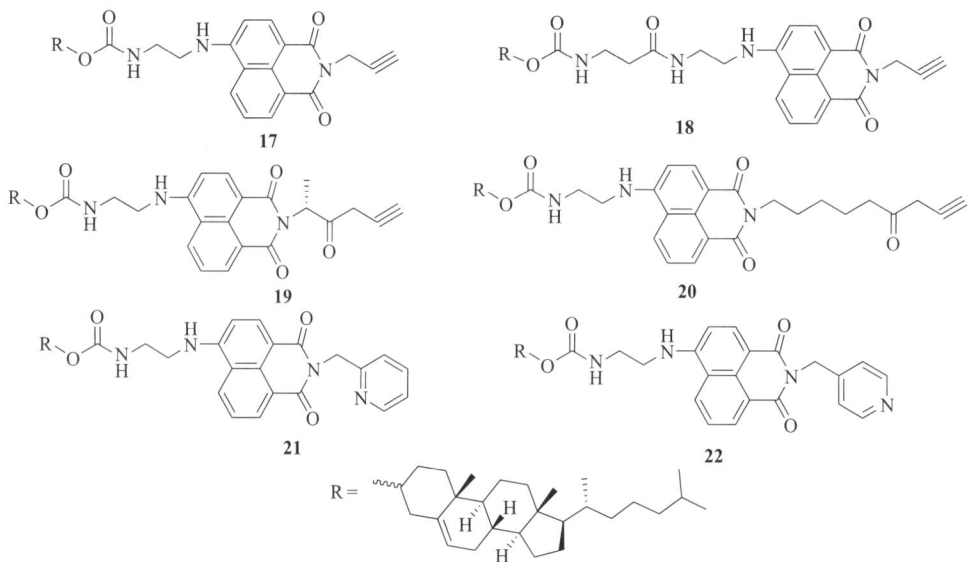

图8-12　凝胶因子 **17** ～ **22** 的分子结构

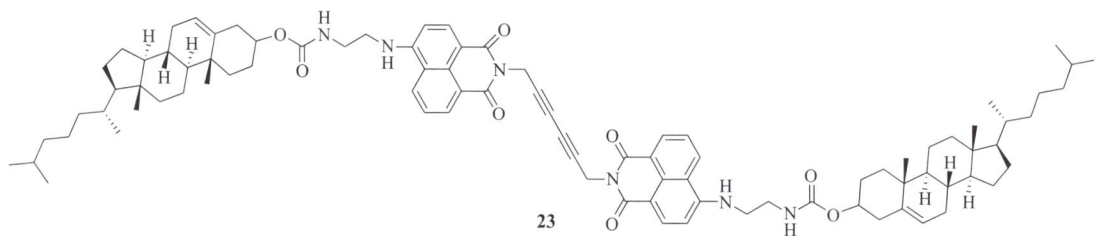

图8-13　凝胶因子 **23** 的分子结构

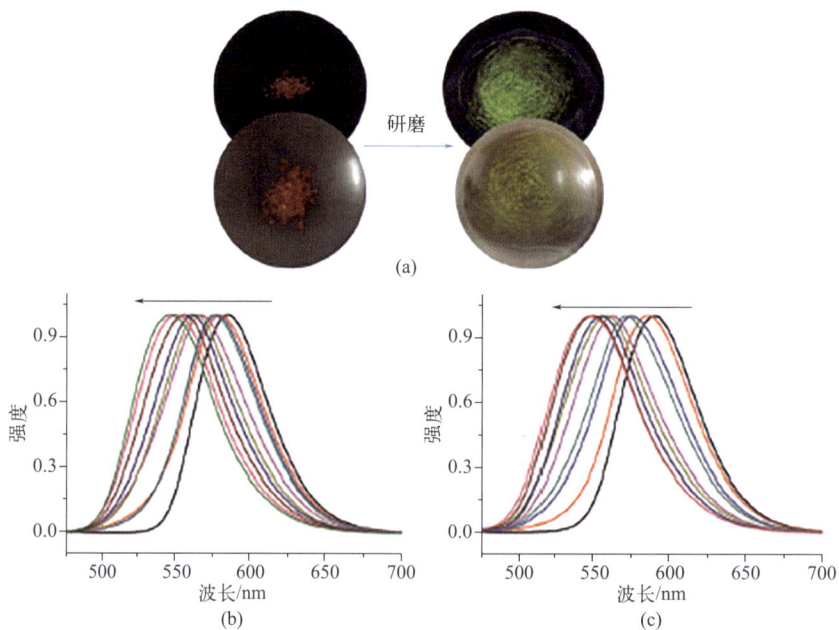

图8-14　从CHCl₃（25mg/mL）中得到的 **23**（NDS）干凝胶的颜色和发射光的变化图（明场和暗场，365nm照射）（a）；从CH₂Cl₂（b）和CHCl₃（c）中得到的干凝胶研磨后荧光光谱（ λ_{ex}=450nm）

8.3 荧光凝胶的应用——可视化化学刺激传感

8.3.1 阳离子传感

过去几十年，配位驱动的低分子量凝胶因子（LMWGs）形成的金属凝胶尤其是配位聚合物凝胶（CPGs）引起了广泛的关注。这些凝胶具有多样性、可控性的优点，以及对氧化还原、光、电和磁响应的特性。金属离子或金属基材料的配位几何、半径、价态以及配位数都对成胶过程和凝胶性能有很大影响。在此，我们主要关注对金属离子有选择性识别或传感性能的荧光凝胶。由于阳离子或阴离子在环境和生物过程中的重要作用，其高灵敏、选择性识别在过去几十年中受到了极大的关注。通过向凝胶因子中引入配位单元或阴离子可以获得离子响应凝胶，伴随着宏观变化尤其是荧光变化可以达到可视化目的。另外，和相应的溶液相比，通过氢键、π-π、偶极以及亲疏水作用赋予了组装体更为丰富的光电性能，利用微环境的变化诱导组装模式发生明显的改变，从而赋予凝胶对阳离子尤其是相近阳离子的高选择性分辨和识别功能。而这类功能一般在溶液体系中很难实现。

Lin 和 Zhang 等人报道了苯基-烷基-醚基凝胶因子 **24**（图 8-15），当它和 Ca^{2+} 配位后可

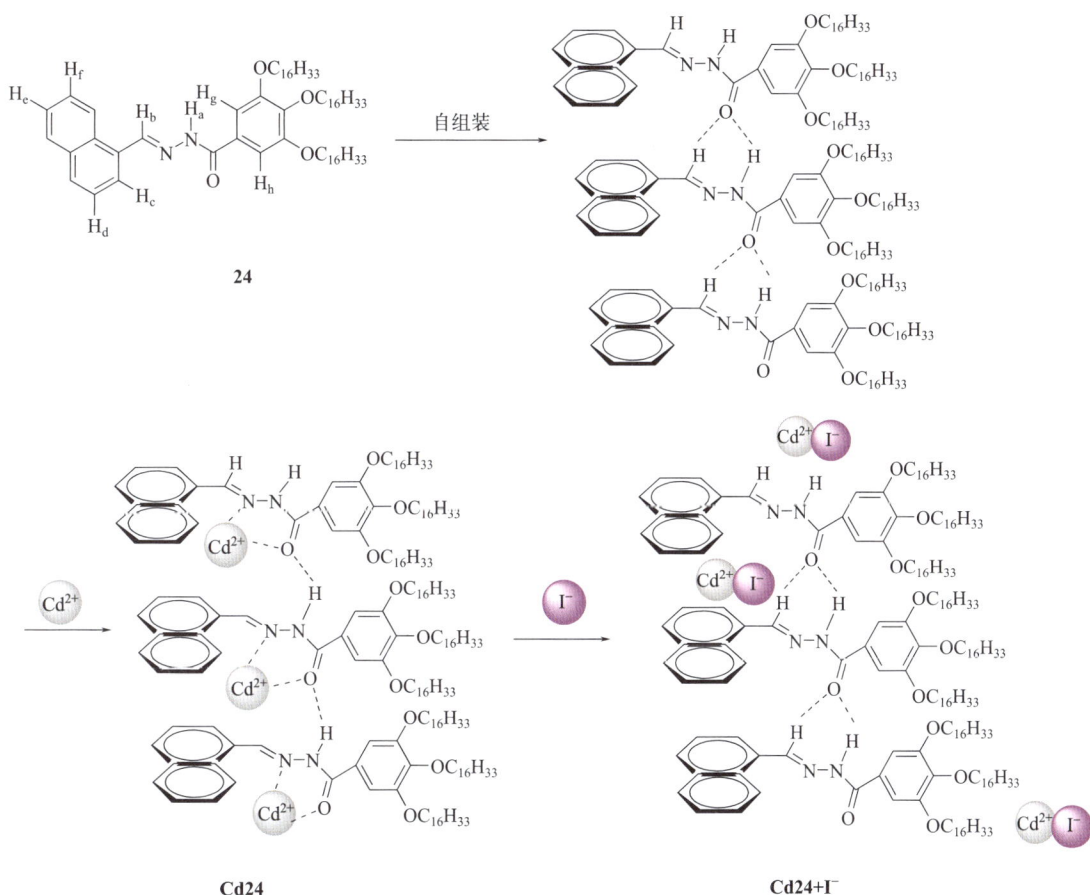

图 8-15　**24** 的化学结构和假设的自组装和可逆刺激响应机理

以形成具有AIE效应的强荧光凝胶。向凝胶体系中加入Cu^{2+}后会导致荧光猝灭，该凝胶可以通过Ca^{2+}与**24**和CN^-与Cu^{2+}的竞争配位作用进一步选择性检测CN^-。这种方法也可用于通过向Cd^{2+}/**24**凝胶中交替添加I^-和Cd^{2+}来构建荧光开关（图8-15）。基于多重竞争配位相互作用，他们还通过使用一个合成的受体，成功制备了针对水中离子和阴离子的多重分析传感器阵列。该系统性工作为可视化离子传感和设计刺激响应性凝胶阵列提供了一种新的方法。

Ma课题组合成了一种新型对称的席夫碱化合物L，基于PET特征，L可以在DMSO中形成微弱荧光的凝胶（图8-16）。当有Al^{3+}存在时，Al^{3+}-L凝胶的有机结构更密集，并且和纯凝胶相比荧光增强了19倍。通过使用一种三联吡啶基有机凝胶因子**25**（图8-17），验证了超声触发的凝胶可以通过发射光从蓝色到黄色的变化来选择性可视化传感Ca^{2+}，但是，相似的Mg^{2+}不能渗透到**25**分子组装的凝胶网络中（图8-18）。结果表明，**25**自组装之间的竞争以及**25**与离子的相互作用在**25**对Ca^{2+}的高选择性传感中起着关键作用。

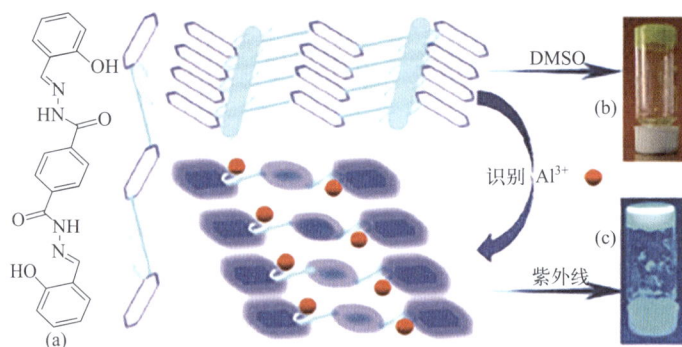

图8-16　凝胶因子L（a）、L-凝胶（b）和Al@L凝胶（c）（365nm紫外灯下）形成示意图

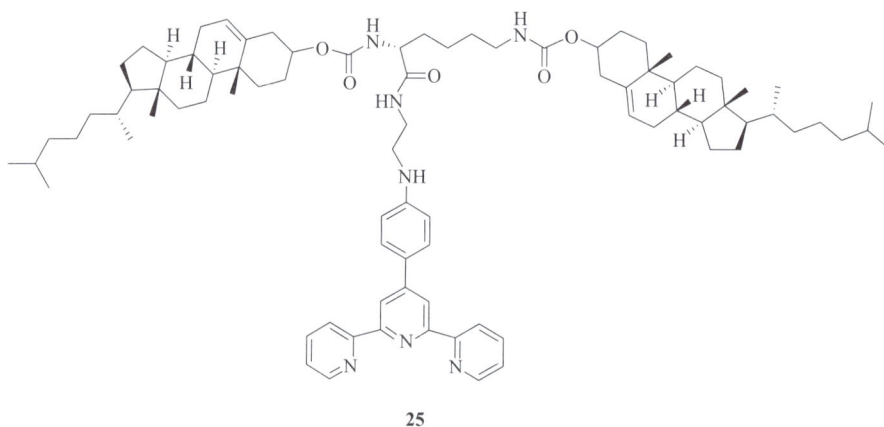

25

图8-17　凝胶因子**25**的化学结构

图8-18　超声促进化合物**25**凝胶化可视传感Ca^{2+}

在组装体对离子的识别过程中，除了凝胶和离子直接接触模式外，在某些情况下，选择性阳离子诱导凝胶化也是可视化识别阳离子的一种手段。例如，D. S. Pandey发现L-酒石酸基凝胶因子isomer1可以和LiOH在甲醇中形成荧光增强型凝胶，这归因于基于CHEF（螯合荧光增强）和AIEE（聚集诱导发射增强）效应的酸碱相互作用（图8-19）。在这种情况下，LiOH的碱基和苯环中—OH的位置都对凝胶化起关键作用。另外，S. Y. Park发现由于配位作用，含吡啶基的α-氰基苯乙烯衍生物在Ag⁺诱导下可以从没有荧光的溶液变成荧光凝胶，并且这个过程可以通过加入TBAF转换（图8-20）。

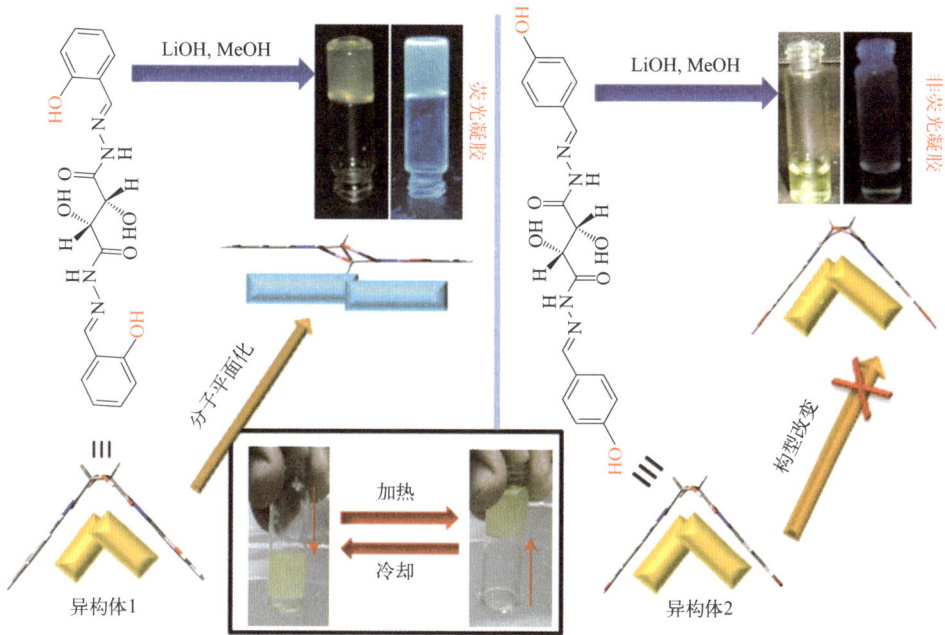

图8-19 L-酒石酸基凝胶因子两种异构体的结构和螯合Li⁺前后构象变化图
裸眼和紫外线照射下倒置小瓶中凝胶的照片（上左），在相同条件下形成没有荧光的溶液（右边），75°C加热和冷却后凝胶可逆上升下降照片（底部）

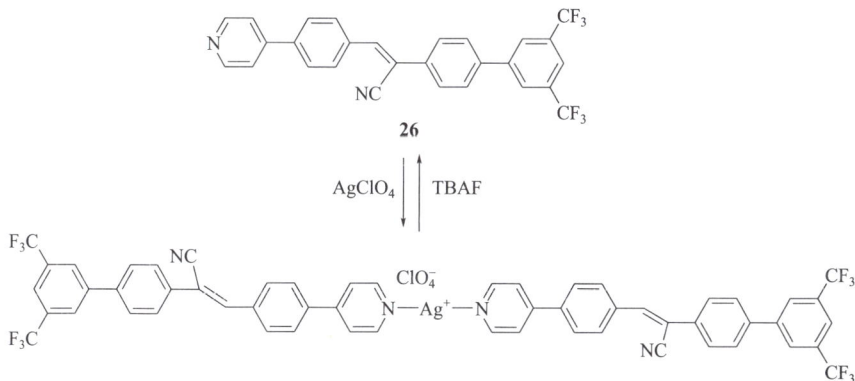

图8-20 AIEE活性配体26（CN-TFMBPPE）和高氯酸银中的银离子配位络合物示意图

此外，还可以利用化学反应制备针对凝胶中离子的选择性传感器。例如，合成的含乙胺硫脲单元的萘酰亚胺基凝胶因子27（图8-21）可以使用离子（Ag⁺或Hg²⁺）催化关环反应；金属离子测试中，凝胶因子在凝胶态还可以选择性识别Ag⁺和Hg²⁺（图8-22），但是，在溶液中无法识别出Ag$^+$和Hg^{2+}。27的超声凝胶在正丙醇中对Ag$^+$和Hg^{2+}显示出不同的响应信号。当Hg^{2+}和化合物27的物质的量之比为5:1时，27的超声凝胶的荧光强度猝灭了8.2倍，与溶液中看到的相比，显示出信号放大效应；同时，Ag$^+$使27的凝胶从凝胶态变成了沉淀，荧光也猝灭了4.1倍。在甲苯等非极性溶剂中，Ag$^+$不能进入凝胶网络中，Hg^{2+}可以使凝胶猝灭。因此，凝胶因子27可以在极性溶剂和非极性溶剂中以相反的信号输出区分Ag$^+$和Hg^{2+}。同时表明了自组装凝胶因子间和凝胶因子与离子之间的竞争是造成响应差异的原因。

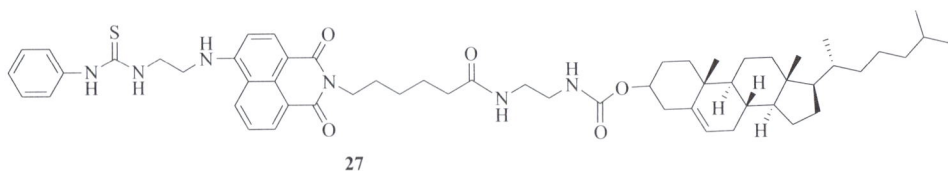

图8-21　凝胶因子27的化学结构

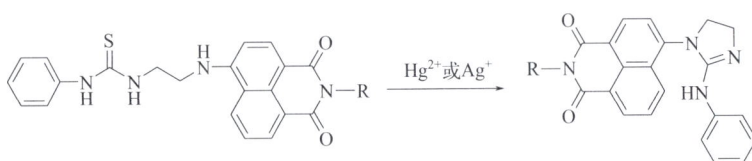

图8-22　Hg^{2+}和Ag$^+$使27分子内鸟苷酸化

8.3.2　阴离子传感

在过去的几十年中，选择性阴离子传感因其在广泛的化学、生物、医学和环境过程中的重要作用而引起了人们的浓厚兴趣。通常，主体和阴离子间的超分子相互作用包括氢键、阴离子-π配位和阴离子活化相互作用。迄今为止，大部分阴离子响应凝胶是基于氢键和配位相互作用的竞争性，并且关于阴离子响应凝胶已经有了大量的研究工作。本书着重总结了通过荧光信号输出来响应阴离子的凝胶。2007年，Yi课题组报道了一类双脲功能化的热控荧光有机凝胶28a、28b、28c可以通过凝胶到溶胶的可逆变化来直接传感F$^-$（图8-23）。

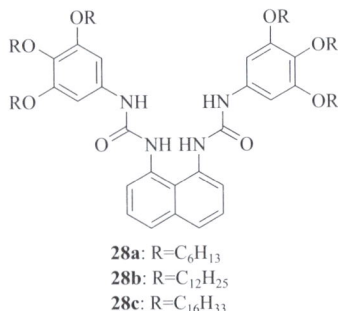

28a: R=C$_6$H$_{13}$
28b: R=C$_{12}$H$_{25}$
28c: R=C$_{16}$H$_{33}$

图8-23　凝胶因子28a、28b和28c的化学结构

T. Nakanishi等人发现BF$_2$和芳环取代的二吡咯二酮29b、29c和29d可以在烃类溶剂中形成透明的荧光凝胶（图8-24）。化合物29d可以在正辛烷中形成凝胶，向该凝胶中加入10摩尔比的TBACl后凝胶塌陷，同时荧光从红色变成了橙色。同时加入不同阴离子，可以在几小时到数天的范围内调节凝胶塌陷时间。结果表明，加入阴离子后配合物间的相互作用从

氢键变成了C-H···阴离子相互作用。在随后的研究中，在阴离子存在下，手性配合物**30b**、**30c**也表现出凝胶到溶胶的转变（图8-25）。

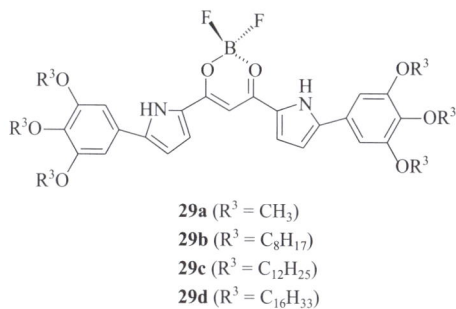

29a (R³ = CH₃)
29b (R³ = C₈H₁₇)
29c (R³ = C₁₂H₂₅)
29d (R³ = C₁₆H₃₃)

图8-24　**29a ~ 29d** 的化学结构

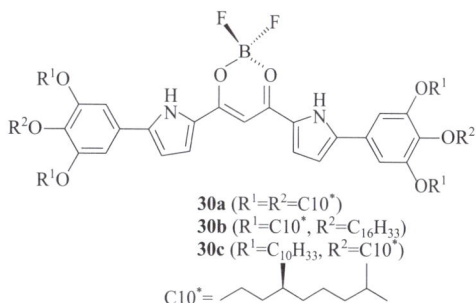

30a (R¹=R²=C10*)
30b (R¹=C10*, R²=C₁₆H₃₃)
30c (R¹=C₁₀H₃₃, R²=C10*)

C10*=

图8-25　**30a ~ 30c** 的化学结构

由于阳离子和阴离子之间离子对的强静电作用，人们还开发了一系列复合的凝胶体系来选择性和可逆地检测金属凝胶系统中的离子和阴离子。T. B. Wei合成了功能化柱状芳烃主体分子*N*-（吡啶-4-基）-萘酰亚胺（P5BD）和客体分子1, 4-双溴己烷（DPHB），两分子基于分子间主客体作用可以形成超分子聚合物凝胶（图8-26）。该凝胶可以通过阳离子-π相互

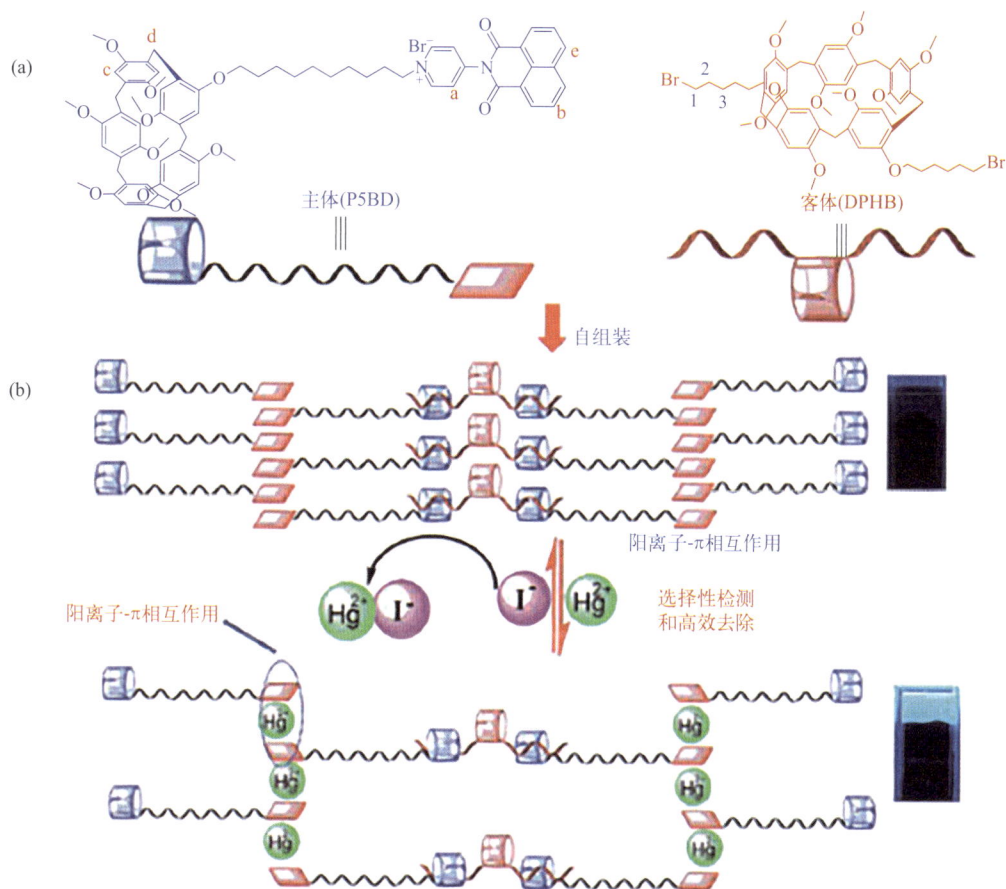

图8-26　P5BD和DPHB的分子结构（a）; P5BD-DPHB-G与Hg²⁺和I⁻组装和传感机理（b）

作用选择性识别并去除Hg^{2+}，同时荧光增强。另外，I^-可以进一步和Hg^{2+}结合，使凝胶荧光猝灭，从而赋予凝胶可视化传感I^-。

当主体和阳离子间的氢键作用足够强，在主客体结合过程中可能发生去质子化。Wu合成了一种尿嘧啶基π有机凝胶因子，其可以在有机溶剂中形成稳定的凝胶；该凝胶对F^-表现出可逆、灵敏和选择性传感能力，伴随着凝胶破坏和荧光变化（图8-27）。实验表明，F^-和尿嘧啶单元间的强氢键作用导致了识别时的去质子化过程。

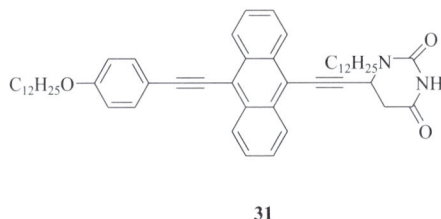

31

图8-27　**31**的化学结构

已经报道的大多数凝胶可以用于阴离子传感，阴离子可以破坏凝胶因子的组装。然而，最近的研究发现，它们也可以在凝胶化过程中作为构件。K. Ghosh报道了一种胆甾基衍生物**32**和**33**，F^-存在时可以在DMSO和水（体积比=1∶1)混合溶剂中形成凝胶；然而其他阴离子不能促进溶胶-凝胶的转化，因此可以实现F^-的选择性和可视化传感（图8-28）。

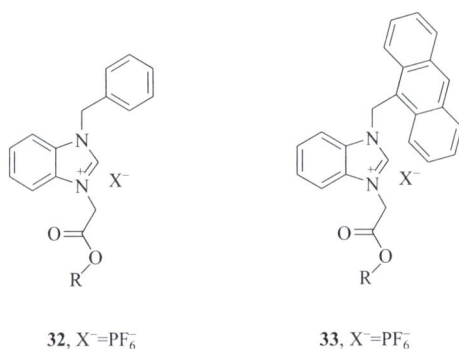

32, $X^-=PF_6^-$　　**33**, $X^-=PF_6^-$

图8-28　**32**和**33**的化学结构

8.3.3　CO_2传感

过去几十年，因为CO_2廉价、绿色和丰富，并且CO_2和胺的酸碱作用（或氢键作用）通常是可逆的，所以，这种作用已经广泛用于构建刺激响应聚合物凝胶。因此，它被开发成构建刺激响应材料的理想刺激源，而荧光凝胶也是可逆CO_2传感器的良好候选材料。基于萘酰亚胺荧光凝胶体系，Yoon报道了橙红色荧光的溶胶NAP-chol **34**/F^-，在缓慢加热辅助下向体系中通入CO_2，溶胶可以变成橙黄色的不透明凝胶（图8-29）。这种变化是由NAP-chol与F^-和NAP-chol与CO_2之间竞争性氢键引起的。通入氮气，凝胶也会变成溶胶（图8-30）。在后续研究中，通过相似的方法他们使用新的芳酰腙衍生物制备了阴离子活化的CO_2化学传感器，通过流量与荧光增强强度的相关性可以定量传感CO_2。

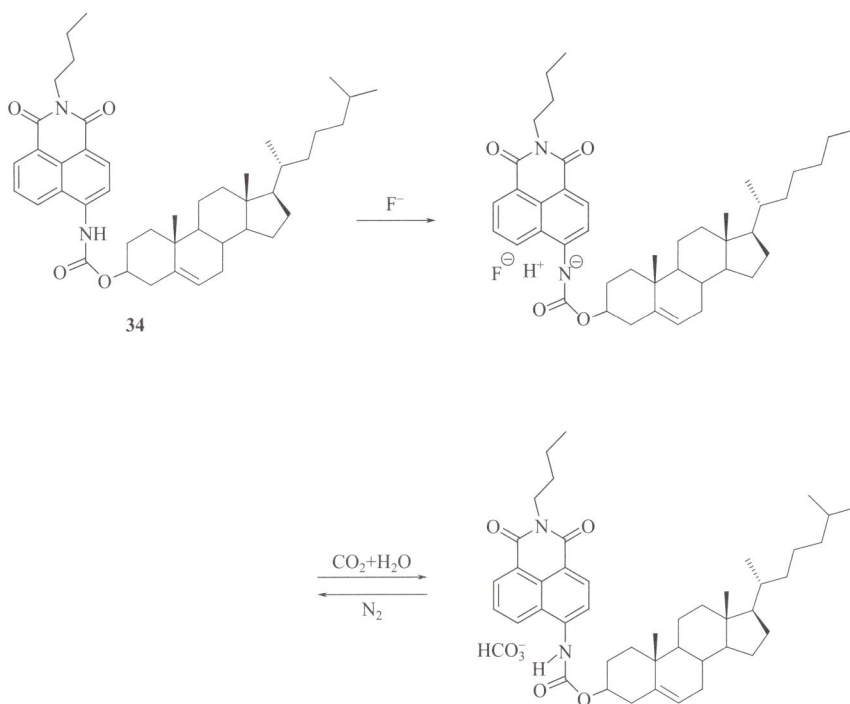

图 8-29　凝胶因子 **34** 的结构和 **34** 对 F⁻ 和 CO_2 的响应特性

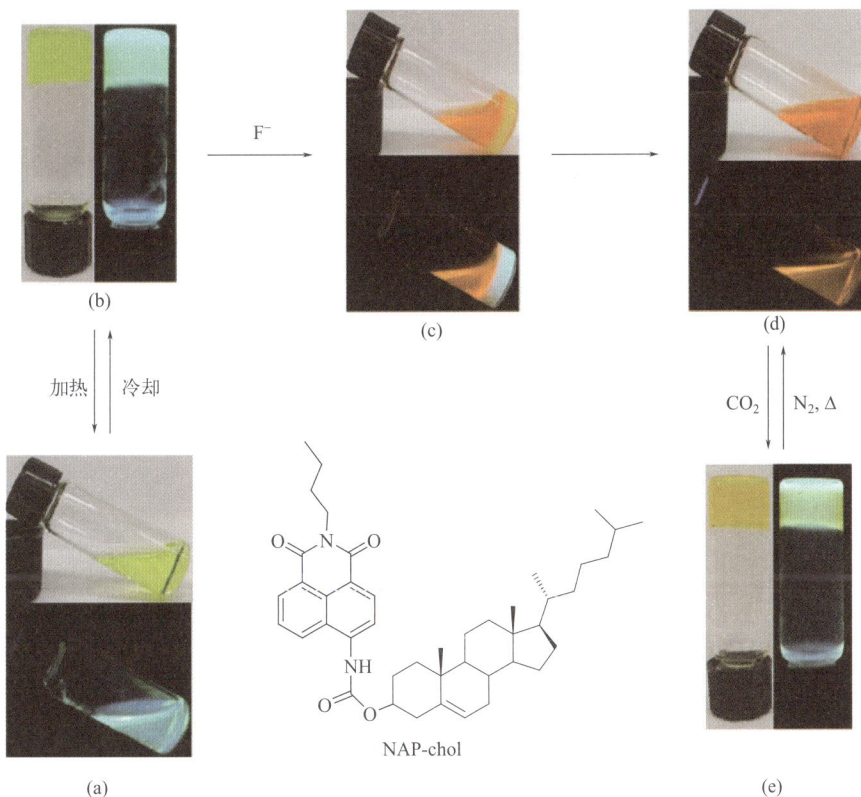

图 8-30　在热、F⁻ 和 CO_2 刺激下，NAP-chol **34**（4mg/mL）在 DMSO 中的多重响应
（a）溶胶；（b）凝胶；由 F⁻ 引起的凝胶部分（c）或完全（d）塌陷；（e）F⁻（20eq）存在时与 CO_2 反应

8.3.4　溶剂和湿度传感

由于溶剂在化学和工业中的重要作用和对环境的影响，在过去十年中，从它们的混合物中对溶剂选择性传感是一个有趣的领域。不同于离子色谱、质谱、气相色谱等技术，这些技术耗时且需要昂贵的设备，最近的研究表明，凝胶是选择性溶剂识别的良好平台。例如，我们将三联吡啶基团作为分子间电子给体、萘酰亚胺作为电子受体设计了凝胶因子 **35** 和 **36**。通过室温凝胶化方法，**35** 和 **36** 可以通过凝胶的颜色和发射荧光的不同来选择性识别 DMSO（图 8-31）。结果表明，这种差异是由于 **35** 或 **36** 在 DMSO 中形成了特定的 J 聚集体，这在其他有机溶剂试验中未观察到。进一步研究发现，聚集体可以通过从红色到黄色的变化来半定量传感 DMSO 中的水。

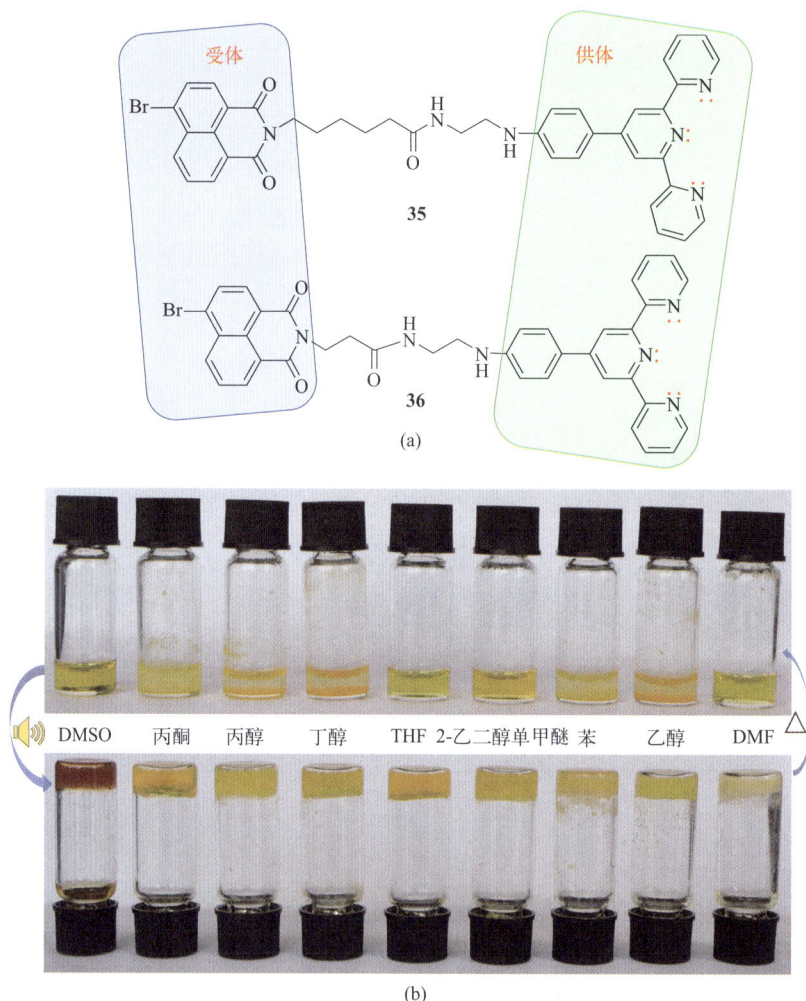

图 8-31　**35** 和 **36** 的分子结构（a）；超声触发的 **35** 在不同有机溶剂中形成的凝胶以及加热冷却得到的悬浮液照片（b）

在后续的研究中，我们发现含有吡啶和萘酰亚胺对的凝胶剂 **37** 可以通过不同的聚集方式来分辨短环烷烃和烷烃（环烷烃中是 H 聚集，烷烃是 J 聚集，图 8-32）。通过不同的发射颜色和机械性能可以直观地分辨出来。令人惊讶的是，环己烷可以以 92% 的分离效率在单相溶剂混合物中选择性凝胶化。这是首例干凝胶聚集体也可以被开发为仅在单相有机溶剂混合物中选择性和高效地分离类似的有机溶剂种类。

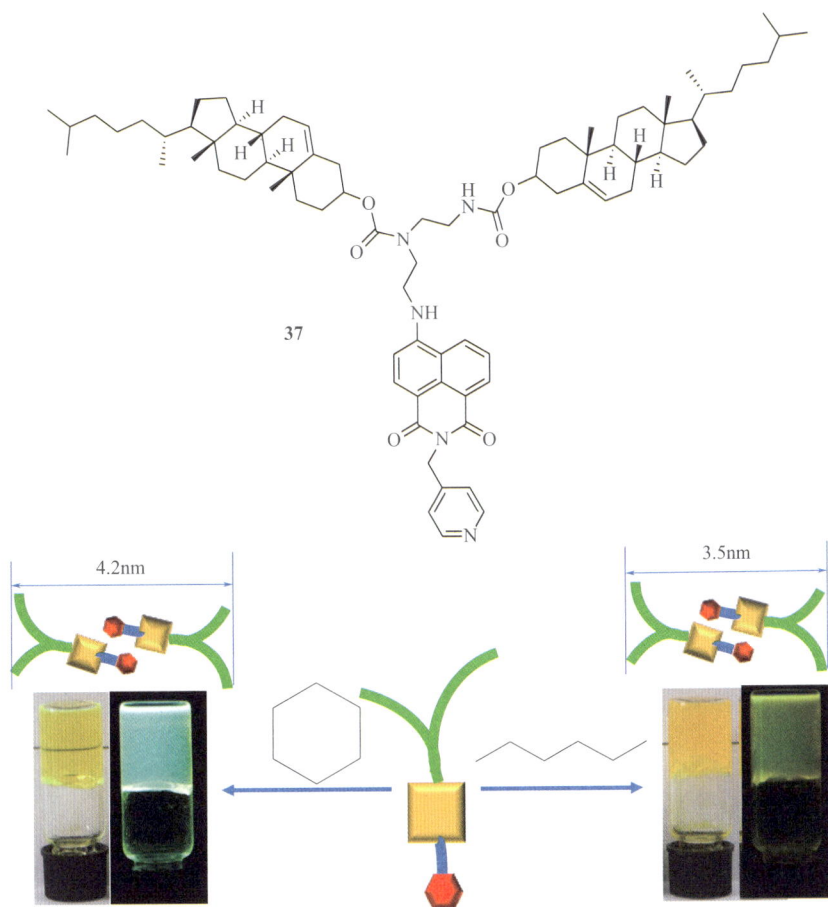

图8-32　**37**（NPS）的化学结构和聚集模式以及NPS［3%（质量分数）］在环己烷和己烷中的凝胶照片

　　和有机溶剂传感器一样，设计用于监测水特别是相对湿度（RH）的可靠传感器在科技和日常生活中具有重要意义，例如在农业、医学和生物技术中。基于水分子引发的α-环糊精（α-CD）和金刚烷单元之间的部分主客体相互作用，我们成功设计了一种新型荧光凝胶，通过凝胶的塌陷，可以实现对水分子尤其是湿度的灵敏响应。正丙醇里在超声辅助下通过分子间氢键相互作用可以将α-CD插入**38**或**39**的聚集体中，和相似分子**38**或**39**形成弱分子间相互作用，最终形成触变性有机凝胶（图8-33）。水分子存在时，α-CD和**38**的金刚烷单元发生部分融合并且氢键作用消失，导致凝胶塌陷。另外，当暴露在相对湿度为40%～70%的空气中时，凝胶对湿度非常敏感，这可以用于半定量和可视化湿度传感（图8-34）。这种利用包结和氢键之间的竞争作用来实现对水的传感为新型传感器设计提供了一个新的思路。

8.3.5　硝基芳香衍生物传感

　　硝基芳香族化合物是非常危险的爆炸性化学物质和有毒的环境污染物。对它们的检

38

39

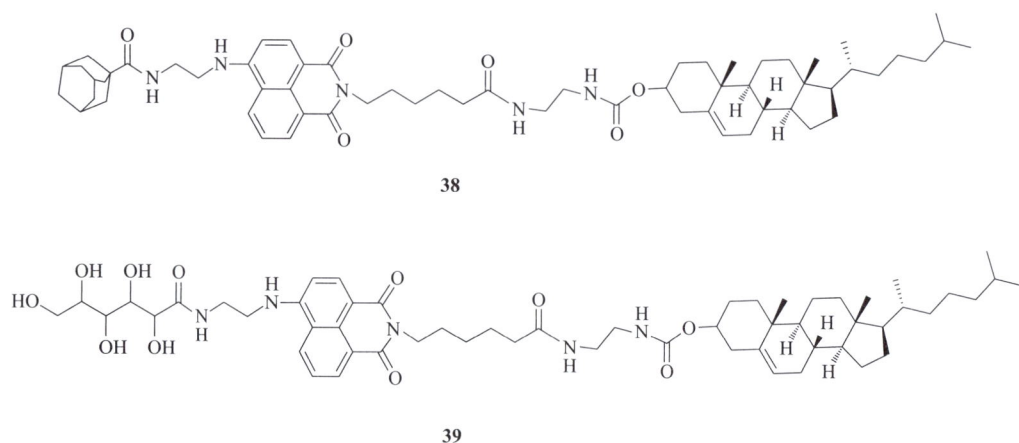

图 8-33　**38**和**39**的化学结构

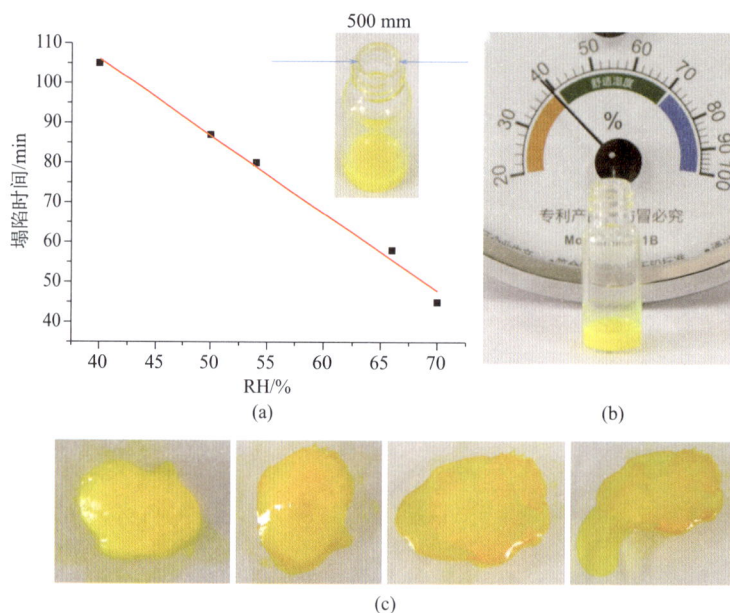

图8-34　25℃时**38**/α-CD凝胶（摩尔比1:1）塌陷时间与 RH 的线性关系（a）；试验中使用的湿度计STH310的照片（b）；从左到右：**1b**/α-CD凝胶在54%相对湿度下10min, 20min, 30min和43min照片（比例尺：1cm）（c）
图（a）中插图：用于湿度测试的2mL高效液相色谱（HPLC）瓶

测是传感器中最活跃的领域之一，也和我国的反恐事业密切相关。例如，A. Ajayaghosh报道了荧光π OPVPF有机凝胶在不同条件下有硝基芳香族化合物存在时可以发生明显的荧光猝灭。进一步研究发现制备的干凝胶可以检测阿克（ag，10^{-18}g）级的 TNT（约12ag/cm^2），检测限为0.23ng/L（图8-35）。接触法对TNT的检测限较低，但为实际样品上TNT的现场检测提供了一种低成本、直接的方法。曹新华报道了含吡啶基团的萘酰亚胺基凝胶因子（图8-36）可以在CH$_3$CN/H$_2$O（1/1，体积比）混合溶剂中形成凝胶。基于吡啶和苯酚基团之间的氢键相互作用，该凝胶可以吸收并传感苦味酸(PA)，同时荧光猝灭。然而，在纯水中，利用凝胶组装来选择性和直观地传感硝基芳香族化合物的例子仍然有限。

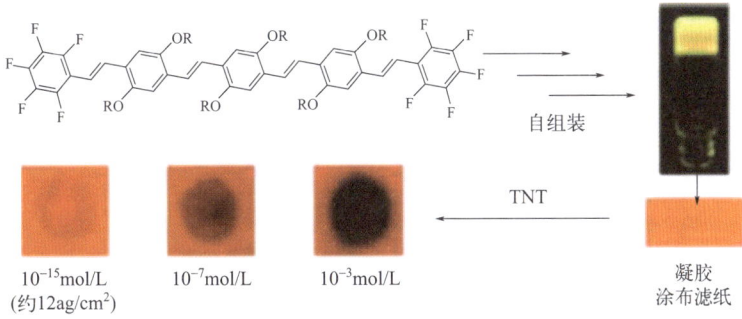

图8-35 OPVPF 的结构和凝胶、涂在滤纸上的凝胶的传感特性

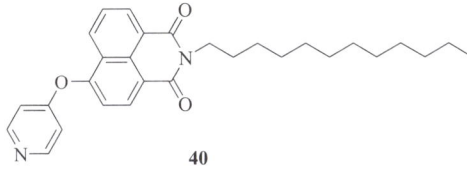

10^{-15}mol/L
(约12ag/cm^2) 10^{-7}mol/L 10^{-3}mol/L

凝胶涂布滤纸

40

图8-36 凝胶因子**40**的化学结构

8.3.6 胺传感

有机胺是一类重要的物质，因为它们在材料化学、药物、颜料和燃料添加剂等领域中的应用广泛。环境中尤其是食品中存在过量的胺是危险和有毒的。因此，在过去的几十年中，胺的选择性传感是一个热门领域。近年来，凝胶也被用于可视化传感和识别胺。

我们报道了一种给体-π-受体（D-π-A）结构的化合物**41**，它可以在溶液态和凝胶态下以不同的荧光信号输出来区分脂肪胺和芳香胺（图8-37）。实验表明，脂肪胺可以诱导**41**从反式到顺式异构化来触发溶胶到凝胶的转变，同时荧光明显增强。相反，芳香胺存在时，—NH和芳香胺结合会抑制**41**的分子内电荷转移（ICT）过程，导致凝胶变成溶胶同时荧光猝灭（图8-38）；还研究了凝胶和凝胶聚集体在水溶液中捕获和检测芳香胺的应用。

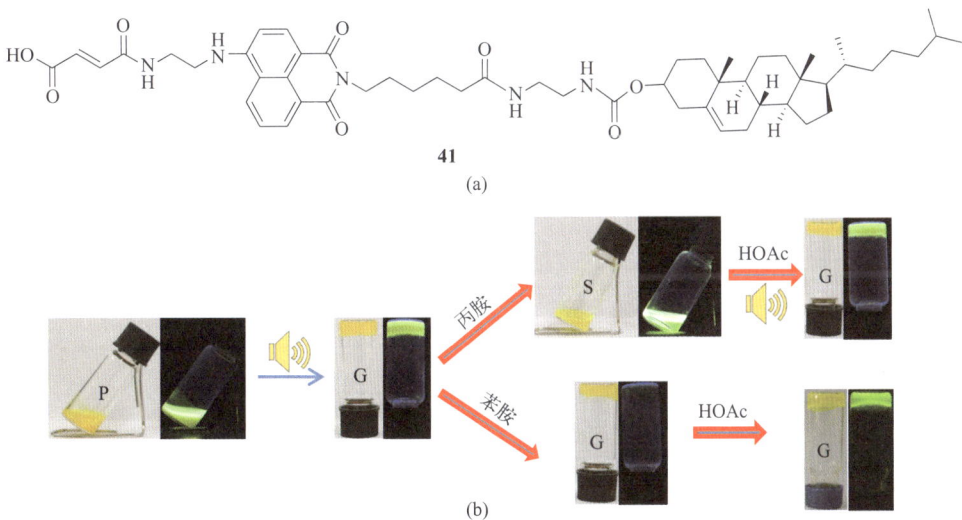

41

(a)

(b)

图8-37 **41**的结构式（a）；超声促进凝胶化用于胺的可视化和可逆传感（b）

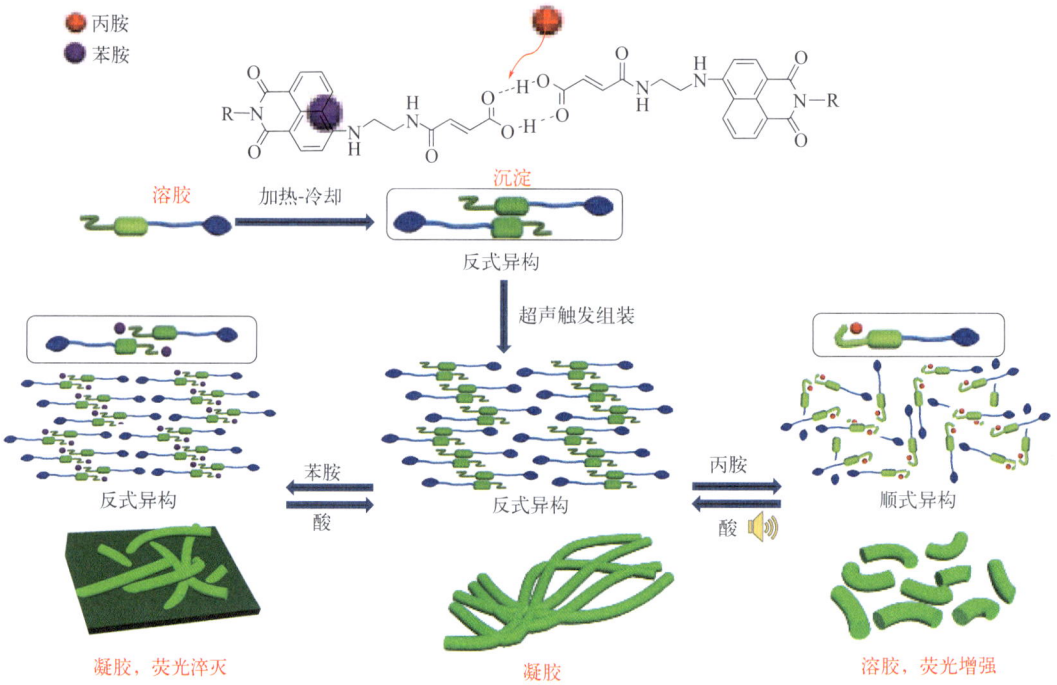

图8-38　**41**的凝胶对丙胺和苯胺的传感性质和分子组装

M. Kumar报道了一种分子内电荷转移(ICT)和聚集诱导发光增强(AIEE)活化的给体-受体-给体(D-A-D)体系，该体系可以用于传感水中的脂肪胺和芳香胺（图8-39）。水溶液中组装成多孔球形结构的**42**的聚集体可以通过荧光猝灭的方式选择性传感芳香胺例如苯胺。然而，有脂肪胺如三乙胺存在时荧光颜色发生变化。令人惊奇的是**42**的聚集体对苯胺和三乙胺的检测限可以达到$1.01ng/cm^2$和$9.3pg/cm^2$。

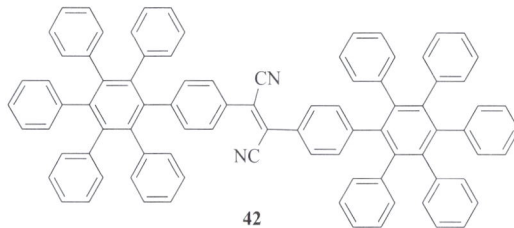

42

图8-39　凝胶因子**42**的化学结构

基于胺的碱性，曹新华等人报道的萘酚基有机凝胶因子**43**可以在甲醇和水（1/1，体积比）混合溶剂中形成凝胶（图8-40）。该凝胶在胺（如苯胺、*N*, *N*-二甲基苯胺和三乙胺）测试中可以通过溶胶到凝胶的转变来选择性传感三乙胺；同时荧光猝灭，由于萘酰亚胺荧光团分子内电荷转移被抑制。

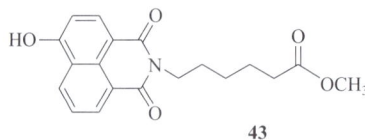

43

图8-40　凝胶因子**43**的化学结构

参考文献

[1] Jones C. D., Steed J. W. Gels with sense: supramolecular materials that respond to heat, light and sound. Chem. Soc. Rev., 2016, 45: 6546-6596.

[2] Babu S. S., Praveen V. K., Ajayaghosh, A. Functional π-gelators and their applications. Chem. Rev., 2014, 114(4): 1973-2129.

[3] Cravotto G., Cintas P. Molecular self-assembly and patterning induced by sound waves. The case of gelation. Chem. Soc. Rev., 2009, 38: 2684-2697.

[4] Mayr J., Saldías C., Díaz, D. D. Release of small bioactive molecules from physical gels. Chem. Soc. Rev., 2018, 47: 1484-1515.

[5] Wu J. C., Yi, T., Shu T., et al. Ultrasound switch and thermal self-repair of morphology and surface wettability in a cholesterol-based self-assembly system. Angew. Chem., Int. Ed., 2008, 47(6): 1063-1067.

[6] Yu X. D., Zhang P., Li, Y. J., et al. Vesicle–tube–ribbon evolution via spontaneous fusion in a selfcorrecting supramolecular tissue. CrystEngComm, 2015, 17: 8039-8046.

[7] Tu T., Fang W. W., Bao X. L., et al. Visual chiral recognition through enantioselective metallogel collapsing: synthesis, characterization, and application of platinum-steroid low-molecular-mass gelators. Angew. Chem., Int. Ed., 2011, 50: 6601-6605.

[8] Li J., Mo L.T., Lu C. H., et al. Functional nucleic acid-based hydrogels for bioanalytical and biomedical applications. Chem. Soc. Rev., 2016, 45: 1410-1431.

[9] Yan N., Xu Z. Y., Diehn K. K., et al. How do liquid mixtures solubilize insoluble gelators? Self-assembly properties of pyrenyl-linker-glucono gelators in tetrahydrofuran–water mixtures. J. Am. Chem. Soc., 2013, 135(24): 8989-8999.

[10] Canevet D., Sallé M., Zhang G., et al. Tetrathiafulvalene (TTF) derivatives: key building-blocks for switchable processes. Chem. Commun., 2009, 2245-2269.

[11] Yu X. D., Chen L. M., Zhang M. M., et al. Low-molecular-mass gels responding to ultrasound and mechanical stress: towards self-healing materials. Chem. Soc. Rev., 2014, 43: 5346-5371.

[12] Kamikawa Y., Kato T. Color-tunable fluorescent organogels: columnar self-assembly of pyrene-containing oligo(glutamic acid)s. Langmuir, 2007, 23(1): 274-278.

[13] Xiong J. B., Feng H. T., Sun J. P., et al. The fixed propeller-like conformation of tetraphenylethylene that reveals aggregation-induced emission effect, chiral recognition, and enhanced chiroptical property. J. Am. Chem. Soc., 2016, 138(36): 11469-11472.

[14] Liu Y., Lam J. W. Y., Mahtab F., et al. Sterol-containing tetraphenylethenes: synthesis, aggregationinduced emission, and organogel formation. Front. Chem. China, 2010, 5: 325-330.

[15] Yuan W. Z., Mahtab F., Gong Y. Y., et al. Synthesis and selfassembly of tetraphenylethene and biphenyl based AIE-active triazoles. J. Mater. Chem., 2012, 22: 10472-10479.

[16] de Jong J. J. D., Tiemersma-Wegman T. D., van Esch J. H., et al. Dynamic chiral selection and amplification using photoresponsive organogelators. J. Am. Chem. Soc., 2005, 127(40): 13804-13805.

[17] Wang S., Shen W., Feng Y. L., et al. A multiple switching bisthienylethene and its photochromic fluorescent organogelator. Chem. Commun., 2006, 0: 1497-1499.

[18] Yu X. D., Xie D.Y., Li Y. J., et al. Photochromic property of naphthalimide derivative: Selective and visual F- recognition by NSS isomers both in solution and in a self-assembly gel. Sens. Actuators B, 2017, 251: 828-835.

[19] Chen Q., Zhang D. Q., Zhang G. X., et al. Multicolor tunable emission from organogels containing tetraphenylethene, perylenediimide, and spiropyran derivatives. Adv. Funct. Mater., 2010, 20(19): 3244-3251.

[20] Paulusse J. M. J., Sijbesma R. P. Molecule-Based Rheology Switching. Angew. Chem. Int. Ed., 2006, 45(15): 2334-2337.

[21] Naota T., Koori H. Molecules that assemble by sound: an application to the instant gelation of stable organic fluids. J. Am. Chem. Soc., 2005, 127(26): 9324-9325.

[22] Komiya N., Muraoka T., Iida M., et al. Ultrasound-induced emission enhancement based on structure-dependent homo- and heterochiral aggregations of chiral binuclear platinum complexes. J. Am. Chem. Soc., 2011, 133(40): 16054-16061.

[23] Liu K. Y., Meng L. Y., Mo S. L., et al. Colour change and luminescence enhancement in a cholesterol-based terpyridyl platinum metallogel via sonication. J. Mater. Chem. C, 2013, 1: 1753-1762.

[24] Ren Y., Kan W. H., Thangadurai V., et al. Bio-inspired phosphole-lipids: from highly fluorescent organogels to mechanically responsive FRET. Angew. Chem. Int., Ed., 2012, 51(16): 3964-3968.

[25] Xue P. C., Ding J. P, Shen Y. B., et al. Effect of connecting links on self-assembly and mechanofluorochromism of cyanostyrylanthracene derivatives with aggregation-induced emission. Dyes Pigments, 2017, 145: 12-20.

[26] Sun J. B., Sun J. B., Mi W. H., et al. Carbazole modified salicylaldimines and their difluoroboron complexes: effect of the tert-butyl and trifluoromethyl terminal groups on organogelation and piezofluorochromism. New J. Chem., 2017, 41: 763-772.

[27] Gong P., Yang H., Sun J. B., et al. Salicylaldimine difluoroboron complexes containing tert-butyl groups: nontraditional

π-gelator and piezofluorochromic compounds. J. Mater. Chem. C, 2015, 3: 10302-10308.

[28] Yu X. D., Ge X. T., Lan H. C., et al. Tunable and switchable control of luminescence through multiple physical stimulations in aggregation-based monocomponent systems. ACS Appl. Mater. Interfaces, 2015, 7(43): 24312-24321.

[29] Yu X. D., Xie D. Y., Lan H. C., et al. Effect of water on the supramolecular assembly and functionality of a naphthalimide derivative: tunable honeycomb structure with mechanochromic properties. J. Mater. Chem. C, 2017, 5: 5910-5916.

[30] Sutar P., Maji T. K. Coordination polymer gels: soft metal–organic supramolecular materials and versatile applications. Chem. Commun., 2016, 52: 8055-8074.

[31] Lin Q., Sun B., Yang Q. P., et al. Double metal ions competitively control the guestsensing process: a facile approach to stimuli-responsive supramolecular gels. Chem. Eur. J., 2014, 20(36): 11457-11462.

[32] Lin Q. Yang Q. P., Sun B., et al. Competitive coordination control of the AIE and micro states of supramolecular gel: an efficient approach for reversible dual-channel stimuli-response materials. Soft Matter, 2014, 10: 8427-8432.

[33] Lin Q., Lu T. T., Zhu X., et al. Rationally introduce multi-competitive binding interactions in supramolecular gels: a simple and efficient approach to develop multi-analyte sensor array. Chem. Sci., 2016, 7: 5341-5346.

[34] Ma X. X., Liu S. W., Zhang Z. F., et al. A novel thermo-responsive supramolecular organogel based on dual acylhydrazone: fluorescent detection for Al^{3+} ions. Soft Matter, 2017, 13: 8882-8885.

[35] Geng L. J., Li Y. J., Wang Z. Y., et al. Selective and visual Ca^{2+} ion recognition in solution and in a self-assembly organogel of the terpyridine-based derivative triggered by ultrasound. Soft Matter, 2015, 11: 8100-8104.

[36] Dubey M., Kumar A., Gupta R. K., et al. Li^{+}-induced selective gelation of discrete homochiral structural isomers derived from L-tartaric acid. Chem. Commun., 2014, 50: 8144-8147.

[37] Seo J., Chung J. W., Cho I., et al. Concurrent supramolecular gelation and fluorescence turn-on triggered by coordination of silver ion. Soft Matter, 2012, 8: 7617-7622.

[38] Wang Y. Q., Wang Z. Y., Xu Z. C., et al. Ultrasound-accelerated organogel: application for visual discrimination of Hg^{2+} from Ag^{+}. Org. Biomol. Chem., 2016, 14: 2218-2222.

[39] Ngo H. T., Liu X. J., Jolliffe K. A. Anion recognition and sensing with Zn(ii)–dipicolylamine complexes. Chem. Soc. Rev., 2012, 41: 4928-4965.

[40] Cai J. J., Sessler J. L. Neutral CH and cationic CH donor groups as anion receptors. Chem. Soc. Rev., 2014, 43: 6198-6213.

[41] Kubik S. Anion recognition in water. Chem. Soc. Rev., 2010, 39: 3648-3663.

[42] Wenzel M., Hiscocka J. R., Gale, P. A. Anion receptor chemistry: highlights from 2010. Chem. Soc. Rev., 2012, 41: 480-520.

[43] Yang H., Yi T., Zhou Z. G., et al. Switchable fluorescent organogels and mesomorphic superstructure based on naphthalene derivatives. Langmuir, 2007, 23(15): 8224-8230.

[44] Maeda H., Haketa Y., Nakanishi T. Aryl-substituted C3-bridged oligopyrroles as anion receptors for formation of supramolecular organogels. J. Am. Chem. Soc., 2007, 129(44): 13661-13674.

[45] Maeda H., Hane W., Bando Y., et al. Chirality induction by formation of assembled structures based on anion-responsive π-conjugated molecules. Chem. Eur. J., 2013, 19(48): 16263-16271.

[46] Lin Q., Mao P. P., Fan Y. Q., et al. A novel supramolecular polymer gel based on naphthalimide functionalized-pillar[5]. arene for the fluorescence detection of Hg^{2+} and I^{-} and recyclable removal of Hg^{2+} via cation–π interactions. Soft Matter, 2017, 13: 7085-7089.

[47] Xing L. B., Yang B., Wang X. J., et al. Reversible sol-to-gel transformation of uracil gelators: specific colorimetric and fluorimetric sensor for fluoride ions. Langmuir, 2013, 29(9): 2843-2848.

[48] Panja S., Bhattacharya S., Ghosh K. Cholesterol-appended benzimidazolium salts: synthesis, aggregation, sensing, dye adsorption, and semiconducting properties. Langmuir, 2017, 33(33): 8277-8288.

[49] Zheng W., Yang G., Shao N. N., et al. CO_2 stimuli-responsive, injectable block copolymer hydrogels cross-linked by discrete organoplatinum(ii) metallacycles via stepwise post-assembly polymerization. J. Am. Chem. Soc., 2017, 139(39): 13811-13820.

[50] Zhang X., Lee S., Liu Y., et al. Anion-activated, thermoreversible gelation system for the capture, release, and visual monitoring of CO_2. Sci. Rep., 2015, 4: 4593.

[51] Zhang X., Mu H. F., Li H. M., et al. Dual-channel sensing of CO_2: Reversible solution-gel transition and gelation-induced fluorescence enhancement. Sensors and Actuators B: Chemical, 2018, 255: 2764-2778.

[52] Benedetti E., Kocsis L. S., Brummond K. M. Synthesis and photophysical properties of a series of cyclopenta[b]. naphthalene solvatochromic fluorophores. J. Am. Chem. Soc., 2012, 134(30): 12418-12421.

[53] Dai L., Wu D., Qiao Q. L., et al. A naphthalimide-based fluorescent sensor for halogenated solvents. Chem. Commun., 2016, 52: 2095-2098.

[54] Kumar A., Vyas G., Bhatt M., et al. Silver nanoparticle based highly selective and sensitive solvatochromatic sensor for colorimetric detection of 1,4-dioxane in aqueous media. Chem. Commun., 2015, 51: 15936-15939.

[55] Feng G. L., Wang Z. Y., Yu X. D., et al. An ultrasound triggered gelation approach to selectively solvatochromic sensors. Sens. Actuators B: Chemical, 2017, 243: 1020-1026.

[56] Wang T., Yu X. D., Li Y. J., et al. Robust, self-healing, and multistimuli-responsive supergelator for the visual recognition and

separation of short-chain cycloalkanes and alkanes. ACS Appl. Mater. Interfaces, 2017, 9(15): 13666-13675.

[57] Borini S., White R., Wei D., et al. Ultrafast graphene oxide humidity sensors. ACS Nano, 2013, 7(12): 11166-11173.

[58] Xu J., Gu S. Z., Lu B. A. Graphene and graphene oxide double decorated SnO_2 nanofibers with enhanced humidity sensing performance. RSC Adv., 2015, 5: 72046-72050.

[59] Kuang Q., Lao C. S., Wang Z. L., et al. High-sensitivity humidity sensor based on a single SnO_2 nanowire. J. Am.Chem. Soc., 2007, 129(19): 6070-6071.

[60] Li G. Y., Ma J., Peng G., et al. Room-temperature humidity-sensing performance of SiC nanopaper. ACS Appl. Mater. Interfaces, 2014, 6(24): 22673-22679.

[61] Yu X. D., Ge X. T., Geng L. J., et al. Cyclodextrin-assisted two-component sonogel for visual humidity sensing. Langmuir, 2017, 33(4): 1090-1096.

[62] Kartha K. K., Babu S. S., Srinivasan S., et al. Attogram sensing of trinitrotoluene with a self-assembled molecular gelator. J. Am. Chem. Soc., 2012, 134(10): 4834-4841.

[63] Cao X. H., Zhao N., Lv H. T., et al. Strong blue emissive supramolecular self-assembly system based on naphthalimide derivatives and its ability of detection and removal of 2,4,6-trinitrophenol. Langmuir, 2017, 33(31): 7788-7798.

[64] Blanco S. G. D., Donato L., Drioli, E. Development of molecularly imprinted membranes for selective recognition of primary amines in organic medium, Sep. Purif. Technol., 2012, 87: 40-46.

[65] Purse B. W., Ballester P., Rebek J. Reactivity and molecular recognition: amine methylation by an introverted ester. J. Am. Chem.Soc., 2003, 125(48): 14682-14683.

[66] Pang X. L., Yu X. D., Lan H. C., et al. Visual recognition of aliphatic and aromatic amines using a fluorescent gel: application of a sonication-triggered organogel. ACS Appl. Mater. Interfaces, 2015, 7(24): 13569-13577.

[67] Pramanik S., Deol H., Bhalla V., et al. AIEE active donor-acceptor-donor-based hexaphenylbenzene probe for recognition of aliphatic and aromatic amines. ACS Appl. Mater. Interfaces, 2018, 10(15): 12112-12123.

[68] Cao X. H., Zhang T. T., Gao A. P., et al. Aliphatic amine responsive organogel system based on a simple naphthalimide derivative. Org. Biomol. Chem., 2014, 12: 6399-6405.

[69] Geng L., Yu X. D., Li Y. J., et al. Instant hydrogel formation of terpyridine-based complexes triggered by DNA via non-covalent interaction. Nanoscale, 2019, 11: 4044-4052.

[70] Zhang Y., Shen F., Li Y., et al. A Zr-cluster based thermostable, self-healing and adaptive metallogel with chromogenic properties responds to multiple stimuli with reversible radical interaction. Chem. Commun., 2020, 56: 2439-2442.

[71] Li H., Guo J., Ren J., et al. Carbon nanodot-induced Eu^{3+}-based fl uorescent polymeric hydrogel for excellent phase-separation absorption of VOC. J. Mater. Chem. A, 2022, 10: 7941-7947.

第 9 章

水凝胶光催化材料

环境修复和能源可持续问题迫切需要有效、可持续和绿色的解决方案。太阳能是一种丰富、清洁、可持续的能源，成本低、能耗小、二次污染少的光催化技术可以利用太阳能来解决这些问题。例如，采用光催化技术，利用太阳能驱动水分解制氢，开发一种极具发展前途的清洁、可持续、低成本制氢技术；在太阳光驱动下，利用光催化材料在温和（常温和常压）的反应条件下催化转化二氧化碳为可再生碳氢燃料，以碳氢燃料为能源载体，实现碳循环利用；采用光催化技术利用清洁的含氧源（氧和水分子）生成活性氧物种（ROS），将化学稳定的有机污染物（如苯酚和其他芳香族化合物）矿化为无机碳。总的来说，光催化技术可有效地利用太阳能进行可持续的能源转换（如 H_2 释放、CO_2 减排和固氮）和环境治理（如 NO_x 和挥发性有机化合物的转换、重金属离子的去除和有机污染物的降解）。因此，迫切需要高效的光催化剂和可靠的方法来满足日益增长的发展需求。

光催化剂由于其优异的催化性能和应对能源需求及环境污染双重挑战的潜力，引起了人们极大的研究兴趣。1972 年，首次报道了藤岛 - 本田效应，即在紫外线照射下 TiO_2 光电极产生 H_2 和 O_2。近年来，许多新材料，如黑色 TiO_2、ZnO_2、$g-C_3N_4$、$SrTiO_3$、$BiVO_4$、$ZnInS_4$ 及其混合材料已被开发应用于光催化分解水和环境修复。单纯的半导体光催化剂一般具有较宽的能带，只能吸收太阳光中紫外线部分的波段，载流子迁移率低，光生电子-空穴对复合快，量子效率低。为了克服这些限制，人们研究了许多有效的策略，以进一步提高光催化效率，包括使用掺杂、共催化剂、缺陷调控、异质结、量子限域效应和 Z 型结构。元素掺杂往往能够拓宽光谱吸收范围；引入量子点能提高半导体光敏性；加入贵金属纳米粒子作助催化剂与主体半导体之间进行等离子耦合可提高光催化性能；异质结结构的构建能提高光谱吸收范围和可见光吸收，降低光生电子空穴对的复合率，将光催化还原位点与氧化位点分离开；光催化剂不同的晶面反应活性大不相同，所适宜的反应种类也不同，对电子空穴接受能力也有差别，对其进行晶面控制也是调控光催化剂性能的重要手段。此外，由于光催化颗粒需要与其相应的介质接触才能表现出高效的光催化性能，而且对材料带隙、比表面积和电荷分离方面有所要求，所以大多数光催化材料都以纳米颗粒的形式应用，难以从反应介质中分离。同时，这种形式的材料可能存在对环境的二次污染和较差的回收性能，这极大地阻碍了材料的实际应用。因此，迫切需要找到合适的基质来避免这些限制。

迄今为止，已有许多关于纳米光催化材料装入泡沫金属、塑料、水凝胶中，并与聚合物或黏合剂混合以形成薄膜的报道。水凝胶具有良好的柔韧性、延展性、离子导电性和环境相容性，具有较高的表面积和吸附容量，被认为是光催化剂良好的载体。将光催化剂和水凝胶结合起来的策略可能有助于更高效、更环保的能源转换和环境治理。

本章根据光催化剂的元素组成将其分为两类，并总结了水凝胶光催化剂制备方法的最新进展，及其在能量转化和环境修复中的应用现状。

9.1　水凝胶光催化材料简介

水凝胶是具有三维网络的聚合物，通过共价或二次相互作用（静电、范德华力、氢键等）相互连接，并含有多种官能团。官能团中的亲水基团能引起水凝胶膨胀并能吸收重金属离子。其3D网络结构可以提供方便的传质通道，还可以防止材料在水中分散或聚集，大大简化了材料与水的分离。三维（3D）水凝胶对水污染物的吸附性能优异，是纳米粒子理想的基质或载体。水凝胶还含有大量的水，可以为反应提供良好的水环境。然而，水凝胶不能完全解决污染问题，有机污染物只能从水中分离，而不能降解为无污染分子，而且吸附材料达到吸附饱和后不能继续使用，只有经过烦琐的解吸过程才能回收利用。大多数光催化剂都是纳米级的，它的回收一直是限制其实际应用的最大问题。而水凝胶通常是透明的，可应用于光催化反应，是一种很有前途的光催化剂载体材料。将水凝胶和光催化剂结合起来形成的水凝胶基光催化剂，具有三维网络结构、高比表面积、高吸附容量和良好的环境相容性，被认为是一种非常有效的持续降解污染物的方法。

3D网络结构水凝胶基光催化剂具有较大的比表面积，这使得它们能够对污染物表现出强烈的吸附富集，并暴露出更多的活性位点以加速表面催化反应。由于吸附富集和光催化氧化之间的协同作用，三维网络结构的水凝胶光催化剂表现出更强的光催化能量转化性能、降解活性和深度矿化能力。基于光催化剂的混合水凝胶材料具有污染物吸附和降解能力，可更高效、更环保地进行能源转化和环境治理。

水凝胶可以通过调整交联位点、改变组分、构建表面结构和其他修饰来改进其物理和化学性质，用以增强光催化效果。如图9-1所示，水凝胶为光催化剂提供了一个合适的平台，以实现高效的能量转换和环境调节。

本章介绍了各种水凝胶光催化剂及其在能量转换和环境治理中的应用。描述了光催化剂的设计和制备方法。此外，还介绍了基于传统和新兴策略构建的具有不同功能的水凝胶的研究进展。而且，还重点介绍了这些水凝胶光催化剂在水分解、二氧化碳转化、废水处理、空气净化等方面的应用及其在基础研究中的作用。

9.2　水凝胶光催化材料分类及制备方法

在大多数情况下，水凝胶光催化剂包含交联的水凝胶和纳米级光催化剂。三维（3D）

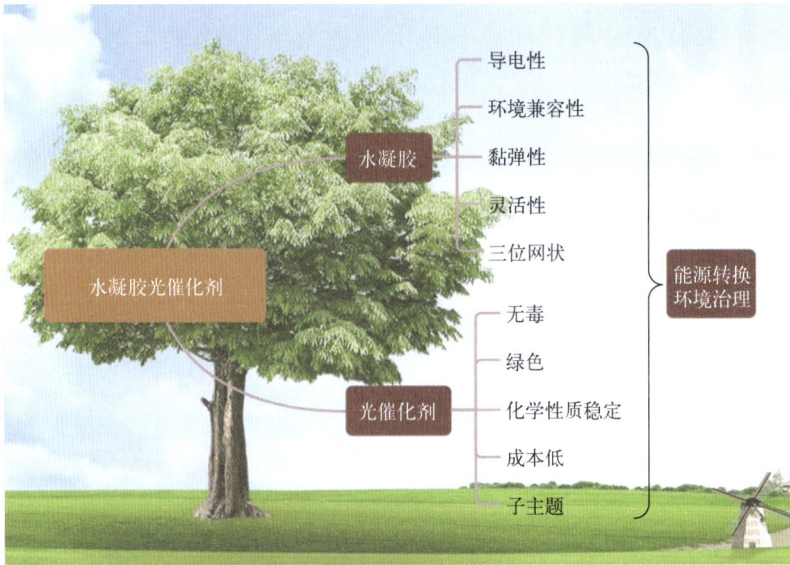

图9-1 水凝胶光催化剂作为能源转换和环境处理的有效策略

水凝胶网络提供了多孔骨架结构，可限制催化剂泄漏到反应介质（空气或水）中，并有助于负载大量催化剂。而光催化剂可以为催化反应提供活性中心。现有的水凝胶光催化材料的制备方法可分为三类：将光催化剂嵌入水凝胶网络；在水凝胶网络中原位合成光催化剂；以及水凝胶光催化剂的自组装。光催化剂的水凝胶的制备过程如图9-2所示。在水凝胶光催化剂的制备过程中，人们对半导体、g-C_3N_4、共轭有机分子及其杂化物等光催化剂材料进行了广泛的研究。本节根据不同的光催化剂材料，概述了常用的水凝胶光催化剂的制备方法。

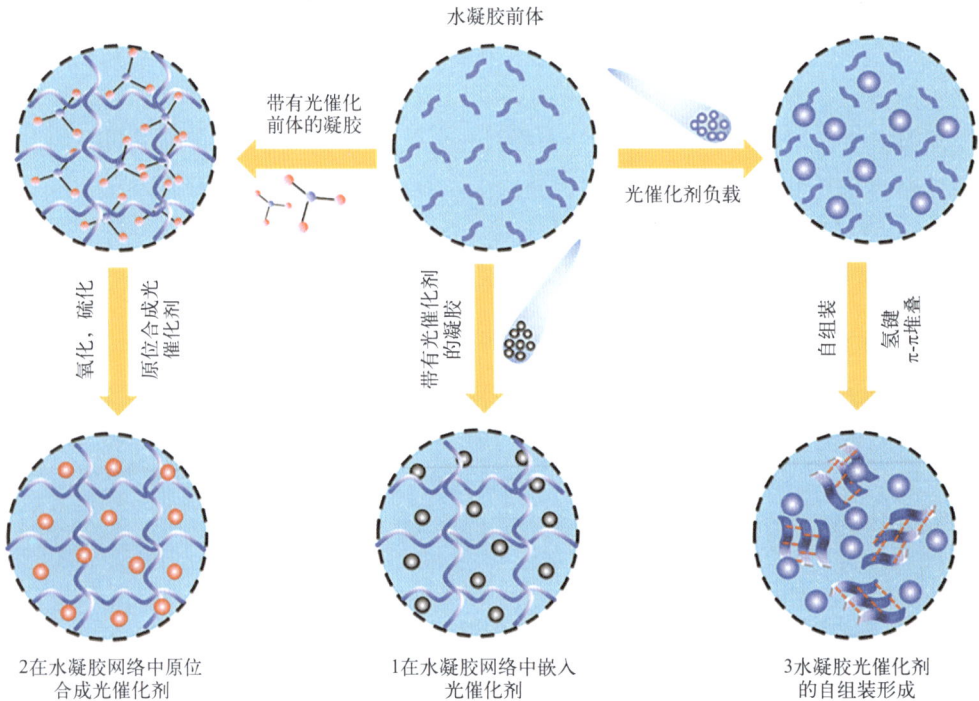

图9-2 水凝胶光催化剂的制备过程示意图

9.2.1　基于无机半导体的水凝胶光催化材料

无机半导体光催化剂（ISPCs）被认为是产生 H_2 和分解废水中有机化合物的优异光催化剂。这些材料可以通过适当的结构设计、掺杂以及与金属或其他半导体结合形成半导体异质结来提高光催化效率。在无机半导体水凝胶光催化剂的开发中，通常有两种主要的制备方法。

一种方法是通过自组装或引入可交联位点，使 ISPCs 和亲水性聚合物/单体的混合物凝胶化，从而得到 ISPCs 嵌入的水凝胶网络。例如，通过将 AgBr 包裹在石墨烯中形成 AgBr@rGO，然后将其整合到石墨烯凝胶体系中，形成具有 3D 网络结构的石墨烯水凝胶（rGH-AgBr@rGO）［图9-3（a）］。AgBr@rGO 的核壳结构抑制了 AgBr 颗粒的生长，而与石墨烯的杂交促进了光生电荷的快速迁移和分离。rGH-AgBr@rGO 的 3D 结构石墨烯纳米片可以快速吸附有机污染物，AgBr@rGO 纳米颗粒在可见光照射下可以快速降解有机污染物。10%rGH-AgBr@rGO 具有较好的协同光催化和吸附降解活性，对 BPA（双酚 A）的去除率是纯 AgBr 的 1.5 倍，经过 5 次循环后，BPA 降解度可达 90%。在连续流动条件下，前 6h 内 BPA 的降解度保持在 100%。Gaurav 等人使用 N, N'-二环己基碳二亚胺（DCC）作为偶联剂，N, N'-亚甲基双丙烯酰胺作为交联剂，利用超声法制备了新型零价铁浸渍的 GG-cl-SY 纳米复合水凝胶［图9-3（b）］。Fe^0@GG-cl-SL NCH 对甲基紫表现出良好的光催化降解能力。同样的，通过钡离子交联合成海藻酸钠/羧甲基纤维素与胶囊化 TiO_2 的纳米复合水凝胶。该系统在直接太阳光照射下对刚果红染料的降解表现出优异的光催化活性。以同样的方式，将 TiO_2 添加到聚苯胺（PANI）-植酸盐水凝胶系统中。通过水凝胶吸收有机污染物和 TiO_2 原位光催化降解的协同效应，实现了有机污染物的高效去除。三维水凝胶光催化剂网络也可通过 TiO_2 和还原氧化石墨烯（rGO）的自组装形成。如图9-3（c）所示，通过绿色、简单、一步法在纤维素/氧化石墨烯水凝胶中添加 TiO_2 成功制备了环境友好型纤维素/GO/TiO_2 水凝胶光催化剂。合成的纤维素/氧化石墨烯水凝胶具有三维多孔结构和合适的纳米孔径分布，可以作为 TiO_2 纳米结构分散的有效生物模板纳米反应器，在催化反应过程中保持了水凝胶结构，避免二次污染。如图9-3（d）所示，将 TiO_2、GO、抗坏血酸和多巴胺溶液在石英模具中 90℃ 水浴下化学还原合成 TGH 电极，即通过简单的一锅法制备了具有 3D 网络结构的 TiO_2 石墨烯水凝胶电极。以同样的方式，通过化学还原氧化石墨烯（GO），然后进行氢键和 π-π 自组装，成功制备了 PANI/TiO_2 复合石墨烯水凝胶（GH）。rGO 和 PANI 充当 e^- 和 H^+ 的传递媒介，以进一步提高光催化性能。石墨烯是用于自组装 ISPC 形成水凝胶光催化剂的最广泛使用的添加剂。Hou 等人还研究了基于 TiO_2（P25）和石墨烯的水凝胶光催化复合材料，即通过简单的室温自组装形成的多壁碳纳米管。而其他导电材料，例如聚吡咯和聚（3, 4-亚乙基二氧噻吩）聚苯乙烯磺酸盐（PEDOT:PSS），也被用作制备水凝胶光催化剂的添加剂。

另一种方法是将 ISPCs 引入预制的水凝胶网络中，通过氧化、还原或者硫化的方法，在水凝胶网络中原位合成光催化剂。使用这种方法可以制备基于不同活性物种的具有可调催化活性的水凝胶光催化剂，应用于多种方面。例如，Jiang 等人在相对温和的实验条件下，采用溶液铸造技术生物合成了嵌入交联壳聚糖水凝胶膜（CdS 量子点/壳聚糖复合膜）中的 CdS 量子点［图9-4（a）］。CdS QDs/壳聚糖复合膜在可见光照射下对甲基橙(MO)溶液表现出高效的光催化脱色活性。Yang 等人采用室温聚合法制备了多孔聚丙烯酰胺水凝胶（PAM）。

(a) rGH-AgBr@rGO的合成示意图

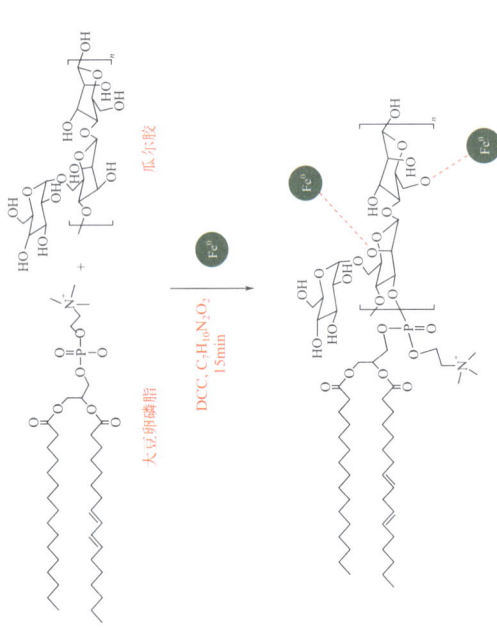

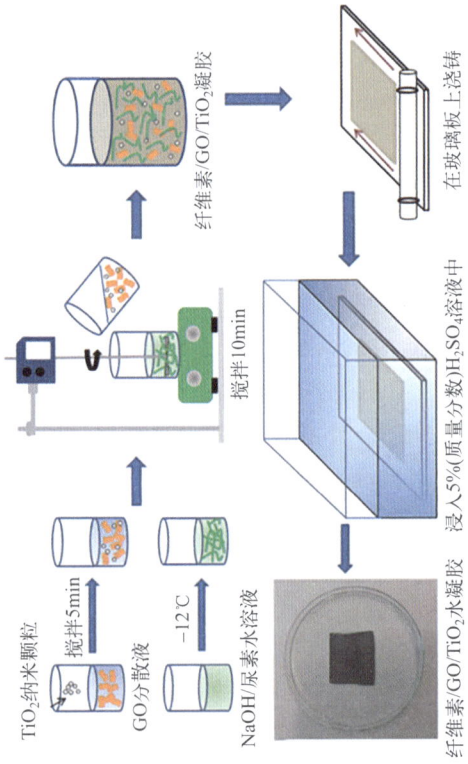

(b) Fe⁰@GG-cl-SL NCH的合成示意图

(c) 纤维素/GO/TiO₂复合水凝胶的制备

(d) TGH电极合成示意图

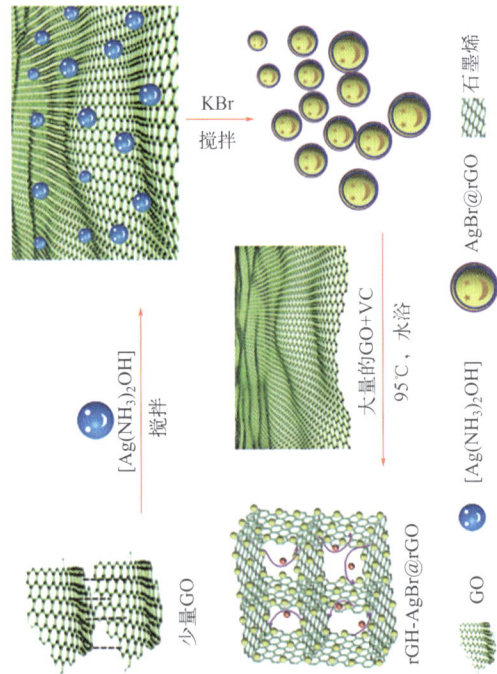

图9-3 通过将无机半导体光催化剂嵌入水凝胶网络的方法制备水凝胶光催化剂

然后通过原位负载硫化镉纳米颗粒合成了硫化镉/聚丙烯酰胺水凝胶（CdS/PAM）[图9-4（b）]，并用于光催化分解水。Zhu等人制备了一种聚丙烯酸-2-羟乙酯（HEA）-co-N-羟甲基丙烯酰胺（HAM）水凝胶光催化剂，称为P（HEA-co-HAM）-CdS水凝胶，用于吸附和光催化降解有机污染物。通过 ^{60}Co-γ 辐射诱导自由基聚合，合成溶胀的预制水凝胶网络，引入了Cd前体。添加硫前体以实现原位合成CdS光催化剂。Bi_2WO_6（BWO）/GH光催化剂是利用简单的一步水热法制备的一种高性能窄禁带可见光驱动光催化剂。通过向 $Bi(NO_3)_3$ 和GO溶液的混合物中添加 Na_2WO_4，原位形成BWO的三维花状结构。然后水热还原溶液，通过氢键和π-π堆积作用自组装水凝胶。BWO/GH水凝胶光催化剂的新结构提高了光利用效率和有机化合物的吸收，并提供了许多有效的多维电子转移通道。该水凝胶光催化剂在可见光（$\lambda \geqslant 420nm$）照射下在静态和动态系统中有效分解亚甲基蓝（MB）和2,4-二氯苯酚（2,4-CDP）。

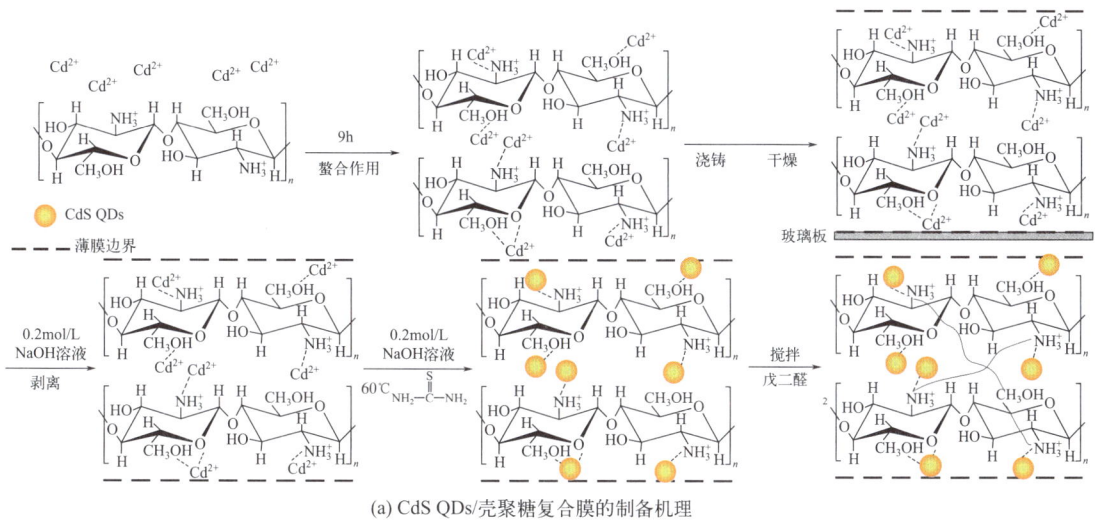

(a) CdS QDs/壳聚糖复合膜的制备机理

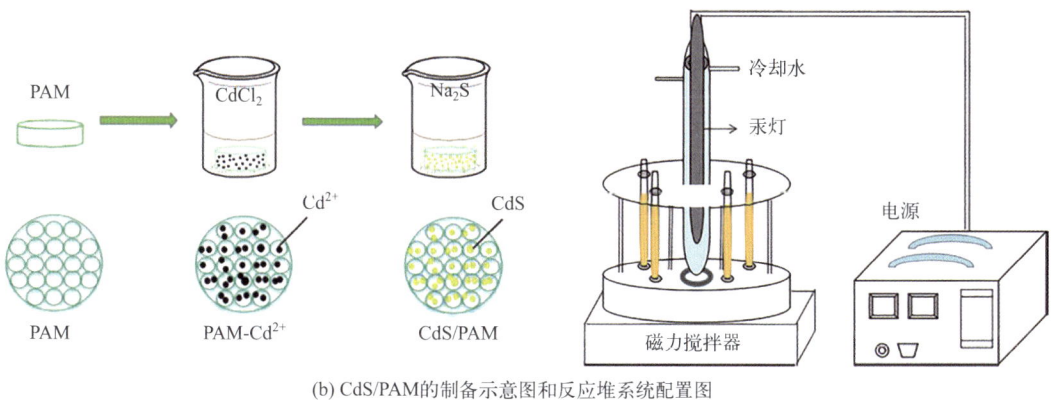

(b) CdS/PAM的制备示意图和反应堆系统配置图

图9-4　原位合成的水凝胶光催化剂

TiO_2 因其低成本、低毒性、化学稳定性和高抗光腐蚀性而成为光催化领域的著名光催化材料。因此，许多基于 TiO_2 的水凝胶光催化材料已被报道。除了上述一般制备策略外，还开发了几种制备水凝胶光催化剂的新方法。例如，TiO_2 可用于在光照下诱导自由基形成以触发聚合反应。TiO_2 还充当交联位点，以诱导溶液凝胶化。在该系统中，凝胶水提供自由基来源，TiO$_2$纳米片充当稳定的光催化剂，以支持水凝胶的形成。微流体也被用于制备各种水凝胶微球。最近，基于玻璃毛细管的微流控技术被用于将光催化纳米颗粒高效封装在水凝胶微胶囊的薄壳中（图9-5）。光催化纳米颗粒和甲基丙烯酸酐的水分散体分别形成了双乳液滴的核和壳。通过外部光聚合将含有光催化纳米颗粒的水凝胶微胶囊糊化。与块状水凝胶相比，这些具有光催化纳米颗粒核的薄壳水凝胶微胶囊更有效地促进了分子物种的光催化反应、吸收、扩散和分离。

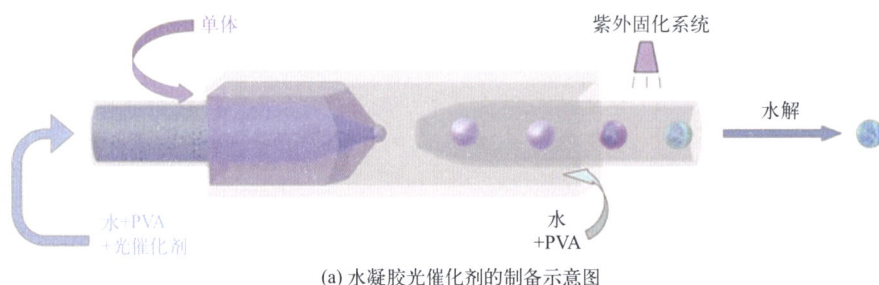

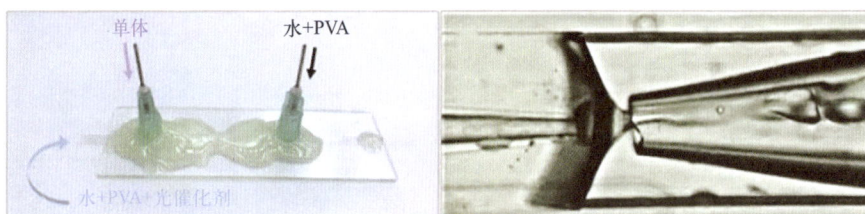

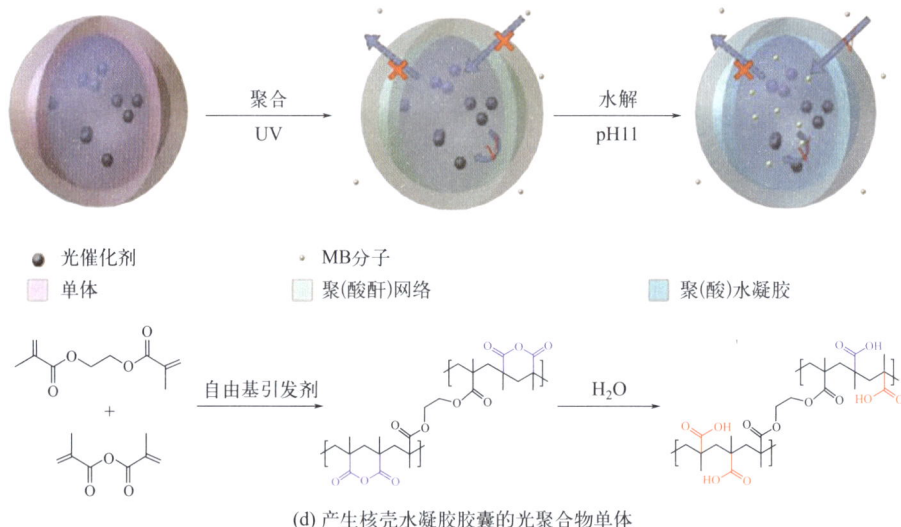

(a) 水凝胶光催化剂的制备示意图

(b) 装置的光学图片

(c) 产生微胶囊的玻璃微流控装置

(d) 产生核壳水凝胶胶囊的光聚合物单体

图9-5　通过微流控工艺制备水凝胶光催化剂微球

　　然而，由于光生电子和空穴的快速复合，TiO$_2$材料固有的宽带隙（3.0～3.2eV）和低量子效率限制了其实际应用。为了克服这些问题，提高光催化活性，人们已经做出了相当大的努力来开发替代TiO$_2$的光催化剂，主要集中在对可见光有强烈吸收的新型半导体光催化剂的设计开发上。所开发的新型半导体光催化剂与水凝胶结合形成的水凝胶光催化剂也被用于太阳能驱动的污染物降解。例如，Su及其同事报道的一种Cu$_2$O/Cu/rGO@CN光催化剂（图9-6），三维还原氧化石墨烯改性的Cu$_2$O/Cu/rGO@CN光催化剂的吸附能力和光催化活性均显著提高。其催化降解对硝基氯苯（p-NCB）的速率为$1.97 \times 10^{-2} \text{min}^{-1}$，远远高于$Cu_2O/Cu@CN$催化降解对硝基氯苯的速率（$0.239 \times 10^{-2} \text{min}^{-1}$）。此外，Wang及其同事通过在乙醇中再生和原位合成β-FeOOH纳米颗粒从纤维素溶液中制备了β-FeOOH/纤维素复合水凝胶（TCH-Fe）。在可见光照射下，30min内TCH-Fe对MB的光催化降解率高达99.89%。处理8h后，性能保持在98%左右，表明MB的光降解效率高且稳定。MoS_2的层状结构具有较窄的带隙（1.8eV），使其在太阳光谱区有很强的吸收。然而，光生电子-空穴对的高复合率和低吸收系数极大地限制了MoS_2的实际应用。石墨烯在室温下可作为半导体的优秀电荷载体。因此，MoS_2与石墨烯导电材料复合有助于分离光生电子-空穴对，可以大大提高复合材料的光催化活性。通过一步水热法混合GO溶液和剥落的MoS_2纳米片制备MoS_2-rGO复合水凝胶，可用于降解污染物。Mu及其同事还报道了一种磷酸银/GH（Ag_3PO_4/GH），它通过吸附和光催化的协同作用有效降解双酚A（BPA）。由于Ag_3PO_4在可见光下的高量子产率，该复合水凝胶光催化剂在连续流反应系统中实现了对BPA的100%去除。此外，水凝胶还可用于制备光催化材料的复合结构。通过化学气相沉积（CVD）和热解，用金属有机骨架（MOF）复合水凝胶组装了碳空心球核壳结构的Fe_3O_4-CuO。这项工作也为开发高活性、高稳定性的双金属水凝胶光催化剂提供了新的途径。

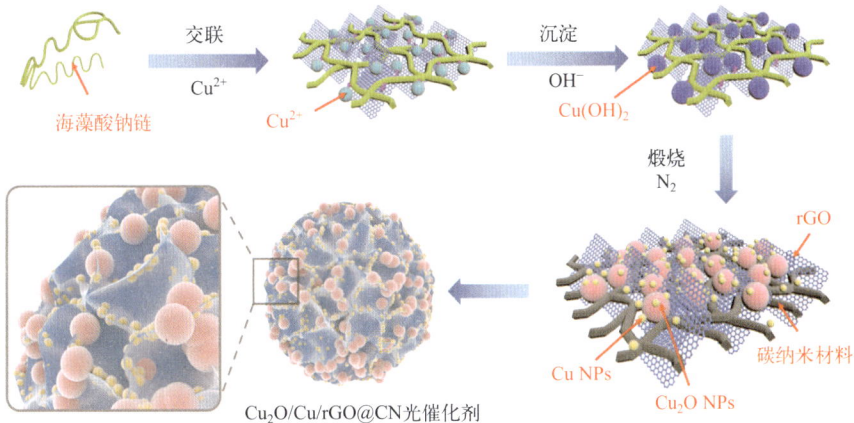

图9-6 以海藻酸钠水凝胶为模板形成$Cu_2O/Cu/rGO@CN$光催化剂的示意图

9.2.2 基于有机半导体的水凝胶光催化材料

与ISPCs的广泛发展相比，有机半导体光催化剂（OSPCs）的研究进展较为缓慢。然而，OSPCs在可见光照射下的非均相光催化作用已得到深入研究，与传统分子光催化剂相比，OSPCs在结构设计和稳定性方面具有优势。目前，有两类主要的聚合物半导体光催化剂，石墨碳氮化物（g-C_3N_4）和具有发色团的两亲性共轭化合物，已被研究用于水分解和水污染物修复。

自从Wang及其同事于2009年首次报道了C_3N_4上的光催化析出H_2和O_2，作为一种无金属聚合物n型半导体，C_3N_4在光催化领域显示出巨大的前景。用于制备C_3N_4基水凝胶光催化剂的方法与上述技术类似，此处不再赘述。本节还介绍了作为光催化剂的石墨碳氮化物水凝胶的制备，以及C_3N_4基水凝胶光催化剂的一些最新进展。Li及其同事制备了一种 3D-2D-3D BiOI/ 多孔 g-C$_3$N$_4$/GH（BPG）复合光催化剂。三维 GH 具有很高的吸收能力。与 BiOI 相比，三维 BiOI 具有花状结构，其异质结具有优异的光催化性能，有助于有效吸附光催化和降解 MB 及盐酸左氧氟沙星。g-C$_3$N$_4$ 与非金属离子的共掺杂也可以提高纯 g-C$_3$N$_4$ 的有效性。Chu 等人报道了使用 P、S 和 O 共掺杂的 g-C$_3$N$_4$ 来制备光催化水凝胶。对 P、S 和 O 掺杂的理论计算和实验分析表明，在七嗪环上发生了光激发电子的快速电荷分离，从而增强了掺杂 g-C$_3$N$_4$ 的光催化活性。这种掺杂的 g-C$_3$N$_4$ 水凝胶光催化剂在模拟太阳辐射下表现出很高的去除 MB 的光催化活性，并且可以很容易地分离和清洗以供再次使用。此外，还报道了基于 C$_3$N$_4$ 的水凝胶光催化剂，例如 g-C$_3$N$_4$@ppy-rGO、Fe-g-C$_3$N$_4$ 石墨烯和 N- 异丙基丙烯酰胺 / 高取代羟丙基纤维素 /g-C$_3$N$_4$ 水凝胶，用于高效催化去除重金属离子和降解有机污染物。如图 9-7（a）所示，采用两步水热法合成了 Fe-g-C$_3$N$_4$- 石墨烯水凝胶（rGH/Fe-g-C$_3$N$_4$）复合催化剂，其中 Fe-g-C$_3$N$_4$ 通过热收缩聚合合成，该催化剂可大大改善光生电荷的分离，光电流分别是 g-C$_3$N$_4$ 和 Fe-g-C$_3$N$_4$ 的 4.1 倍和 0.8 倍。Liu 及其同事还采用电子束预辐射聚合和辐射交联的方法制备了具有热驱动特性的新型 n- 异丙基丙烯酰胺 / 高取代羟丙基纤维素 / 石墨氮化碳 (NIPAAm/HHPC/g-C$_3$N$_4$) 智能水凝胶光催化剂（NHC）[图 9-7（b）]。在可见光下的水介质中，NHC-0.8% 水凝胶对 RhB 染料的吸附 - 光催化去除率达到 71.4%。在 60℃下 5min 的热收缩率达到 90.6%，并在最佳条件下有效实现了便携式光催化反应装置的自由循环行为。NHC 水凝胶电子和空穴的分离效率提高，光催化活性增强。同时，NHC 水凝胶具有优异的吸附 - 光催化活性和三维网络结构，有助于分离和自由回收。

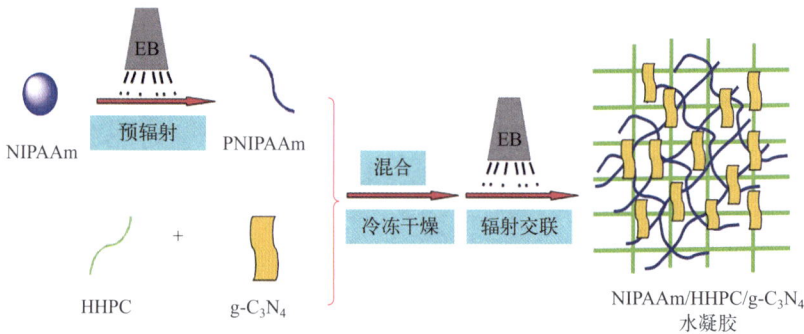

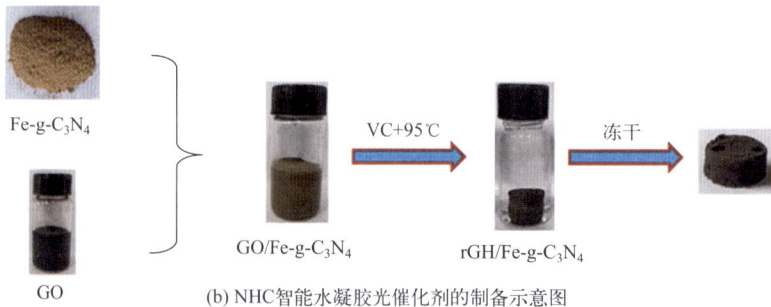

(a) rGH/Fe-g-C$_3$N$_4$ 的合成示意图

(b) NHC 智能水凝胶光催化剂的制备示意图

图 9-7　g-C$_3$N$_4$ 水凝胶光催化剂

NHC:NIPAAm/HHPC/g-C$_3$N$_4$，其中 NIPAAm 为 N- 异丙基丙烯酰胺，
HHPC 为高取代羟丙基纤维素，g-C$_3$N$_4$ 为石墨碳氮化物

此外，具有发色团的两亲性共轭化合物有良好的环境稳定性、强烈的可见光吸收和

可变结构功能化产生的可调氧化还原电位（分子轨道能级），通过超分子自组装形成的纳米材料被认为是可用于便捷光催化反应的明星材料。n 型有机苝酰亚胺，包括苝二酰亚胺（PDIS）、苝单酰亚胺（PMIS）及其低聚物和类似物，已被证明具有优异的光催化性能。最近，有研究者报道了一种尿素连接的 PDI 聚合物光催化剂（尿素 -PDI）。基于尿素 -PDI 的能带结构、良好结晶和大分子偶极子，该光催化剂的最高释氧速率为 3223.9μmol/（g·h），在无助催化剂的情况下，可见光下照射 100h 性能稳定。Stupp 及其同事关于 PMI 水凝胶光催化剂的几份报告激发了许多相关研究。

2020 年报道了一种嵌入光催化剂的水凝胶 [图 9-8（a）]，其特征是将 PMI 光催化剂嵌入聚电解质水凝胶网络中。负载催化剂的混合 PMI/聚电解质水凝胶用于光催化制氢，可作为光敏剂多次重复使用。为了进一步提高水凝胶光催化剂的性能，Byun 及其同事报道了一种共轭聚合物水凝胶光催化剂，它在水中膨胀以暴露更多的活性位点。该体系也可以通过溶剂交换进行回收。通过含有阳离子侧链的苯并噻二唑基聚合物作为聚阳离子与作为聚阴离子的聚丙烯酸之间的稳定聚合物离子络合来设计共轭聚合物水凝胶光催化剂。该聚离子配合物表现出良好的水相容性，可吸收其重量 470 倍的去离子水 [图 9-8（b）]。其优良的溶胀性能大大提高了活性中心的利用率，提高了水凝胶光催化剂的光催化活性。通过这种材料在有机染料的光降解和在水中光氧化形成酶辅因子烟酰胺腺嘌呤二核苷酸的应用，证明了其有效性。此外，该水凝胶光催化剂可以在反应后通过简单的溶剂交换与甲醇进行再生。

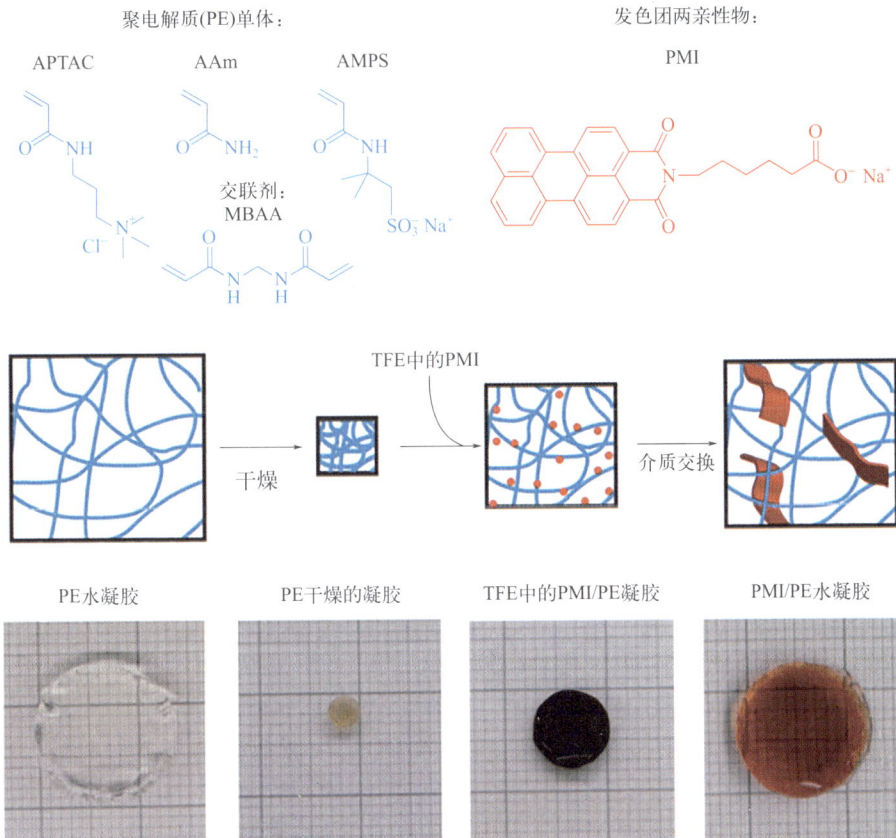

(a) PMI 基光催化剂嵌入水凝胶

图 9-8

物理共混

光照

交联

碱

络合作用
(P-BT-GX)

Tf_2N

Tf_2N

Tf_2N

Tf_2N

〜 P-BT-Vim (多聚阳离子)　　　✦ 可交联的位点　　　〜 PAA (聚阴离子)

(b) 聚合物离子络合水凝胶光催化剂

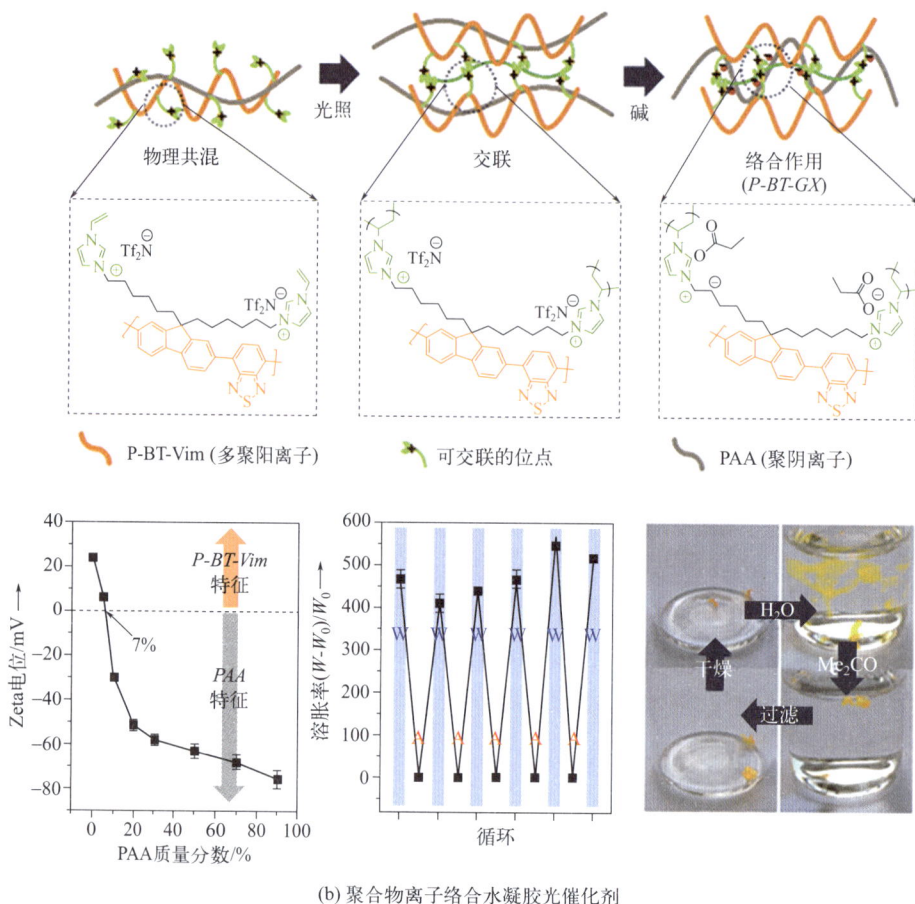

图9-8　发色团两亲性共轭聚合物水凝胶光催化剂

9.3　水凝胶光催化材料的应用

　　本节重点介绍了水凝胶光催化剂在能量转换和环境处理方面的应用进展。由于社会快速发展，能源的需要和消耗越来越多。化石燃料的枯竭及其燃烧产物的不合理排放，使人类面临严重的能源危机和环境污染。氢作为一种清洁能源，具有储量丰富、可持续发展、高能量密度、燃烧产物无毒无害等优点，制氢被认为是未来的清洁能源载体。水凝胶光催化剂通过分解水或生物衍生化合物，以环境友好、价格合理和可再生的方式生成氢气。二氧化碳的过度排放极大地影响了自然界碳循环的平衡，导致了严重的环境问题。二氧化碳的捕获和转化为高附加值的碳氢化合物燃料提供了一种解决碳排放和能源危机的方案。光催化CO_2还原可以直接将CO_2和H_2O转化为碳氢化合物太阳能燃料。有机污染物和金属离子是最常见的水污染物，排放在废水中会引起环境问题。采用光催化技术利用活性氧物种（ROS）可去除水环境中的有机污染物和金属离子。由于人口增长、气候变化和经济增长，淡水和能源需求将增加。淡水生产通常需要大量的能源，同时能源生产也需要水。这种相互依赖在这两种基本资源之间造成了紧张关系。解决能源和水资源短缺问题可利用光催化协同蒸发净水和产氢系统在自然阳光下同时稳定地生产淡水和清洁能源。

9.3.1　光催化产氢

　　氢气（H$_2$）因其高能量容量和环境兼容性而被认为是一种理想的储能介质。水在光催化剂上分解生成氢气被认为是实现氢气经济的一种很有前途的策略。由于水凝胶固有的吸水能力，水凝胶光催化剂充当光催化制氢的反应中心。Li 及其同事报道了用于光催化制氢的 CdS 水凝胶（CdS/HGel）的原位生长。由于 CdS 纳米粒子在水凝胶中的高分散性、水凝胶的高亲水性和溶胀能力以及反应物的高扩散速率，CdS/HGel$_{PDMA2}$ 的最佳光催化制氢速率为 51.75μmol/h（基于 5mg 催化剂粉末），且易于回收 [图9-9（a）]。抑制催化剂界面上的电荷复合对提高光催化效率非常重要。助催化剂沉积是一种有效的策略，可以提高催化反应中初级催化剂的活性、稳定性和选择性。通过水凝胶前体的光诱导凝胶化，制备了球形 Au、Pd 和 PdAu 与 TiO$_2$ 纳米颗粒的共组装气凝胶 [图9-9（b）]。PdAu-TiO$_2$ 气凝胶是最有效的光催化剂，其次是 Pd-TiO$_2$ 和 Au-TiO$_2$，表明增强的热电子转移和近场电磁效应有助于 H$_2$ 的形成。单片多孔网络的高效试剂质量传输和光收集也促进了光催化。

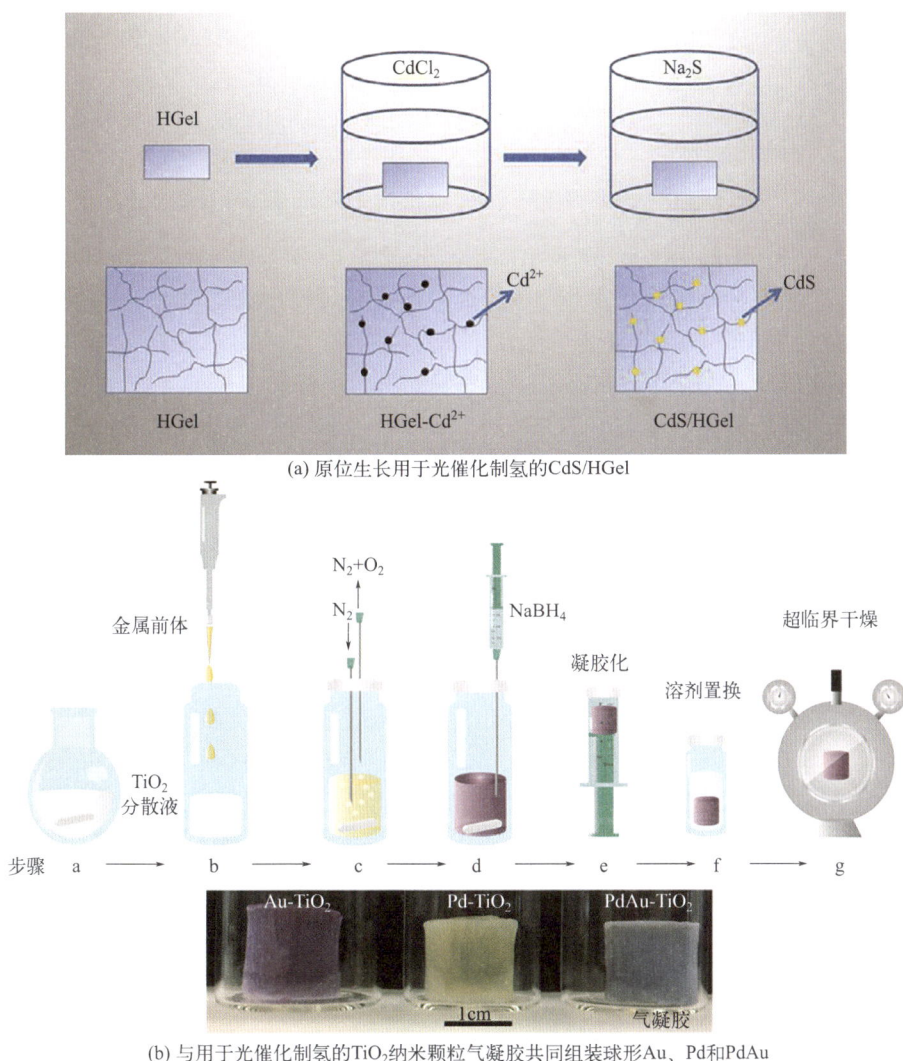

(a) 原位生长用于光催化制氢的CdS/HGel

(b) 与用于光催化制氢的TiO$_2$纳米颗粒气凝胶共同组装球形Au、Pd和PdAu

图9-9　用于制氢的水凝胶光催化剂

　　受合理设计用于光催化析氢的多组分水凝胶光催化剂的启发，采用改进的凝胶晶体生长方法制备了含硫化镉和硫化锌的水凝胶。水凝胶（HR）框架抑制了CdS和ZnS纳米颗粒的团聚。由于量子点和水凝胶的协同效应，与非负载纳米颗粒相比，复合水凝胶光催化剂表现出较高的析氢速率（图9-10）。

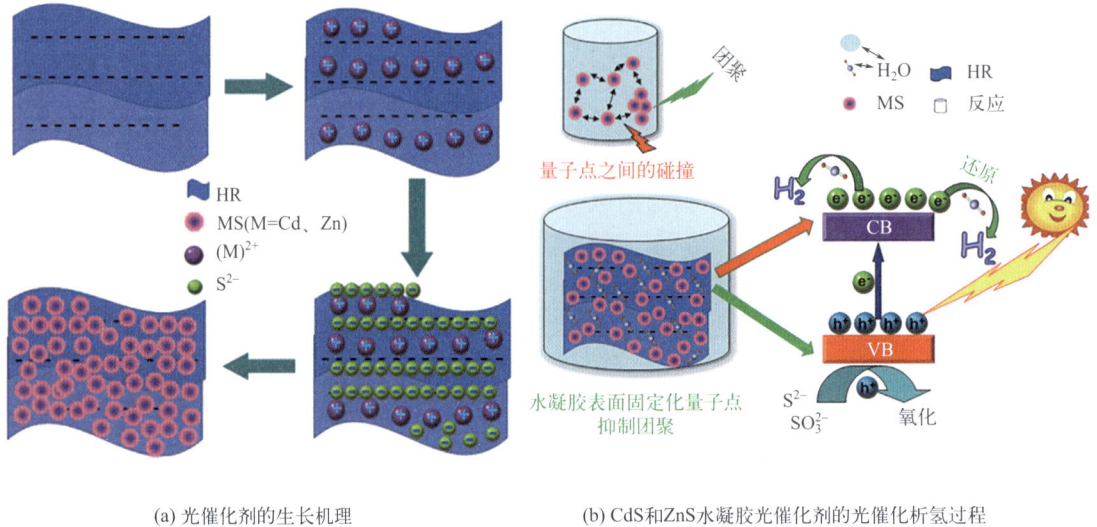

(a) 光催化剂的生长机理　　　　　　　　(b) CdS和ZnS水凝胶光催化剂的光催化析氢过程

图9-10　用于光催化制氢的多组分（单个CdS和ZnS纳米晶体）水凝胶光催化剂

　　发色团两亲性共轭PMI水凝胶光催化剂在光催化制氢中也发挥着重要作用。Weingarten等人利用超分子自组装的策略制备了一种基于PMI阳离子类似物的水凝胶骨架，水凝胶通过和镍离子静电组装形成了高效的光催化凝胶材料。使用聚（二烯丙基二甲基氯化铵）（PDDA）在不同电荷筛选条件下，这种基于PMI的水凝胶光催化剂在$19h^{-1}$的周转频率下，最高催化转化数（TON）约为340。凝胶催化剂也可以浇铸在玻片上生成氢气。

9.3.2　光催化CO_2还原

　　光催化将CO_2转化为太阳能驱动的可再生燃料被认为是降低大气中CO_2浓度同时产生能源的理想方案。然而，由于水凝胶光催化剂固有的高含水量，可能会溶解过多的CO_2，从而降低转化率。因此，很多关于CO_2转化的研究都是基于气凝胶，气凝胶主要来源于水凝胶的冷冻干燥和超临界干燥。通过冷冻干燥凝胶复合材料，在介孔TiO_2和大孔三维石墨烯气凝胶（TGM）光催化剂的分级多孔结构上制备了MoS_2层［图9-11（a）］。中孔和大孔的形貌有助于提高光催化催化剂的性能，可以通过调整各组分的相对含量和复合材料的结构来调节。TGM光催化剂具有较高的CO光转化率［92.33μmol CO/（g·h）］，并且比其他复合材料组合更稳定（即保持其原始转化率超过15个循环）。尼德伯格的小组报告了几项基于水凝胶前体超临界干燥制备气凝胶光催化剂的研究。图9-11（b）显示了TiO_2-Au复合气凝胶样品在用水将CO_2光催化还原为甲醇前后的高选择性和再现性。尼德伯格的研究小组还发现，基于半透明纳米颗粒的气凝胶整体是用于气相反应（如CO_2还原）的有前途的光催化剂。

- NaMoO₄ ● L-半胱氨酸 ● Ti(SO₄)₂ ● 葡萄糖 ▨ GO

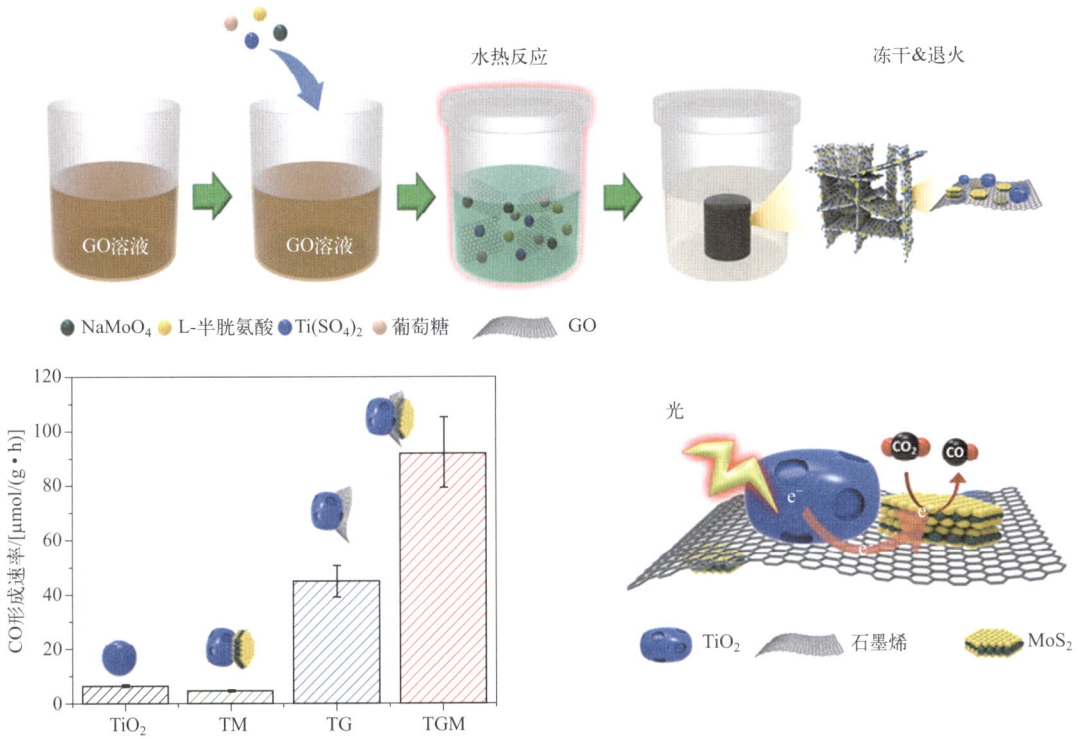

(a) 用于CO₂转化为CO的TGM光催化剂

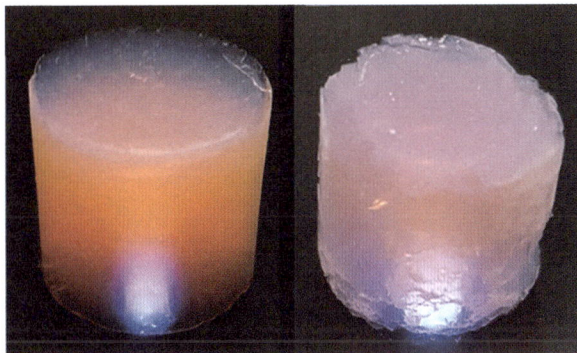

(b) CO₂还原用TiO₂-Au复合气凝胶

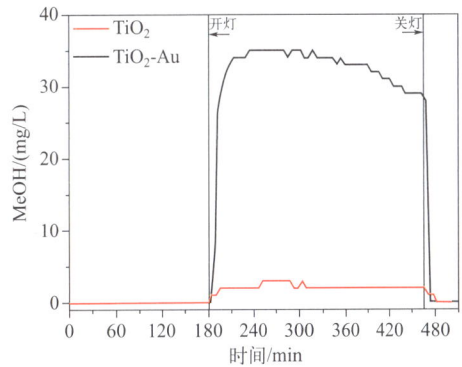

图9-11 用于CO₂转化的凝胶基光催化剂

9.3.3 光催化有机污染物降解

　　水凝胶具有高度的溶胀和吸附能力,其对染料、金属阳离子和其他污染物的良好吸附能力引起了人们的研究兴趣。尽管已经取得了很大的进展,但其很难选择性地针对特定的污染物。水凝胶光催化剂促进污染物的吸收和原位光催化降解,这对于环境处理尤其是废水处理非常重要。Zhang 等人基于具有三维网络结构的石墨碳氮化物/SiO₂(C₃N₄/SiO₂)杂化水凝胶制备了去除总有机碳(TOC)的动态系统 [图9-12(a)]。杂化 C₃N₄/SiO₂ 水凝胶光催化剂具有良好的循环稳定性和对苯酚、MB 的去除能力,其性能分别是纯g-C₃N₄的3.1倍和6倍。C₃N₄/SiO₂ 杂化水凝胶光催化剂可连续使用,无吸附饱和或与水分离,避免了光催化剂

超分子凝胶材料：制备与应用

的聚集和二次污染。同样，通过简单的加热-冷却聚合工艺制备了琼脂-C$_3$N$_4$混合水凝胶光催化剂。这些催化剂在可见光下表现出优异的MB光催化降解性能和循环稳定性。

除了常见的有色污染物，一些无色污染物也可以使用水凝胶光催化剂降解，例如BPA、苯酚和磺胺类抗生素（SAs）。Yang等人使用辐照聚合和原位沉淀方法形成了一种新型水凝胶光催化剂 [p(HEA/NMMA)-CuS]，用于高效光催化降解磺胺甲噁唑（SMX）。该机制如图9-12（b）所示。首先，[p(HEA/NMMA)-CuS] 水凝胶光催化剂通过类似于Langmuir单层吸附的过程吸附SMX，该过程遵循伪二级速率方程。随后，在可见光照射下，CuS促进SMX的光催化分解过程，该过程遵循伪一级动力学。前沿电子密度及其降解途径的理论计算支持了这一机制。

9.3.4 光催化重金属离子去除

铜（Cu^{2+}）、砷（As）、锌（Zn^{2+}）、钴（Co^{2+}）、镍（Ni^{2+}）、铅（Pb^{2+}）、镉（Cd^{2+}）和铬（Cr^{6+}）等有毒金属及金属离子对人类健康和环境造成严重损害。其中，六价铬是一种常见的重金属污染物，由于其致癌和生物累积特性，对人类健康构成威胁。光催化去除镉离子因其高效、低能耗和温和的反应条件而受到广泛关注。Li等人通过π-π共轭诱导石墨烯片之间的重叠和聚结制备了新型TiO$_2$和rGH [图9-12（c）]。TiO$_2$-rGH三维结构对从水溶液中去除Cr（VI）具有优异的吸附光催化性能。协同增强的光致电荷分离、无孔表面和π-π相互作用有助于从溶液中100%去除Cr（VI）。此外，使用连续流系统，镉的去除率长期保持在100%。

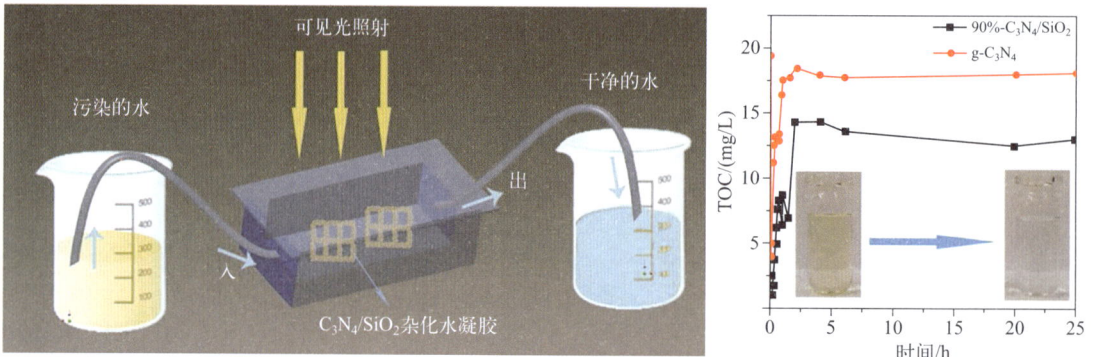

(a) 混合C$_3$N$_4$/SiO$_2$水凝胶光催化剂，用于基于连续动态系统的TOC去除

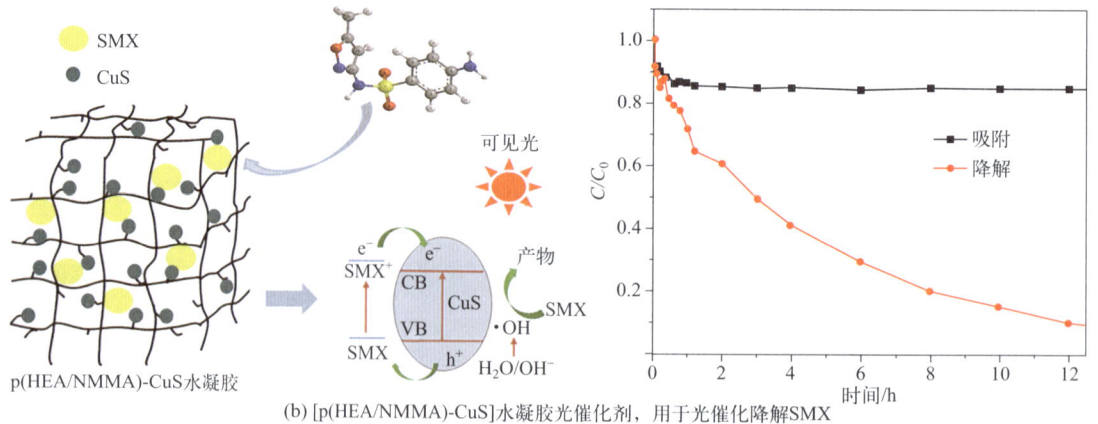

(b) [p(HEA/NMMA)-CuS]水凝胶光催化剂，用于光催化降解SMX

184

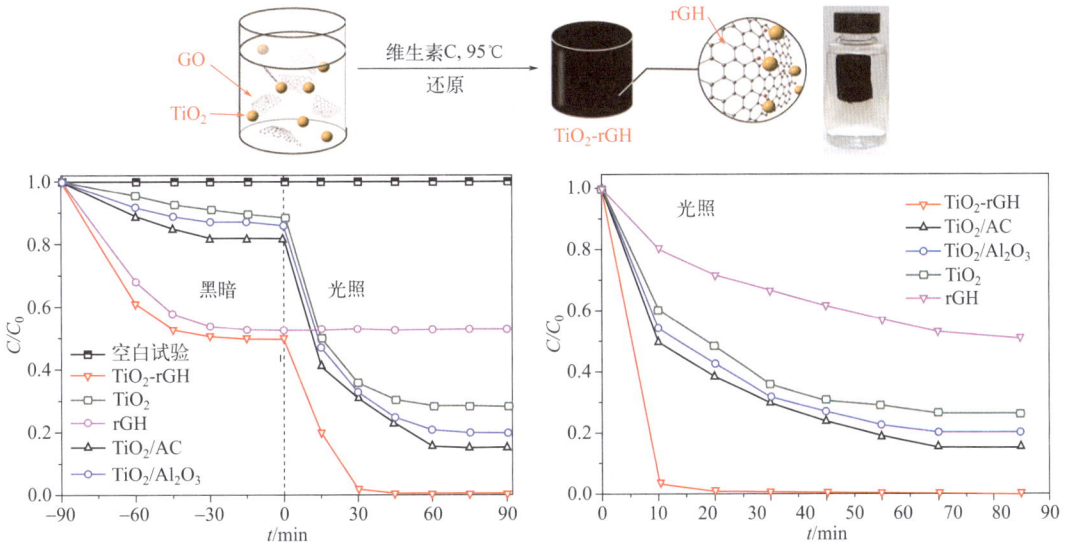

(c) 用TiO$_2$-rGH去除Cr(VI)的吸附光催化

图9-12　使用水凝胶光催化剂去除金属离子

9.3.5　光催化协同蒸发净水和产氢

近年来，人们对通过太阳能蒸发获得清洁的水产生了极大的兴趣。特别是，一些基于水凝胶的光热蒸发材料已经显示出巨大的太阳能蒸发潜力。在此基础上，许多光热材料被嵌入水凝胶中，以有效吸收阳光进行光热蒸发。光热材料，如等离子体吸收剂、半导体、碳基材料和导电聚合物可以嵌入水凝胶中，以有效吸收阳光进行光热蒸发。

Gao等人构造了一种带有疏水膜的光热催化（PTC）凝胶，以实现同时进行光热增强太阳能脱盐和制氢的H$_2$O-H$_2$热电联产系统（HCS）。PTC凝胶由光热和光催化TiO$_2$/Ag纳米纤维和强吸水性壳聚糖聚合物组成［图9-13（a）］。光催化制氢是通过三维结构的凝胶界面的有效光吸收来增强的。此外，阵列的多孔结构提供了有效的约束、界面加热和热导率。在HCS中使用了一种定制设备，用于并行淡水生产和氢能发电。从水和海水中收集到的凝结

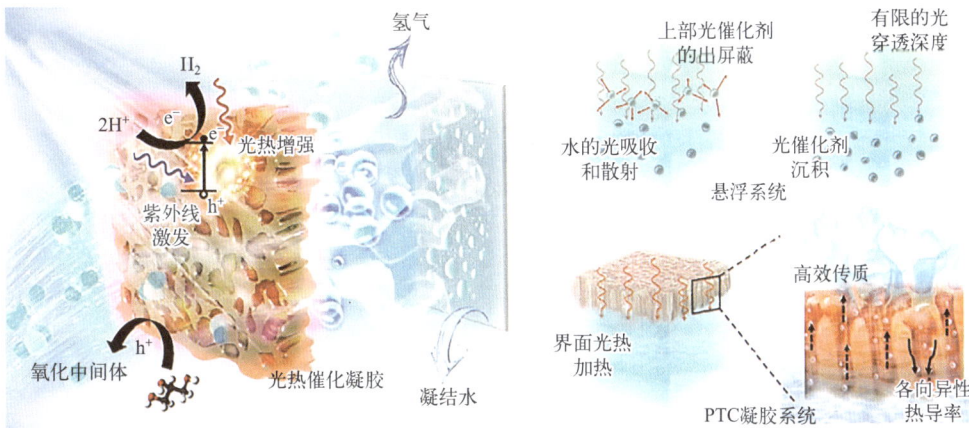

(a) H$_2$O-H$_2$联合发电系统(HCS)，用于基于PTC凝胶的同时光热增强太阳能脱盐和制氢

图9-13

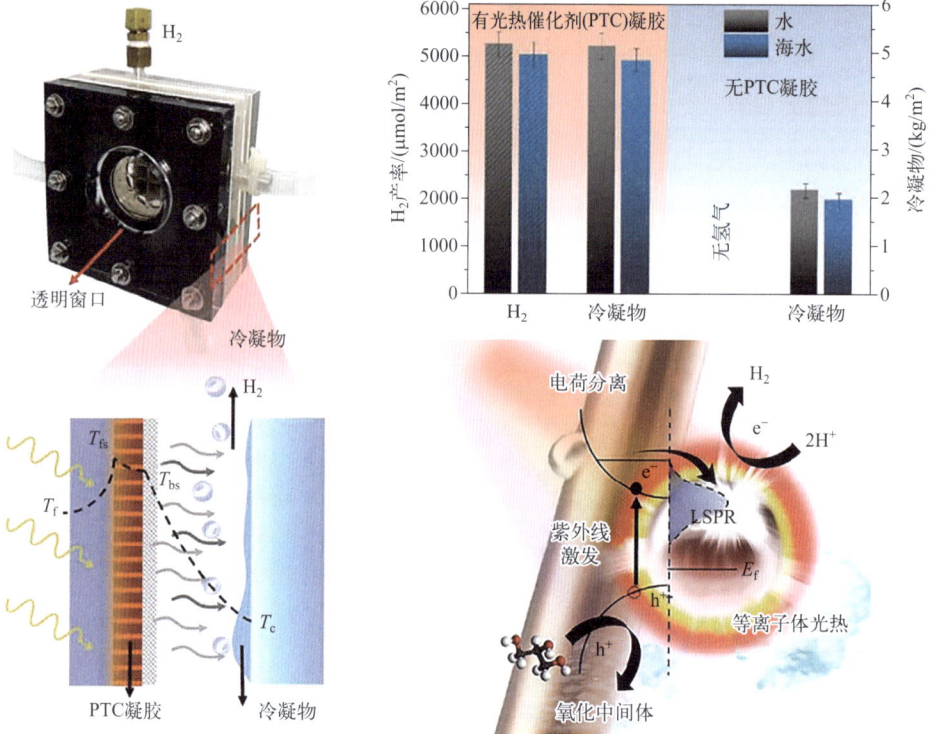

(b) HCS中用于平行淡水生产和氢能生产的定制设备的图

图9-13　协同水蒸发和氢气生成

水和氢气量都有所增加［图9-13（b）］。后来，该小组又开发了一种缺陷半导体纳米片气凝胶，其中含有富含氧空位缺陷的HNb₃O₈纳米片（D-HNb₃O₈）和聚合物聚丙烯酰胺（PAM）网络。混合缺陷HNb₃O₈气凝胶在整个太阳光谱范围内，在光驱动下，具有光热水蒸发和光化学降解（罗丹明B的光催化降解）的高性能。这些进展拓宽了水凝胶光催化剂的应用范围，并启发了水凝胶光催化剂的未来研究。

参考文献

[1] Chen F, An W, Liu L, et al. Highly efficient removal of bisphenol A by a three-dimensional graphene hydrogel—AgBr@rGO exhibiting adsorption/photocatalysis synergy. Applied Catalysis B: Environmental, 2017, 217: 65-80.

[2] Liu C, Yue M, Liu L, et al. A separation-free 3D network ZnO/rGO-rGH hydrogel: adsorption enriched photocatalysis for environmental applications. RSC Advances, 2018, 8(40): 22402-22410.

[3] Yun J, Jin D, Lee Y S, et al. Photocatalytic treatment of acidic waste water by electrospun composite nanofibers of pH-sensitive hydrogel and TiO₂. Materials Letters, 2010, 64(22): 2431-2434.

[4] Sharma G, Kumar A, Sharma S, et al. Fabrication and characterization of novel Fe⁰@Guar gum-crosslinked-soya lecithin nanocomposite hydrogel for photocatalytic degradation of methyl violet dye. Separation and Purification Technology, 2019, 211: 895-908.

[5] Thomas M, Naikoo G A, Sheikh M U D, et al. Effective photocatalytic degradation of Congo red dye using alginate/carboxymethyl cellulose/TiO₂ nanocomposite hydrogel under direct sunlight irradiation. Journal of Photochemistry and Photobiology A: Chemistry, 2016, 327: 33-43.

[6] Jiang W, Liu Y, Wang J, et al. Separation-free polyaniline/TiO₂ 3D hydrogel with high photocatalytic activity. Advanced Materials Interfaces, 2015, 3(3): 1500502.

[7] Chen Y, Xiang Z, Wang D, et al. Effective photocatalytic degradation and physical adsorption of methylene blue using

cellulose/GO/TiO$_2$ hydrogels. RSC Advances, 2020, 10(40): 23936-23943.

[8] Chen X, Chen Q, Jiang W, et al. Separation-free TiO$_2$-graphene hydrogel with 3D network structure for efficient photoelectrocatalytic mineralization. Applied Catalysis B: Environmental, 2017, 211: 106-113.

[9] Chen F, An W, Li Y, et al. Fabricating 3D porous PANI/TiO$_2$-graphene hydrogel for the enhanced UV-light photocatalytic degradation of BPA. Applied Surface Science, 2018, 427: 123-132.

[10] Hou C, Zhang Q, Li Y, et al. P25-graphene hydrogels: Room-temperature synthesis and application for removal of methylene blue from aqueous solution. Journal of Hazardous Materials, 2012, 205–206: 229-235.

[11] Jiang R, Zhu H, Yao J, et al. Chitosan hydrogel films as a template for mild biosynthesis of CdS quantum dots with highly efficient photocatalytic activity. Applied Surface Science, 2012, 258(8): 3513-3518.

[12] Yang J, Gao J, Wang X, et al. Polyacrylamide hydrogel as a template in situ synthesis of CdS nanoparticles with high photocatalytic activity and photostability. Journal of Nanoparticle Research, 2017, 19(10): 350.

[13] Zhu H, Li Z, Yang J. A novel composite hydrogel for adsorption and photocatalytic degradation of bisphenol A by visible light irradiation. Chemical Engineering Journal, 2018, 334: 1679-1690.

[14] Yang J, Chen D, Zhu Y, et al. 3D-3D porous Bi$_2$WO$_6$/graphene hydrogel composite with excellent synergistic effect of adsorption-enrichment and photocatalytic degradation. Applied Catalysis B: Environmental, 2017, 205: 228-237.

[15] Liu M, Ishida Y, Ebina Y, et al. Photolatently modulable hydrogels using unilamellar titania nanosheets as photocatalytic crosslinkers. Nature Communications, 2013, 4: 2029.

[16] Liu J, Chen H, Shi X, et al. Hydrogel microcapsules with photocatalytic nanoparticles for removal of organic pollutants. Environmental Science: Nano, 2020, 7(2): 656-664.

[17] Su R, Ge S, Li H, et al. Synchronous synthesis of Cu$_2$O/Cu/rGO@carbon nanomaterials photocatalysts via the sodium alginate hydrogel template method for visible light photocatalytic degradation. Science of the Total Environment, 2019, 693: 133657.

[18] Wang J, Li X, Cheng Q, et al. Construction of β-FeOOH@tunicate cellulose nanocomposite hydrogels and their highly efficient photocatalytic properties. Carbohydrate Polymers, 2020, 229: 115470.

[19] Ding Y, Zhou Y, Nie W, et al. MoS$_2$-GO nanocomposites synthesized via a hydrothermal hydrogel method for solar light photocatalytic degradation of methylene blue. Applied Surface Science, 2015, 357: 1606-1612.

[20] Mu C, Zhang Y, Cui W, et al. Removal of bisphenol A over a separation free 3D Ag$_3$PO$_4$-graphene hydrogel via an adsorption-photocatalysis synergy. Applied Catalysis B: Environmental, 2017, 212: 41-49.

[21] Qin L, Ru R, Mao J, et al. Assembly of MOFs/polymer hydrogel derived Fe$_3$O$_4$-CuO@hollow carbon spheres for photochemical oxidation: Freezing replacement for structural adjustment. Applied Catalysis B: Environmental, 2020, 269: 118754.

[22] Taghizadeh M T, de Siyahi V, Ashassi-Sorkhabi H, et al. ZnO, AgCl and AgCl/ZnO nanocomposites incorporated chitosan in the form of hydrogel beads for photocatalytic degradation of MB, E. coli and S. aureus. International Journal of Biological Macromolecules, 2020, 147: 1018-1028.

[23] Wang X, Maeda K, Thomas A, et al. A metal-free polymeric photocatalyst for hydrogen production from water under visible light. Nature Materials, 2009, 8(1): 76-80.

[24] Hu C, Lin Y, Yang H C. Recent developments in graphitic carbon nitride based hydrogels as photocatalysts. ChemSusChem, 2019, 12(9): 1769-1806.

[25] Jiang W, Zhu Y, Zhu G, et al. Three-dimensional photocatalysts with a network structure. Journal of Materials Chemistry A, 2017, 5(12): 5661-5679.

[26] Li J, Yu X, Zhu Y, et al. 3D-2D-3D BiOI/porous g-C$_3$N$_4$/graphene hydrogel composite photocatalyst with synergy of adsorption-photocatalysis in static and flow systems. Journal of Alloys and Compounds, 2021, 850: 156778.

[27] Chu Y C, Lin T J, Lin Y, et al. Influence of P, S, O-doping on g-C$_3$N$_4$ for hydrogel formation and photocatalysis: an experimental and theoretical study. Carbon, 2020, 169: 338.348.

[28] Liang Y, Wang X, An W, et al. Ag-C$_3$N$_4$@ppy-rGO 3D structure hydrogel for efficient photocatalysis. Applied Surface Science, 2019, 466: 666-672.

[29] Hu J, Zhang P, Cui J, et al. High-efficiency removal of phenol and coking wastewater via photocatalysis-Fenton synergy over a Fe-g-C$_3$N$_4$ graphene hydrogel 3D structure. Journal of Industrial and Engineering Chemistry, 2020, 84: 305-314.

[30] Liu G, Li T, Song X, et al. Thermally driven characteristic and highly photocatalytic activity based on N-isopropyl acrylamide/high-substituted hydroxypropyl cellulose/g-C$_3$N$_4$ hydrogel by electron beam pre-radiation method. Journal of Thermoplastic Composite Materials, 2020, https://doi.org/10.1177/0892705720944214.

[31] Zhang Z, Chen X, Zhang H, et al. A highly crystalline perylene imide polymer with the robust built-in electric field for efficient photocatalytic water oxidation. Advanced Materials, 2020, 32(32): 1907746.

[32] Weingarten A S, Kazantsev R V, Palmer L C, et al. Supramolecular packing controls H$_2$ photocatalysis in chromophore amphiphile hydrogels. Journal of the American Chemical Society, 2015, 137(48): 15241-15246.

[33] Weingarten A S, Kazantsev R V, Palmer L C, et al. Self-assembling hydrogel scaffolds for photocatalytic hydrogen

production. Nature Chemistry, 2014, 6(11): 964-970.

[34] Sai H, Erbas A, Dannenhoffer A, Huang D, et al. Chromophore amphiphile-polyelectrolyte hybrid hydrogels for photocatalytic hydrogen production. Journal of Materials Chemistry A, 2020, 8(1): 158-168.

[35] Byun J, Landfester K, Zhang K. Conjugated polymer hydrogel photocatalysts with expandable photoactive sites in water. Chemistry of Materials, 2019, 31(9): 3381-3387.

[36] Li F, Yang J, Gao J, et al. Enhanced photocatalytic hydrogen production of CdS embedded in cationic hydrogel. International Journal of Hydrogen Energy, 2020, 45(3): 1969-1980.

[37] Luna A L, Matter F, Schreck M, et al. Monolithic metal-containing TiO_2 aerogels assembled from crystalline pre-formed nanoparticles as efficient photocatalysts for H_2 generation. Applied Catalysis B: Environmental, 2020, 267: 118660.

[38] Jiang Z, Zhang X, Yang G, et al. Hydrogel as a miniature hydrogen production reactor to enhance photocatalytic hydrogen evolution activities of CdS and ZnS quantum dots derived from modified gel crystal growth method. Chemical Engineering Journal, 2019, 373: 814-820.

[39] Jung H, Cho K M, Kim K H, et al. Highly efficient and stable CO_2 reduction photocatalyst with a hierarchical structure of mesoporous TiO_2 on 3D graphene with few-layered MoS_2. ACS Sustainable Chemistry and Engineering, 2018, 6(5): 5718-5724.

[40] Rechberger F, Niederberger M. Translucent nanoparticle-based aerogel monoliths as 3-dimensional photocatalysts for the selective photoreduction of CO_2 to methanol in a continuous flow reactor. Materials Horizons, 2017, 4(6): 1115-1121.

[41] Zhang M, Luo W, Wei Z, et al. Separation free C_3N_4/SiO_2 hybrid hydrogels as high active photocatalysts for TOC removal. Applied Catalysis B: Environmental, 2016, 194: 105-110.

[42] Zhang M, Jiang W, Liu D, et al. Photodegradation of phenol via C_3N_4-agar hybrid hydrogel 3D photocatalysts with free separation. Applied Catalysis B: Environmental, 2016, 183: 263-268.

[43] Yang J, Li Z, Zhu H. Adsorption and photocatalytic degradation of sulfamethoxazole by a novel composite hydrogel with visible light irradiation. Applied Catalysis B: Environmental, 2017, 217: 603-614.

[44] Li Y, Cui W, Liu L, et al. Removal of Cr(VI) by 3D TiO_2-graphene hydrogel via adsorption enriched with photocatalytic reduction. Applied Catalysis B: Environmental, 2016, 199: 412-423.

[45] Gao M, Peh C K, Zhu L, et al. Photothermal catalytic gel featuring spectral and thermal management for parallel freshwater and hydrogen production. Advanced Energy Materials, 2020, 10(23): 2000925.

[46] Yang M, Tan C, Lu W, et al. Spectrum tailored defective 2D semiconductor nanosheets aerogel for full-spectrum-driven photothermal water evaporation and photochemical degradation. Advanced Functional Materials, 2020, 30(43): 2004460.